Just v Liebig

Naturkräfte.

Neunzehnter Band.

Die
Ernährung des Menschen.

Von

Johannes Ranke,

Professor an der Universität München.

Mit einem Portrait Liebig's in Albertotypie.

München.

Druck und Verlag von R. Oldenbourg

1876.

Dem Andenken seines Lehrers

Justus von Liebig

gewidmet

vom

Verfasser.

Inhalt.

Capitel I.

Der Stoff- und Kraftwechsel in den lebenden Organismen.

———

1) Die Nahrungsaufnahme und ihre physiologischen Aufgaben.

Das Leben des Menschen und der Thiere ist mit einem beständigen Wechsel, mit einer unablässigen Wandlung des Stoffes verbunden, aus welchem der lebende Organismus aufgebaut ist. In den Organismen des animalen Reiches befindet sich, so lange das Leben besteht, kein, auch nicht das kleinste Organ, kein kleinster Organtheil nur einen Augenblick lang in Stoff-Ruhe. Das animale Leben kann nur bestehen in dieser ununterbrochenen Stoffbewegung, im Stoffwechsel.

Den lebenden Wesen gegenüber kann man die Gebilde der anorganischen Welt mit einem gewissen Rechte, in Beziehung auf den Stoff, der sie bildet, als ruhende bezeichnen. In einem Stein, einem Krystall sind die bildenden Kräfte zur Ruhe gekommen, sie haben in gegenseitiger Beschränkung ein stabiles Gleichgewicht hergestellt, welches der Idee nach

durch innere, in diesen anorganischen Körpern selbst ge=
legene Ursachen nicht mehr gestört zu werden braucht. In
diesem Sinne können wir die anorganischen Körper mit
einem festen Gebäude, mit einer Mauer oder einer jener
ägyptischen Pyramiden vergleichen, welche ebenfalls im
Zustande eines stabilen Gleichgewichtes der sie bildenden
Kräfte den Stürmen der Jahrtausende Trotz bieten.

Die Ruhe, das während der Gesundheit scheinbar
ungestörte äußere Gleichgewicht in den lebenden animalen
Organismen, im Körper des Menschen beruht auf ganz
anderen Voraussetzungen. Wenn wir uns in schönen
Sommertagen an einem unserer blauen Alpenseen erfreuen,
so scheint uns auch ein Gleichgewicht der Kräfte, welche
sich an seiner Bildung betheiligen, eingetreten zu sein. In
gleichbleibender Höhe des Wasserspiegels plätschern seine
klaren Wellen an den Uferrand, unverändert an die gleiche
Stelle. Der Seespiegel scheint sich nicht zu heben noch zu
senken, es ist derselbe See heute wie gestern. Aber dieses
äußere Gleichbleiben ist doch nur das Resultat beständig fort=
schreitender Veränderungen und Erneuerungen. Was der See
durch Abfluß und Verdunstung an Wasser verliert, wird ihm
durch die zuströmenden Bäche wieder ersetzt. Unablässig
wechseln die Wasser, die Bestandtheile, welche den Körper des
Sees bilden. Der Stoff, aus welchem der See besteht, wird
von Augenblick zu Augenblick ein anderer, aber so lange
der Verlust durch den fortwährenden Ersatz ausgeglichen
wird, bemerken wir auf der Oberfläche des Wasserspiegels
von diesen inneren Veränderungen und Wandlungen nichts.
Hier haben wir einen ganz anderen Gleichgewichtszustand
wie etwa in einem Gebäude vor uns, den Zustand eines
labilen Gleichgewichtes, beständig gestört, beständig wieder
hergestellt.

Analog sind die Gleichgewichtsbedingungen im mensch=
lichen, überhaupt im animalen Körper. Auch er erleidet
durch Verdunstung, Wasserabfluß und Abgabe fester Stoffe
unablässig Verminderungen in seiner Körpermasse. Wenn
das Gleichgewicht erhalten bleiben soll, muß diese Stoff=
abgabe durch entsprechende, regelmäßige Stoffaufnahme
von Außen ersetzt werden.

Auf diesen Verhältnissen beruht zunächst die Noth=
wendigkeit einer Nahrungsaufnahme des Menschen wie
aller animaler Organismen.

Wie, um vorerst noch bei unserem Bilde zu bleiben,
der See kleiner und kleiner wird, wenn bei trockenem
Wetter die Wasserzuflüsse durch Abnahme der speisenden
Bäche geringer werden, so nimmt bei mangelnder Nahrung
auch der animale Körper mehr und mehr an Gewicht und
Masse ab; seine Organe verringern sich und damit ihre
physiologische Leistungsfähigkeit, welche zur Erhaltung des
Gesammt=Lebens des Organismus unentbehrlich ist; endlich
sehen wir aus Mangel an Nahrungszufuhr den Organis=
mus zu Grunde gehen.

Der Vergleich mit einem durch regelmäßigen Ab= und
Zufluß gleichmäßig gefüllten Wasserbecken illustrirt die
allgemeinen Verhältnisse der Stoffaufnahme und Stoffab=
gabe im menschlichen Körper sehr vollkommen. Er läßt
uns aber bald im Stich, wenn wir auf das innere Wesen
der Stoffwechsel=Vorgänge und ihre Bedeutung für das
Leben näher einzugehen versuchen.

Die Zuflüsse liefern dem See Wasser, das chemische
Material, aus welchem sein Körper besteht. Denselben
Stoff, Wasser, sehen wir chemisch unverändert im Abfluß
aus dem See wieder austreten.

1 *

Für die Aufnahme und Abgabe von Wasser und anorganischen Stoffen (Salzen) findet sich ein vollkommen analoges Verhalten bei der Ernährung des Menschen.

In der Aufnahme der organisch=chemischen Stoffe, welche die Hauptmasse der festen Nahrung ausmachen, strömt, wie wir finden werden, dem animalen Organismus zwar ebenfalls das chemische Material fertig gebildet für den Aufbau seines Körpers, seiner Organe zu. Alle Nahrungsstoffe dienen im Allgemeinen und Wesentlichen so, wie sie aufgenommen werden, ohne tiefere chemische Umgestaltung zum Ersatz der verloren gegangenen Körper= stoffe; das Nahrungsmaterial hat im Ganzen die gleiche chemische Constitution wie der zu ernährende animale Organismus. Dagegen zeigen die organisch = chemischen Stoffe, welche im Haushalte des Körpers ausgedient haben und diesen wieder verlassen, die wesentlichsten chemischen Veränderungen. Und gerade durch die Erkenntniß dieser Umwandlungen gelang es der Wissenschaft einen tiefern Einblick in die Kräfte des animalen Lebens und in die eigentliche physiologische Bedeutung des Ernährungsvor= ganges zu gewinnen.

Neben den festen und flüssigen Nahrungsstoffen, welche der Mensch wie alle animalen Organismen aufnimmt, tritt durch die Athmung noch fortwährend gasförmiger S a u e r= s t o f f in beträchtlicher Menge in den Körper ein. Dieser Sauerstoff verläßt den Organismus nicht wieder in chemisch unverbundenem Zustande. Er vereinigt sich hier mit den Elementarbestandtheilen der durch die Nahrung dem Körper zugeführten, seine Organe aufbauenden hochzu= sammengesetzten organischen Stoffen. Ihre Elementar= bestandtheile treten in chemisch sehr einfachen Sauerstoff=

verbindungen, z. B. ihr Kohlenstoff als Kohlensäure, ihr
Wasserstoff als Wasser wieder aus dem Organismus aus.

Die organischen Stoffe, welche aus der Nahrung
stammend den menschlichen Körper bilden, verlassen also
bei ihrem Austritt den Körper nicht in der Form, in
welcher sie aufgenommen wurden, sondern zersetzt und an
Sauerstoff gebunden. Das animale Leben kann ohne
fortwährende Sauerstoffaufnahme und Ausscheidung der
an Sauerstoff gebundenen Zersetzungsprodukte des Körpers
nicht bestehen.

Die durch den Sauerstoff fortwährend eintretenden
Zersetzungen der organischen Körperstoffe bedingen einen
beständigen Verlust des Körpers an solchen Substanzen,
welcher durch Neuzufuhr in der Nahrung ausgeglichen
werden muß.

Diese Entdeckungen, am Ende des vorigen Jahr=
hunderts durch Lavoisier in die Wissenschaft einge=
führt, bilden seitdem die Basis unserer physiologischen
Betrachtungen.

Die Auffindung des Sauerstoffs O und der Gesetze
seiner Verbindungen haben die Grundlage geliefert, auf
welche die neuere Chemie gegründet werden konnte.

Im Allgemeinen bezeichnet bekanntlich die Chemie
die Verbindung der Elementarstoffe mit Sauerstoff als
Oxydation oder Verbrennung. Indem sich eine
complicirtere chemische Verbindung, etwa Holz, welches im
Wesentlichen aus Kohlenstoff C und Wasserstoff H zu=
sammengesetzt ist, mit Sauerstoff verbindet, verbrennt,
sehen wir zunächst den bestehenden Elementarzusammen=
hang des verbrennenden Körpers gelöst, den Kohlenstoff
als Kohlensäure CO_2, den Wasserstoff als Wasser H_2O
in die Atmosphäre übertreten. Gleichzeitig entsteht bei

der Vereinigung der Elementarstoffe mit Sauerstoff Wärme, Verbrennungswärme. Jede Verbrennung ist mit Wärmebildung nothwendig verknüpft.

Auch die organischen Bestandtheile des Menschen= und Thierleibes bestehen der Hauptmasse nach aus Verbindungen von Kohlenstoff und Wasserstoff. Verbrennen wir Fett oder Fleisch, verbinden wir ihre Bestandtheile mit Sauerstoff, so entsteht neben einer beträchtlichen Wärmemenge, ebenso wie bei der Verbrennung des Holzes aus ihrem Kohlenstoff Kohlensäure, aus ihrem Wasserstoff Wasser.

Im Lichte dieser Erfahrungen mußte der chemische Vorgang des Lebens der animalen Organismen, des Menschen als eine Verbrennung erscheinen.

Auch hier tritt unter Sauerstoffaufnahme eine Zersetzung der verbrennlichen Körperstoffe ein, ihr Kohlenstoff wird zu Kohlensäure, ihr Wasserstoff zu Wasser oxydirt. Die selbständige animale Wärme, welche die lebenden thierischen Organismen als eine Wärmequelle erscheinen läßt, ist die Verbrennungswärme, den fortschreitenden Oxydationen der Körperstoffe entstammend.

Wie eine Flamme erlöscht, wenn trotz reichlichem Brennmaterial die Sauerstoffzufuhr mangelt, so hört durch Sauerstoffmangel auch die Verbrennung im animalen Organismus und das Leben auf. Aus der Nothwendigkeit des Verkehrs der animalen Wesen mit der Athmosphäre, der Sauerstoffquelle, ergab sich damit ein neuer Gesichtspunkt für die Ernährungstheorie. Als eine zweite wesentliche Aufgabe der durch die Nahrung zugeführten organisch=chemischen Stoffe erschien neben der Funktion des Organaufbaues und der Organerneuerung, die, als Brennmaterial zu dienen, zunächst zur Erhaltung der thierischen Wärme, ohne welche das animale Leben nicht bestehen kann.

Aber noch tiefere Blicke läßt uns diese Entdeckung in die Geheimnisse der Lebenskräfte thun.

In der anorganischen Natur wie in der Technik kennen wir die Verbrennung, d. h. die bei der Verbrennung entstehende Wärme als eine der Hauptquellen m e c h a n i s c h e r L e i s t u n g e n. Bei unseren kalorischen Kraftmaschinen sehen wir die durch Verbrennung von Kohle oder Holz erzeugte Wärme mechanische Leistungen verrichten, Lasten heben. Je nach dem Bau der Maschine kann hiebei die der Oxydation entstammende Wärme in die mannigfaltigsten Bewegungen und Leistungen der Maschinen umgesetzt werden.

Nach den mitgetheilten physiologischen Erfahrungen ist es unzweifelhaft, daß die mechanischen Leistungen und Bewegungen des lebenden animalen Menschen-Körpers derselben Kraftquelle entstammen, welchen die kalorischen Maschinen ihre mechanische Leistungsfähigkeit verdanken: der Verbrennung. Wenn wir auch im einzelnen Fall den Modus der Kräfteübertragung im animalen Organismus noch nicht mit der erwünschten Sicherheit demonstriren können, so hindert uns daran doch nur der complicirte, nach dieser Richtung noch nicht vollkommen erkannte physikalische Bau der animalen Arbeits = Apparate. Im Principe steht als unerschütterliche Wahrheit fest, daß die mechanischen Kräfte, welche im thierischen und menschlichen Leibe zur Verwendung kommen und ihn als eine Kraft= maschine erscheinen lassen, aus einer Quelle stammen, aus welcher auch die unbelebte Natur, sowie unsere Technik Kräfte zu mechanischen Leistungen beziehen.

Von diesem Standpunkte aus kann man den ani=
malen wie den menschlichen Körper mit Rücksicht auf
seine mechanischen Leistungen mit einer kalorischen Kraft=
maschine unserer Technik vergleichen, man hat ihn geradezu
eine physiologische kalorische Kraftmaschine genannt. Die
Stoffe, mit welchen die animale Maschine geheizt und in
Gang gesetzt wird, die Nahrungsmittel, wie Brod, Fett
und Fleisch könnten, wenn wir sie unter dem Kessel einer
Dampfmaschine in hinreichender Menge verbrennen, die
Dampfmaschine ebenso in Bewegung setzen und zu me=
chanischen Leistungen befähigen, wie sie es durch ihre
organische Verbrennung bei der animalen Maschine thun.

Den Gelenken, Hebeln, Rädern und Bewegungs=
apparaten, welche wir in den technischen Maschinen thätig
sehen, wird die Bewegungskraft von außen her aus dem
geheizten Dampfkessel übertragen. Bei der animalen
Maschine liefern die, die Maschine und ihre Bewegungs=
apparate zusammensetzenden Stoffe durch ihre Verbrennung
zum größten Theil selbst die für ihre Arbeitsleistung
nöthige lebendige Kraft. Auch die Ausnützung der bei
der physiologischen Heizung der animalen Kraftmaschine
zur Verwendung kommenden lebendigen Kräfte werden
wir in der Folge als eine weit vollkommenere kennen
lernen, als sie in der Technik erreicht werden konnte.
Aber das Prinzip, nach welchen bei beiden die mechanischen
Leistungen erfolgen, ist identisch.

Unsere bisherigen Betrachtungen haben uns als die
wesentlichsten Aufgaben der animalen Ernährung, folgende
kennen gelehrt.

Der fortwährende, theils durch die Wasser= und
Salzabgabe, theils durch die organische Oxydation in Folge

der Sauerstoffaufnahme stattfindende Verlust an Körper=
stoffen muß durch die Zufuhr neuen zur Körperbildung,
zur Bildung der Organe tauglichen Materiales wieder
ersetzt werden, wenn der Körper in seinem bisherigen
Stoffgewichtszustande erhalten werden soll.

Durch die Nahrungszufuhr muß auch das Material
für die animale Wärmebildung, wie für alle
mechanischen Leistungen der animalen Maschine
geliefert werden.

Bei dem jugendlichen, wachsenden Organismus kommt
noch eine weitere Aufgabe der Nahrung hinzu, indem sie
hier auch die Stoffe zu liefern hat, welche die sich ent=
wickelnden, an Masse ansetzenden Körperorgane zu ihrer
vollkommenen Ausbildung erfordern. Wir werden in der
Folge sehen, daß ein analoger Gesichtspunkt auch bei der
Ernährung Erwachsener sich geltend machen kann, wenn
es darauf ankommt, für bestimmte Lebenszwecke bestimmte
Organe, etwa die Muskeln, zu gesteigerter Entwicklung zu
bringen.

2) Die Elementarstoffe des Pflanzen= und Thierkörpers.

Die Erscheinungen und Gesetze des Lebens sind an
chemische Stoffe geknüpft, welchen wir auch in der unbelebten
Natur überall und in größter Menge begegnen. Die
chemischen Bestandtheile, welche die lebenden Organismen
in der festen Erde, auf und in welcher sie vegetiren und
sich bewegen, in Luft und Wasser umgeben, sehen wir auch
die chemische Grundlage bilden ihrer belebten Organe, des
gesammten lebenden Körpers.

Es mag einer älteren Zeit, als die noch jugendliche
Menschheit sich mit Stolz als den Herrn der Erde und

aller ihrer Geschöpfe zu fühlen begann, der Gedanke nahe
gelegen sein, daß der Mensch aus einem anderen höheren
Stoff gebildet sei als die ihn umgebende, von ihm be=
herrschte Natur.

Es scheint, daß die Pietät gegen die Verstorbenen,
wie sie uns das Alterthum in so hoher Ausbildung zeigt,
zunächst wissenschaftliche Kenntnisse über die den Menschen=
leib zusammensetzenden Stoffe vermittelt habe. Bei den
Leichenverbrennungen blieben Staub und Asche als die
letzten Bestandtheile des Menschenleibes zurück; in Grüften
und in Felsengräbern sah man auch die sorgfältig mit
Spezereien und Balsam behandelten Körper sich endlich
in Staub und Erde verwandeln. So wurde es eine wissen=
schaftliche Anschauung der Vorzeit, daß der Menschenleib
aus Erde entstanden, im Tode wieder zu Erde werden
müsse. Im Gegensatz gegen die so nahe liegende Meinung,
daß der Mensch etwas anderes, besseres sei als die übrigen
Wesen der Welt, knüpft ihn diese uralte Erfahrung direkt
an die unbelebte Natur und an die in dieser waltenden
Gesetze an.

Als in späterer Zeit die fortschreitende Untersuchung
immer neue und neue Stoffe in den belebten Organismen
und speziell im Körper des Menschen nachweisen konnte,
welche sich in ihrem äußeren Verhalten von den an=
organischen Stoffen wesentlich verschieden zeigten, mußte
dieser dem Alterthum bekannte Stoff=Zusammenhang
zwischen belebter und unbelebter Natur wieder mehr und
mehr verdunkelt werden, und erst die neueste Entwicklung
der chemischen Erkenntniß hat uns wieder die volle Ab=
hängigkeit in Stoffen und Kräften zwischen organischen
Wesen und der sie umgebenden anorganischen Welt gelehrt.

Justus von Liebig war es, welcher, gestützt auf die

Resultate der chemischen Untersuchung der in Pflanzen und Thieren sich findenden Stoffe und deren elementarer chemischer Zusammensetzung, mit aller Entschiedenheit das animale und vegetative Leben im Zusammenhang eines Kreislaufs der Stoffe und der Kräfte aus dem anorganischen Reiche durch die Pflanzen in das Thier und den Menschen und von da in die unbelebte Natur zurück erkannte und darstellte.

Das Alterthum war vorzüglich durch die Verbrennung des Menschenleibes zu seinen Anschauungen über dessen chemische Bestandtheile gelangt. Auf analogem Wege, durch die organisch=chemische Elementaranalyse, welche in einer kunstgerechten Verbrennung, Sammeln, Wägen und Unter= suchung der gebildeten auch luftförmigen Verbrennungs= produkte organischer Stoffe besteht, gelangte die neue Chemie zu ihren grundlegenden Anschauungen über den Chemismus des Lebens.

Unter den etwa sechzig Elementarstoffen, welche die anorganische Chemie als die Urbestandtheile der festen Erde, der Luft und des Wassers aufgefunden hat, zählen zu den allverbreitetsten und relativ in größter Masse vor= kommenden:

Der Sauerstoff, O,
der Wasserstoff, H und
der Stickstoff, N.
Diese drei Elementarstoffe gepaart noch mit
dem Kohlenstoff, C,
dem Schwefel, S,
dem Phosphor, Ph und
dem Eisen, Fe,
Elemente, welche in der anorganischen Natur ebenfalls weitverbreitet sich finden, hat die organische Elementar=

analyse als die letzten, einfachen Bestandtheile in jenen chemischen Verbindungen nachgewiesen, welche die eigentlich organischen Körper, wie sie im Pflanzen= und Thierreiche sich finden, zusammensetzen.

Von diesen sieben Elementarstoffen fehlt in keiner organisch=chemischen Verbindung der Kohlenstoff.

Durch das Vorkommen von Kohlenstoff sind die organischen Stoffe zunächst charakterisirt. Man konnte daher die organische Chemie, welche sich mit der Ermittelung der Zusammensetzung, der Entstehung und der Zersetzung der organischen Stoffe beschäftigt, als die Chemie des Kohlen= stoffs und seiner Verbindungen bezeichnen, obwohl in der anorganischen Natur der Kohlenstoff, freilich in sehr einfachen Verbindungen, ebenfalls in sehr reichlicher Menge vor= kommt. Namentlich findet sich überall in Luft und Boden die Sauerstoffverbindung des Kohlenstoffs: die Kohlen= säure, CO_2.

Die chemische Zusammensetzung der Stoffe, an welchen das Leben zur Erscheinung kommt, zeigt sonach, wenn wir zunächst nur auf die Zahl der in ihnen vertretenen Elementarstoffe Rücksicht nehmen, eine erstaunliche Einfach= heit. Die letztere erscheint noch größer, wenn wir erkennen, daß ein Theil der organisch=chemischen Stoffe nur aus zwei der genannten Elementen besteht, die Kohlenwasser= stoffe aus Kohlenstoff und Wasserstoff, die (wasserfreie) Oxalsäure aus Kohlenstoff und Sauerstoff. Eine Haupt= Gruppe der organischen Körper ist aus drei Elementar= stoffen, aus: Kohlenstoff, Wasserstoff und Sauerstoff zu= sammengesetzt. Eine zweite Hauptgruppe besitzt daneben noch Stickstoff. Man bezeichnet danach die erste Haupt= gruppe als die stickstofffreien, die zweite als die stickstoffhaltigen organischen Stoffe, zu letzteren

rechnet man auch die höchstzusammengesetzten chemischen
Körper, welche neben den vier genannten Elementen noch
Schwefel (Phosphor und Eisen) enthalten.

Unter die erste Haupt=Gruppe der organischen Stoffe:
die stickstofffreien zählen außer den organischen Säuren
vor allem die verschiedenen Stärkemehl= und Zucker=
arten. Man bezeichnet die beiden letzteren, welche chemisch
und physiologisch die innigste Verwandschaft erkennen lassen,
als Kohlenhydrate, d. h. Verbindungen von Kohle
mit Wasser. Der Name rührt daher, daß in ihnen die
mit dem Kohlenstoff verbundene Menge von Sauerstoff
und Wasserstoff in demselben Verhältnisse zu einander wie
bei ihrer Verbindung zu Wasser stehen, d. h. sie enthalten
ein Aequivalent Sauerstoff auf je zwei Aequivalente Wasser=
stoff. Außerdem gehören zu den stickstofffreien organischen
Stoffen: die Fette und Oele, welche wie die Kohle=
hydrate aus Kohlenstoff, Wasserstoff und Sauerstoff
bestehen, letzterern aber relativ in weit geringerer Menge
enthalten als die Kohlehydrate. Es wird sich ergeben,
daß der höhere physiologische Werth, welcher den Fetten
im Gegensatz zu den Kohlehydraten im Haushalte des
animalen und pflanzlichen Organismus zukommt, wesent=
lich auf diesem relativen Stauerstoffmangel beruht.

Unter die zweite Hauptgruppe der organischen Stoffe,
unter die stickstoffhaltigen gehören zunächst solche,
welche neben den drei auch in der ersten Hauptgruppe ver=
tretenen Elementarstoffen nur noch Stickstoff enthalten. Es
sind das vor allem die stickstoffhaltigen organischen Säuren
und Basen oder organischen Alkaloibe und indifferenten
krystallinischen Körper. Die größte Bedeutung für unsere
Betrachtungen nehmen jedoch in dieser Stoffgruppe sowie
in der gesammten Ernährungsphysiologie die sogenannten

Eiweißkörper ein, als deren Repräsentant das eigent=
liche Eiweiß oder Albumin der Eier angesprochen werden
darf. Man hielt die Eiweißkörper bis in die letzte Zeit
für die höchst zusammengesetzten organisch=chemischen Stoffe,
sie enthalten neben Stickstoff auch Schwefel, welches Element
übrigens auch schon in einigen der vorhergenannten Stoffe
auftritt. Erst neuerdings ist man näher darauf aufmerk=
sam geworden, daß sich wenigstens im Thierorganismus
noch höher zusammengesetzte Substanzen als die Eiweiß=
stoffe finden, welche bei ihrer Zersetzung Albuminate liefern:
der rothe Blutfarbestoff; Hämoglobin nnd das im Eidotter
zuerst aufgefundene: Vitellin, von denen das erstere Eisen,
vielleicht beide Phosphor in ihrer Zusammensetzung besitzen.

Zum Charakter aller organisch=chemischen Stoffe gehört
es, daß sie sich mit Sauerstoff verbinden können, daß sie
v e r b r e n n l i c h sind. Bei der Verbrennung bilden sich
aus den organischen Substanzen vorzugsweise luftförmige
Verbrennungsprodukte. Der Kohlenstoff der organischen
Stoffe verbindet sich bei der Verbrennung mit Sauerstoff
zu Kohlensäure (CO_2), der Wasserstoff verbrennt zu
Wasser (H_2O), welches zunächst gasförmig aus der Ver=
brennung hervorgeht. Wo Stickstoff in der organischen
Verbindung vorhanden war, entweicht derselbe bei der
Verbrennung vorzüglich als Ammoniak (NH_3) ebenfalls
in die Athmosphäre. Die bei der Verbrennung des
Schwefels, des Phosphors und des Eisens entstehenden
Sauerstoffverbindungen: Schwefelsäure, Phosphorsäure und
Eisenoxyd sind dagegen nicht flüchtig, sie bleiben bei der
Verbrennung des Pflanzen= und Thierkörpers gemischt
noch mit einigen erdigen Bestandtheilen und einem Rest
von Kohlensäure als sogenannte Asche zurück. Der
größte Theil der Aschenbestandtheile war in den Organen

und Säften der Pflanze und des Thieres nicht in eigent=
lich organisch=chemischen Verbindungen enthalten.   Wir
werden aber in der Folge sehen, was für eine wichtige
Rolle ihnen in den Processen der Ernährung und des
Gesammtlebens zugetheilt ist.   Eine ihrer wesentlichen
Aufgaben verstehen wir sofort, wenn wir bemerken, daß
sie bestimmt sind, dem Körper der Pflanzen und der
Thiere die festen Skelettstützen zu liefern, welche den Halt
für die eigentlich organischen Gebilde abgeben.   In der
Asche finden wir außer den oben genannten Stoffen
von Nichtmetallen: Chlor Cl, Fluor Fl, Kiesel Silicium
Si; von Metallen und zwar von denen der Alkalien:
Kalium K, Natrium Na; von denen der alkalischen
Erden: Calcium Ca, Magnesium Mg und als schweres
Metall: Eisen Fe, mit Mangan Mn, dem steten
Begleiter des Eisens in der anorganischen Natur.   Die
Alkalien und alkalischen Erden sind in der Asche zum
Theil an Kohlensäure und Schwefelsäure, der Hauptmasse
nach aber an Phosphorsäure gebunden.   Ein Theil der
Alkalien findet sich als Chlorverbindungen.   Das Fluor
kommt als Fluorcalcium $CaFl_2$, das Silicium als Kiesel=
erde SiO_2 in den Aschen vor.

Unter den anorganischen Stoffen, welche sich mit
an dem Lebensproceß betheiligen, nimmt neben den Aschen=
bestandtheilen noch das Wasser eine besonders wichtige
Stelle ein.   Die chemischen Bewegungen des Lebens sind
an das Vorhandensein des Wassers absolut gebunden.
Der Körper der Thiere wie der Pflanzen besteht sogar
der Hauptmasse nach aus Wasser.   Manche Pflanzenstoffe
enthalten mehr als 90 %, die Hauptmasse der animalen
Organe, das Fleisch, enthält 75 %, Wasser.

3) Der Kreislauf des Stoffes bei der Ernäh= rung der Pflanzen und Thiere.

Die Materie trägt für den Naturforscher den Charakter der unvergänglichen Beständigkeit.

Die Elementarstoffe, welche das Weltganze zusammen= setzen, bilden eine unveränderliche Summe. Kein Atom geht verloren, kein Atom kommt zu dieser Summe hinzu. Aber wir finden die Elementarstoffe überall in mehr oder weniger lebhafter chemischer Bewegung. Wir sehen die Elemente sich wechselweise verbinden, wir sehen diese Ver= bindungen gelöst, wir sehen neue Vereinigungen aus den Theilprodukten wieder hervorgehen. Die Verbindungs= produkte der Elementarstoffe zeigen die verschiedensten Eigenschaften; durch Trennung und Vereinigung sehen wir im reichen Wechsel die Stoffe sich verändern. Die Elementarstoffe selbst aber bleiben bei diesem Spiel der chemischen Wahlverwandtschaften an Masse und Eigen= schaften unverändert. Aus allen, auch den complicirtesten chemischen Verbindungen lassen sie sich wieder gewinnen, ohne daß sie Veränderungen erlitten hätten. Auch dann, wenn die Elementarstoffe in die organischen Verbindungen lebender Organismen eingetreten sind, haben sie an sich keine Veränderung erfahren, auch hier kommt kein Atom neu hinzu, auch hier geht kein Atom verloren. Sie wirken in den Organismen mit den ihnen auch in der unbelebten Natur zugehörenden Eigenschaften und Kräften, die Chemie ist im Stande sie aus den organischen Verbindungen ebenso wie aus den anorganischen in ihrer vollkommenen Reinheit wieder zu gewinnen.

Man bezeichnet diese Erfahrungen als: das Gesetz

der Erhaltung des Stoffes; mit seiner Erkenntniß wurde die Chemie eine Wissenschaft.

Am längsten hat sich die Meinung, daß Stoff neugebildet werden oder wieder vergehen könnte, in der Chemie der Organismen namentlich der Pflanzen halten können. Die Flechten, welche in reicher Vegetation die nackte Felswand bekleiden, der wasserreiche Cactus der Sandwüste, der Fichtenbaum, dessen Wurzeln in den Stein getrieben sind, — woher sollen diese die organisch=chemischen Stoffe zugeführt erhalten, welche ihre Organe zusammensetzen; müssen wir nicht annehmen, daß die organische Materie sich hier durch die Lebenskraft neu gebildet habe?

Derartige Beispiele von Vegetation, bei welchen die Nahrungszufuhr aus dem Boden nur eine minimale sein kann, waren es gerade, welche ein helles Licht warfen auf den Ursprung und das Herkommen der Elementarstoffe, welche den organischen Pflanzenkörper bilden. Alles weist hier darauf hin, daß nicht der Boden die Elemente der organischen Stoffe geliefert haben kann; sie können der Pflanze nur aus der sie umströmenden Atmosphäre zugekommen sein. Man machte das Experiment. Man erzog Pflanzen in ausgeglühtem, gewaschenem, feuchtem Quarzsand, aus welchem die Pflanze nichts aufzunehmen vermag: man ließ sie in reinem Wasser keimen und fand die Bedingungen, unter denen sich die Pflanzen trotz der mangelnden Ernährung aus dem Boden in üppiger Fülle entwickelten. Abgesehen von den nothwendigen Asche=bestandtheilen des Pflanzenkörpers können alle zur Bildung der eigentlich organischen Stoffe nöthigen Elemente der Pflanze aus der Atmosphäre geliefert werden. Auch das im Pflanzenleibe enthaltene Wasser kann z. B. bei Flechten und Cactus direkt der Atmosphäre entstammen.

Die chemiſche Analyſe der Luft weiſt in derſelben neben Sauerſtoff und Stickſtoff, welche bekanntlich in phyſikaliſcher Miſchung die Hauptmaſſe der Luft ausmachen, überall in kleinen Mengen Kohlenſäure und mehr oder weniger reichlich Waſſerdampf nach. Die Pflanze iſt gleichſam gebadet in dem Luftmeer, aus welchem ihr drei wichtige Elementarſtoffe zur Bildung ihrer organiſchen Subſtanzen: Kohlenſtoff und Sauerſtoff in der Kohlenſäure, Waſſerſtoff in dem Waſſerdampf zuſtrömen, welche genügen, um die wichtige Gruppe der ſtickſtofffreien organiſchen Stoffe zuſammenzuſetzen. Durch die ſubtilſten Beobachtungen und Experimente wurde nachgewieſen, daß die Pflanzen den zur Bildung ſtickſtoffhaltiger organiſcher Produkte nöthigen Stickſtoff nicht aus dem Stickſtoff, welcher in ſo großer Menge chemiſch unverbunden in der Atmoſphäre ſich findet, beziehen können. Außer Sauerſtoff kommt bei der Ernährung der Pflanzen und Thiere überhaupt kein freies chemiſch unverbundenes Element zur Anwendung. Die Analyſe weiſt aber, beſonders reichlich nach Gewittern, in der Luft ſtets geringe Mengen von Ammoniak und Salpeterſäure zum Theil zu ſalpeterſaurem Ammoniak verbunden nach. Ammoniak NH_3 iſt eine Waſſerſtoff= Salpeterſäure HNO_3, eine Sauerſtoffverbindung des Stick= ſtoffs, beide, wie das Experiment ergibt, geeignet, zur Pflanzennahrung zu dienen. Die vier Hauptelementar= ſtoffe zur Bildung organiſcher Verbindungen findet ſonach die Pflanze in genügender Menge in der ſie umgebenden Luft. Schwefel, Phosphor, Eiſen und die übrigen Aſchen= beſtandtheile namentlich Kali KO, Kalk CaO, Kieſelerde SiO_2 müſſen dagegen der Pflanze aus dem Boden geliefert werden. Dazu kommt noch für die Mehrzahl der Pflanzen eine ebenfalls vom Boden zu liefernde reichliche Waſſer=

menge, da den meisten die Einrichtungen abgehen, um die Wasserdämpfe aus der Atmosphäre in genügender Menge für ihre Lebensbedürfnisse zu gewinnen.

Auch Schwefel, Phosphor und Eisen müssen den Pflanzen, um als Nahrungsstoffe dienen zu können, in chemischer Verbindung und zwar mit Sauerstoff, dargeboten werden, als Schwefelsäure, Phosphorsäure, Eisenoxyd und zwar in analoger Combination mit anderen Stoffen, wie wir sie etwa in der Asche des Pflanzen= oder Thier= körpers aufgefunden haben.

Derartige Vegetationsversuche in feuchtem Quarzsand oder reinem Wasser, welchen man die nöthigen Aschen= bestandtheile zugesetzt hat, geben mit der Entdeckung der Quellen der Elementarbestandtheile der organischen Ver= bindungen auch sofort die erwünschtesten Aufschlüsse über die Funktionen der unverbrennlichen Stoffe bei der Pflanzen= ernährung. Versagt man den Pflanzen einen oder den anderen wesentlichen Aschebestandtheil, so sehen wir je nach dem mangelnden Stoff in verschiedener abnormer Weise das Pflanzenleben beeinflußt. Fehlt das Eisen in den Nährsalzen, so wird dadurch die Bildung des grünen Farbstoffs, das Chlorophyll der Blätter unterdrückt, die Gewächse verfallen in einen krankhaften Zustand, den man als Bleichsucht der Pflanzen zu bezeichnen pflegt. Mangelt Phosphorsäure und Kali, so bildet sich das Stärkemehl und die Eiweißstoffe in ungenügender Menge; man ist im Stande, eine direkte Proportion aufzustellen zwischen der in der Pflanze sich findenden Kali= und Phosphorsäure= menge und der Menge in ihr gebildeten Stärkemehls und Eiweißes. Wenn die Aschenbestandtheile also auch nicht direkt mit zur chemischen Constitution der organischen Stoffe gehören, so lehren diese Beobachtungen doch ihre unbe=

2*

dingte Nothwendigkeit für eine normale Ernährung und
Stoffbildung in den Pflanzen. Auf ganz analoge Verhältnisse
werden uns die Beobachtungen über die anorganischen Be=
standtheile des Thier= und Menschenkörpers führen.

Abgesehen von den Aschebestandtheilen sind nach dem
Gesagten die Hauptnahrungsmittel der Pflanze: Kohlen=
säure, Wasser und Ammoniak (Salpetersäure). Es sind
das die gleichen Stoffe, welche wir bei der Verbrennung
organischer Stoffe entstehen sehen. Auch die Aschen=
bestandtheile sowie die zur Bildung der höchstzusammen=
gesetzten organischen Verbindungen erforderlichen Elementar=
stoffe: Schwefel, Phosphor und Eisen bezieht die Pflanze
aus dem Boden als Sauerstoffverbindungen ganz gleich
denen, welche sich bei der Verbrennung organischer Stoffe
aus diesen bilden. Die Sauerstoffverbindungen, welche
als Nährstoffe der Pflanzen dienen, sind nicht mehr im
Stande, bei gewöhnlicher Oxydation mehr Sauerstoff in sich
aufzunehmen, sich noch weiter zu oxydiren; sie sind als
letzte Produkte der Verbrennung, der Sauerstoffverbindung,
unverbrennlich.

Für den Fortschritt unserer Betrachtung über den
Ernährungsvorgang der Pflanzen ist diese Beobachtung,
daß die Nährstoffe der Pflanze die Verbrennungsprodukte,
die Produkte der Sauerstoffverbindung der organischen
Stoffe sind, von weittragendster Bedeutung.

Im Gegensatz gegen die Nährstoffe der Pflanzen sind
alle in der Pflanze aus den aufgenommenen Elementar=
bestandtheilen gebildeten organischen Substanzen relativ
sauerstoffarm, sie sind alle im Stande Sauerstoff in sich
aufzunehmen, zu verbrennen.

Dieser Charakter der Verbrennlichkeit wird demnach
den aus der Verbindnng der anorganischen Nährstoffe

hervorgegangenen organischen Substanzen erst durch den Vegetationsvorgang in der lebenden, wachsenden Pflanze aufgedrückt. Es kann das nur geschehen, indem gleichzeitig mit der Verbindung der als Nährstoffe aufgenommenen einfachen Elementarverbindungen zu den complicirteren Atomvereinigungen der organischen Stoffe eine Abscheidung von Sauerstoff stattfindet, ein Vorgang den man im Gegensatz zur Oxydation, zur Sauerstoffaufnahme (Verbrennung) als Desoxydation oder Reduktion bezeichnet.

Es war eine der wichtigsten Entdeckungen in der Physiologie der Ernährung, als der Nachweis geliefert war, daß das Leben und die Stoffbildung der Pflanzen mit einer Reduktion der als Nährstoffe aufgenommenen Sauerstoffverbindungen verknüpft sei. Hierauf beruht die vegetative Pflanzenathmung. Im Lichte nehmen die chlorophyllhaltigen grünen Pflanzentheile, namentlich die Blätter, die Athmungsorgane der Pflanzen, Kohlensäure in sich auf und athmen dafür Sauerstoff aus.

Dieser bei der vegetativen Pflanzenathmung austretende Sauerstoff wird, wie sich aus dem vorstehenden ergibt, nur zum Theil von der aufgenommenen in der Pflanze reducirten Kohlensäure geliefert, ein Theil stammt aus den anderen als Nährstoffe aufgenommenen Sauerstoffverbindungen, welchen bei ihrer Vereinigung zu den höchsten chemischen Produkten des Pflanzenlebens ebenfalls wenigstens ein Theil ihres Sauerstoffes entzogen wird.

Die chlorophyllhaltige Pflanze bildet also die verbrennlichen organischen Stoffe aus den Verbrennungsprodukten der sie constituirenden Elemente.

Aber nicht minder wichtig als diese Entdeckung war

die korrespondirende, daß die animalen Organismen nicht
im Stande sind, auf analoge Weise wie die Pflanzen
organische Stoffe aus anorganischen Nährsubstanzen zu bilden.
Die organischen Stoffe, welche den Körper der Thiere und
des Menschen zusammensetzen, werden von diesen direkt
oder indirekt schon fertig gebildet aus dem Pflanzenreiche
aufgenommen.   Während das Leben und die Ernährung
der Pflanze mit einer Reduktion, mit einer Abscheidung
von Sauerstoff aus den zu organischen Stoffen durch das
Pflanzenleben combinirten anorganischen Nährsubstanzen ver=
bunden ist, sehen wir dagegen bei der Ernährung der ani=
malen Organismen fertig gebildete organische Verbindungen
aufgenommen, unter Sauerstoffaufnahme zersetzt und schließ=
lich in die einfachen Verbrennungsprodukte zurückverwandelt,
welche der Pflanze als Nährstoff gedient hatten, oder wenig=
stens in Stoffe, welche nach der Trennung vom thierischen
Organismus sehr leicht und rasch in jene sich umbilden.

    In wie einfacher Weise gestaltet sich nach diesen Er=
fahrungen das allgemeine chemische Gesetz der Ernährung
der Organismen beider Reiche.

    Die Atmosphäre und der Boden liefern der chlorophyll=
haltigen Pflanze die relativ einfachen Nährsubstanzen, welche
von der Pflanze durch Blätter und Wurzel aufgenommen
unter Sauerstoffabscheidung in die complicirteren organisch=
chemischen Produkte verwandelt werden, welche die Pflanzen=
organe zusammensetzen.   Aus der Pflanze gewinnt das
Thier seine Nahrung.   Es nimmt jene organisch=chemischen
Pflanzenstoffe in sich auf, bildet aus ihnen seine Organe
und zersetzt sie schließlich unter Sauerstoffaufnahme wieder
in die einfachen anorganischen Elementarverbindungen, welche
der Pflanze als Nahrungsmaterial gedient haben.   Indem
diese Zersetzungsprodukte durch Athmung und Ausscheidung

wieder der Atmosphäre und dem Boden zurückgegeben werden, können sie von neuem als Nahrungsstoffe für die Pflanze Verwendung finden.

So erscheint die Ernährung im Pflanzen= und Thier= reiche als ein ununterbrochener Kreislauf des Stoffs.

Der Kohlenstoff der Kohlensäure der Luft wird zum Kohlenstoff der Cellulose, welche die Wände der Pflanzen= zellen bildet, zum Kohlenstoff des Stärkemehls, des Zuckers, des Fettes des Pflanzen=Eiweißstoffes, er wird zum Kohlen= stoff unseres Fleisches, unseres Blutes, unserer Nerven= substanz und kehrt aus diesen in der Form von Kohlen= säure wieder in die Luft zurück, aus der er stammte. Ebenso verhält es sich mit den übrigen Elementarstoffen, welche den Menschenleib zusammensetzen. Die Physiologie ist im Stande die Geschichte jedes einzelnen chemischen Atoms zu schreiben, welches sich in dem Gehirn, den Nerven, den Muskeln, dem Blut, in irgend einem der Organe des Menschenleibes befinden, und von denen die wechselnden Funktionirungen jener Organe abhängig sind.

Kein Atom geht der Untersuchung bei diesem Kreis= lauf des Stoffes, aus der anorganischen Natur, durch die Pflanze in den Leib des Menschen und der Thiere und von da in das Reich des Unbelebten zurück, verloren, keiner schleicht sich unbeachtet ein. Wie in einem gelungenen Rechenexempel stimmt die Zahl, das Gewicht der in die Pflanze eintretenden, von der Pflanze zur thierischen Ernährung gelieferten Elementarstoffe mit der Zahl, dem Gewicht der von den animalen Organismen der anor= ganischen Umgebung zurückgegebenen überein. Und auch innerhalb des Organismus entziehen sich diese Stoffe trotz des unablässigen Wechsels des Orts, der Form, der chemischen Verbindung, dem Forscherauge nicht mehr.

Chemisch betrachtet erscheint sonach zunächst der Ernährungs- und Lebensvorgang im Pflanzen und Thierreiche in vollkommenem Gegensatz.

Während die Pflanze unter Sauerstoffabscheidung organisch-chemische verbrennliche Verbindungen aus den einfachen, anorganischen (meist) Sauerstoffverbindungen der Elementarstoffe zusammensetzt und dadurch das Material zum Aufbau ihrer Organe gewinnt, bezieht das animale Wesen die für seine Ernährung nöthigen organischen Stoffe im Wesentlichen fertig gebildet von der Pflanze und zersetzt sie wieder unter Sauerstoffaufnahme in die einfachen, anorganischen (meist) Sauerstoffverbindungen, welche der Pflanze zur Nahrung gedient hatten.

Darauf beruht der principielle Unterschied zwischen Pflanze und Thier im Wechselverkehr mit der Atmosphäre.

Das Thier nimmt zum Zwecke der chemischen Zersetzung und Oxydation Sauerstoff aus der Luft in sich auf und gibt ihr dafür Kohlensäure, Wasserdampf und Ammoniak zurück. Die Pflanze entzieht dagegen zum Zwecke der Stoffbildung der Atmosphäre Kohlensäure (Wasserdampf) und Ammoniak, und liefert ihr dafür Sauerstoff zurück. Das gleiche Wechselverhältniß findet in Beziehung auf den Boden statt; was die Pflanze dem Boden entzieht, führen ihm die animalen Ausscheidungen wieder zu.

Dieser Gegensatz zwischen Pflanzen- und Thierernährung wird aber dadurch beschränkt, daß die nicht chlorophyllhaltigen Gewächse z. B. die Schmarotzerpflanzen eben so wenig wie die animalen Organismen im Stande sind, aus anorganischen Stoffen sich zu ernähren, sondern, daß sie wie jene dazu auch direkt oder indirekt vom Pflanzenreiche gelieferter organischer Stoffe bedürfen. Auch die chlorophyllhaltige Pflanze besitzt die Fähigkeit der organischen Stoffbildung nur in den grünen Pflanzentheilen im Lichte. In der Dunkelheit zeigen sich auch bei ihr Stoffzersetzungsvorgänge mit Sauerstoffaufnahme und Kohlensäureabgabe verbunden und man kann nachweisen, daß solche Zersetzungsvorgänge immer bei der lebenden und wachsenden Pflanze, wenn auch in minimalem Grade, neben jenen das Pflanzenleben hauptsächlich charakterisirenden Bildungen organisch-chemischer Stoffe einhergehen.

Selbstverständlich zwingt uns die Ernährung der Fleischfresser zu keiner Beschränkung unseres Satzes, daß die organischen Stoffe bei der Ernährung der Thiere von den Pflanzen geliefert werden. Indem die Fleischfresser die organischen Stoffe pflanzenfressender Thiere in sich aufnehmen, bekommen ja auch sie vom Pflanzenreiche stammende organische Nährsubstanzen nur in schon gereinigter, gleichsam concentrirter Form, während der Pflanzenfresser in der Pflanzennahrung neben den für die Organbildung unentbehrlichen höchsten chemischen Produkten des Pflanzenlebens noch viel minderwerthige oder zur Ernährung vollkommen untaugliche Stoffe aufnehmen muß.

Fassen wir das Resultat unserer Erfahrungen noch einmal zusammen, so ergibt sich, daß das Thier und der Mensch durch Vermittelung des Pflanzenreiches seine Körperstoffe bildet aus Kohlensäure, Wasser, Ammoniak und einigen anorganischen Stoffen der Erdrinde. Die chemischen Grundlagen des animalen Lebens sind Bestandtheile der Luft und der Erde.

4) Die Sonne und das Leben.

Wir finden die Processe der Ernährung und des Lebens gebunden an einen in sich geschlossenen Stoffkreislauf aus der anorganischen Welt durch die Pflanzen in

das Thierreich und von da wieder zurück in das Reich
der unbelebten Natur.

In dieſer gegenſeitigen Bedingung ſcheint das Leben
der beiden organiſchen Reiche eine Löſung des Problems
eines Perpetuum mobile zu ſein. Die Pflanze bildet ihre
organiſchen verbrennlichen Körperſtoffe aus den Zerſetz=
ungsprodukten der Stoffe des Thierleibes. Das Thier
bezieht die zur Bildung ſeines Körpers und zur Bewegung
ſeiner Organe nöthigen organiſchen Beſtandtheile von der
Pflanze.

Die Conſtanz der chemiſchen Zuſammenſetzung der
Atmoſphäre, welche von Pflanzen und Thieren in entgegen=
geſetzter Weiſe beeinflußt wird, beweiſt, wie vollkommen
die Thätigkeit der Ernährung im Pflanzen= und Thier=
Reiche auf der Erde ſich das Gleichgewicht halten. Obwohl
die Athmung der animalen Weſen der Luft fortwährend
Sauerſtoff entzieht, bleibt der Sauerſtoffgehalt der Luft
doch ungeändert, zum Beweiſe, daß die gleiche Menge von
Sauerſtoff, welche durch die animale Athmung verloren
geht, der Atmoſphäre durch die mit Sauerſtoffabſcheidung
verknüpfte vegetative Pflanzenathmung wieder zurückerſtattet
wird.

Sehr anſchaulich kann man im Kleinen ein Experiment
anſtellen, welches die Natur in größtem Maßſtabe beſtändig
ausführt. Juſtus von Liebig nannte dieſes Experiment:
d i e W e l t i m G l a ſ e.

Man bringt kleine Waſſerthiere und Waſſerpflanzen
in ein zum Theil mit Luft zum Theil mit Waſſer, welcher
die anorganiſchen Beſtandtheile des Thier= und Pflanzen=
körpers gelöſt enthält, gefülltes Glasgefäß und verſchließt
daſſelbe luftdicht, ſo daß keine Stoffe von außen zugeführt

werden oder in dem Gefäß enthaltene entweichen können. Das Leben der Pflanzen und Thiere geht hier seinen ungestörten Gang. Die Thiere nähren sich von den Pflanzen, welche aus den an das Wasser und die Luft abgegebenen Ausscheidungsprodukten der Thiere ihre für die Ernährung der animalen Wesen verwendeten und dadurch verloren gegangenen Organe wieder ersetzen.

Die Kräfte, welche der animale Organismus zu seinen mechanischen Leistungen verwendet, stammen, wie wir sahen, aus der Verbrennung der organisch-chemischen Stoffe, welche dem Thiere durch die Pflanze als Nahrungsstoffe, als Material zum Aufbau seiner kraftproducirenden Organe geliefert werden. Aus den Oxydationsprodukten des Thierkörpers, welche diesen in seinen Ausscheidungen verlassen, nährt sich die Pflanze. Den Pflanzennahrungs= stoffen fehlt, da sie selbst Verbrennungsprodukte sind, die Fähigkeit zur Verbrennung und damit die Fähigkeit zur Krafterzeugung durch dieselbe. Die organisch-chemischen Produkte des Pflanzenlebens haben bei der Verbrennung im Thierkörper Kräfte geliefert, welche das Thier in animale Wärme, in mechanische Leistungen umsetzte. Diese verwendete Kraftsumme geht sonach den Verbrennungs= produkten ab. In dem Lebensproceß der Pflanze sehen wir nun aber die aufgenommenen einfachen Verbrennungs= produkte wieder vom Sauerstoff getrennt werden; wir sehen sie sich wieder zu den complicirteren Stoffgruppen ver= einigen, welche dem Thierkörper als Nahrungs= und Bildungsmaterial dienen können; welche verbrennlich sind und bei ihrer Verbrennung wieder eine Summe von lebendiger Kraft liefern, die das Thier zu seinen Lebens= zwecken zu verwenden vermag.

Die Wissenschaft bezeichnet mit Helmholtz diese Fähig=

keit zur Arbeitsleistung, zur Erzeugung mechanischer,
lebendiger Kraft, welche die organisch=chemischen Stoffe
besitzen, und welche durch Oxydation dieser Stoffe in
wirkliche Arbeit, in mechanische Leistungen umgesetzt werden
kann, als Spannkraft dieser Stoffe.

Die Fähigkeit zur Arbeitsleistung in organischen
Substanzen durch Oxydation ist der Fähigkeit zur Arbeits=
leistung ganz analog, welche ein in die Höhe gehobenes
Gewicht, etwa ein Uhrgewicht, besitzt, das, indem es von
der Höhe, auf die es gehoben wurde, herabfällt, mechanische
Arbeit leistet. Die Kraft, welche bei dem Herabfallen des
Gewichtes frei und lebendig wird, ist in dem gehobenen
Gewicht, wenn wir es am Fallen hindern, ebenso potentiell
enthalten, gleichsam ruhend aufgespeichert, wie wir eine
solche Kraftaufspeicherung in den verbrennlichen Stoffen
anzunehmen haben, so lange wir sie hindern, sich mit Sauer=
stoff zu verbinden. Durch Oxydation werden diese auf=
gespeicherten Kräfte ebenso frei und lebendig, wie wenn
wir das Gewicht fallen lassen, den Pendel in Bewegung
setzen. Die ruhende Arbeitsfähigkeit in dem gehobenen
Gewichte wird von der Wissenschaft daher ebenfalls als
Spannkraft bezeichnet. Analoge Beispiele für den Begriff
der Spannkraft lassen sich leicht vermehren. Dem Wasser,
welches als Wasserdampf in die Atmosphäre gehoben, sich
an den Gipfeln der Berge als Schnee und Eis nieder=
schlägt und hier als Gletscher festgehalten wird, wird wie
dem Gewicht durch das Emporgehobenwerden eine Summe
von Spannkräften ertheilt. Diese Spannkräfte werden,
wenn der Gletscherbach in die Ebene herabstürzt, frei und
lebendig und, indem er Steine vor sich herwälzt, Mühlen
und Wasserwerke treibt, sehen wir sie in mechanische
Leistungen umgewandelt.

Es ist klar, daß die den organisch=chemischen Produkten der Lebensthätigkeit der Pflanze innewohnenden, in ihnen aufgespeicherten Spannkräfte diesen Stoffen, da sie dieselben vor ihrem Eintritt in die Pflanze nicht besaßen, in der Pflanze oder durch die Pflanze geliefert werden mußten. Die lebende Pflanze erscheint damit als eine Quelle von Spannkraft, von mechanischer Kraft. Die Kraftsumme, welche den Stoffen, indem sie die mechanischen Leistungen im animalen Körper vermitteln, verloren geht, wird ihnen im gesammten Stoffkreislauf des Lebens wie in unserem Experiment der Welt im Glase, wenn sie wieder zu Bestandtheilen des Pflanzenkörpers werden, zurückgegeben. Man schien danach gezwungen, in den Pflanzen eine Lebenskraft anzunehmen, welche in ihrem Wesen und in ihren Wirkungen den mechanischen Kräften vollkommen analog erschien, indem sie sich wie andere mechanische Kräfteformen in Spannkraft umzuwandeln vermag. Die Pflanze nimmt die unbelebten Stoffe in ihren Körper auf: indem sie diese in Bestandtheile ihrer Organe in neuer Stoffgruppirung verwandelt, belebt sie dieselben, theilt ihnen von der in ihr wohnenden Lebenskraft mit. Diese Lebenskraft ist es, welche, wenn die Stoffe wieder ihre ihnen von der Pflanze aufgeprägte Form im Oxydations= proceß des animalen Körpers verlieren, wenn sie wieder zu unbelebten, anorganischen Elementarverbindungen werden, frei und zu mechanischen Effekten verwendbar wird.

Auf den ersten Blick scheinen diese Schlußfolgerungen zwingend zu sein, aber das Experiment der Welt im Glase weist sie mit aller Entschiedenheit zurück. Der ungestörte Stoffkreislauf des Lebens findet hier nur statt, so lange wir dem Lichte und der Wärme der Sonne die Einwirkung auf die eingeschlossenen lebenden Organismen

gestatten.   Halten wir sie im Dunkeln, so sterben sowohl
Thiere wie Pflanzen in kurzer Zeit, die Bewegungen, die
mechanischen und chemischen Leistungen des Lebens stehen still.

Die Entdeckung des Zusammenhanges der Lebenskräfte
auf unserer Erde mit der Sonne und den von ihr aus=
strömenden Kräften brachte eine entscheidende Revolution
in unseren Anschauungen über das Wesen der vegetativen
Lebenskraft hervor. Jetzt wissen wir, daß die Kraft, welche
wir in den Pflanzenorganismen aufgespeichert in den
thierischen Organismen zur Verwendung für mechanische
Leistungen kommen sehen, von der Sonne stammt.

Wir haben es oben versucht, das Gesetz der Erhaltung
des Stoffs in seinen bestimmenden Einwirkungen auf
unsere Kenntnisse der Stoffvorgänge im Reiche der lebenden
Organismen darzustellen. In Beziehung auf die die Organe
und den Gesammtkörper der Thiere und Pflanzen bildende
Materie, sehen wir die Organismen auf das Innigste an
die anorganische Welt geknüpft. Kein neues, in der un=
belebten Natur nicht auch vertretenes Element tritt als
Träger des Lebens und seiner Kräfte auf.

Dem Gesetze der Erhaltung des Stoffes steht das
analoge Gesetz der Erhaltung der Kraft ergänzend
zur Seite.

Die Summe der im Weltall thätigen Kräfte ist eine
unveränderliche. Ebensowenig wie Stoff neu entstehen oder
vergehen kann, kann mechanische Kraft neu geschaffen oder
vernichtet werden.

Wie das scheinbare Verschwinden und Neuentstehen
von chemischem Stoff im Lichte der wissenschaftlichen
Beobachtung nur als Veränderung in den Verbindungen
der vorhandenen, unverändert fortbestehenden Elementar=
stoffe erscheint, welche· bald zu sichtbaren und greifbaren

festen Körpern, bald zu luftförmigen, unsichtbaren Stoffgruppirungen zusammentreten, so verhält es sich ganz
analog mit dem scheinbaren Entstehen und Vergehen von
Kraft.

Wärme, Licht, Electricität, chemische Kraft, mechanische
Arbeit, Spannkraft sind verschiedene Kräfteformen.

Wo dem Auge Kräfte zu verschwinden scheinen, verwandeln sie sich in Wahrheit nur in eine andere Kräfteform; wo eine neue Kraft aufzutreten scheint, ist sie aus
der Umwandlung einer anderen äquivalenten Kraftmenge
hervorgegangen.

Dieser Satz war in Beziehung auf die Umwandlung
der sogenannten lebendigen Kräfte lange bekannt. Man
wußte, daß chemische Kraft in Wärme oder in den elektrischen
Apparaten in Elektricität; daß Elektricität in Wärme oder
mechanische Bewegung, mechanische Bewegung rückwärts
wieder in Wärme oder Elektricität mit Hülfe von geeigneten Uebertragungsvorrichtungen umgewandelt werden
könne. Durch die Erkenntniß der Spannkräfte wurde
dieser Cyklus geschlossen, der Schlußstein in das Gesetz
der Erhaltung der Kraft eingefügt. Ueberall, wo wir an
einem Körper Spannkräfte antreffen, sind sie in denselben
gleichsam hineingearbeitet. Zur Erzeugung von Spannkraft
muß eine äquivalente Menge lebendiger Kraft verschwinden,
sie muß in Spannkraft umgewandelt werden.

Heben wir durch eine Dampfmaschine ein Gewicht,
z. B. einen Eisenhammer auf eine gewisse Höhe, so
ertheilen wir dem Gewichte Spannkräfte, d. h. die Möglichkeit, eine Summe von Arbeit bei dem Herabfallen, etwa
in einem Hammerwerke, zu leisten. Diese mechanische
Leistung des Gewichtes ist äquivalent der mechanischen
Leistung, welche die Dampfmaschine zum Heben verwendete.

Um die mechanische Leistung der Dampfmaschine hervorzu=
bringen, mußte wieder eine dieser Leistung äquivalente
Summe von Wärme verwendet werden.   Diese Wärme
stammte aus der in dem Holz, mit welchem der Dampfkessel
geheizt wurde, aufgespeicherten, durch die Verbrennung in
Bewegung (Wärme) umgesetzten Spannkräfte. So erscheinen
die Spannkräfte als umgewandelte lebendige Kraft, die
lebendige Kraft als in Bewegung umgesetzte Spannkräfte.

Die Umwandlung der einen Kräfteform in die andere
ist aber niemals eine ganz vollkommene, immer sehen
wir auch bei den bestgewählten Uebertragungsvorrichtungen
neben der gewünschten Kräfteform im geringeren Maße
noch andere Kräfteformen auftreten.   So entsteht z. B.
bei der Umwandlung chemischer Kraft in den elektrischen
Apparaten in Elektricität neben dieser gewünschten Kräfte=
form stets auch noch Wärme. Das ist ein Grund, warum
eine ununterbrochene Kreisbewegung der Kraft, ein Per=
petuum mobile wissenschaftlich unmöglich ist.

Unser Experiment der Welt im Glase beweist, daß
im mechanischen Sinne auch der Kreisproceß des Lebens
und seiner Stoffe kein Perpetuum mobile ist; daß dieser
Bewegungsvorgang aufhört, sowie die Zufuhr von lebendiger
Kraft von außen, die Zufuhr von Sonnenwärme und Licht
mangelt.

Nur im Lichte und der Wärme sind die grünen,
chlorophyllhaltigen Pflanzen im Stande, die Abtrennung
des Sauerstoffs von den als Nährstoffen aufgenommenen
Oxydationsprodukten auszuführen. Die Kräfte zur Trennung
dieser festen Elementarverbindungen werden von der Sonne
geliefert. Die Sonnenkräfte werden damit als Spannkraft
in die in der Pflanze entstehenden organischen Produkte
hineingearbeitet, aufgespeichert. Wenn wir also bei der

Verbrennung der organisch-chemischen Pflanzenstoffe, des Holzes, ebenso wie der vom Thiere als Nahrung benützten Materien, lebendige Kräfte entstehen sehen, so stammen diese direkt von der Sonne. Auch die mechanischen Leistungen der animalen Organismen, ihre Wärme, ihre Electricität stammen aus derselben Quelle. Es sind aufgespeicherte, gleichsam condensirte Sonnenstrahlen, mit denen wir im Winter unsere Oefen heizen, mit denen wir durch Maschinen und Eisenbahnen unsere Lasten bewegen, mit denen der Organismus des Menschen und der Thiere die mechanischen Leistungen der belebten Organe hervorbringt.

Die Kraftsumme, welche von der Sonne der Erde zuströmt, und hier von den Pflanzen in der Bildung organisch-chemischer Stoffe, als Spannkräfte ihres Kohlenstoffs und Wasserstoffs theilweise festgehalten wird, ist eine erstaunlich große. Nach directen Messungen gibt die Wärme, welche täglich von der Sonne zur Erde gelangt, den Heizeffect von fünf Billionen Centner Steinkohlen; mit Rücksicht auf die Ausnützbarkeit der zugeführten Wärme durch die Dampfmaschinen, ergibt sich als Gesammteffect der Sonnenwärme, welche auf die Erde gelangt, in der Stunde 66 Billionen Pferdekräfte. Dabei ist, wie Tyndall berechnet, die auf die Erde gelangende Wärmemenge nur $\frac{1}{200,000,000}$ der gesammten von der Sonne ausgehenden Ausstrahlung.

Diese Zahlen geben uns wenigstens einen orientirenden Einblick in die Größe des Kraftquantums, welches täglich von der Sonne als Wärme uns zuströmt. Man begreift, wie schon die Aufspeicherung eines Theils dieser Kraftmasse in den Pflanzen hinreicht, um jene große Summe mechanischer Effecte mit ihrer Hülfe hervorzubringen, welche das Thierreich sowie die Mechanik fordern.

Auch die in den Steinkohlen enthaltenen Spannkräfte stammen, da die Steinkohlen als Reste der Vegetation älterer Erdepochen erkannt sind, wie die Spannkräfte des Holzes von der Sonne ab. Fast alle Bewegungen und Kräfte auf der Erde fließen aus derselben Quelle. Die Sonnenwärme bedingt z. B. die Bewegung der Winde, das Erheben des verdunstenden Wassers in die Atmosphäre, wodurch sie ihm die bei seinem Herabfließen von der Höhe frei werdenden Spannkräfte ertheilt.

Für die Kraftsumme, welche in Form von Licht von der Sonne zur Erde kommt, ergeben die Berechnungen, soweit solche bei dem Stande unserer Kenntnisse jetzt schon gestattet sind, analog enorme Größen wie für die Wärme.

Also nicht nur hinsichtlich des Stoffes, welcher den Menschenkörper bildet, sondern auch hinsichtlich der mechanischen Kräfte, welche in dem menschlichen Organismuz thätig werden, welche seiner Gesammtbewegung, der Bewegung seiner Organe vorstehen, sehen wir den Menschen wie das gesammte Thier= und Pflanzenreich auf das Innigste mit der unbelebten Natur verknüpft.

Zum Bau der lebenden Organismen bedarf es keiner anderen Stoffe, zur Hervorrufung ihrer mechanischen Leistungen keiner anderen Kräfte als sie die unbelegte Natur besitzt.

Wie der Stoff, welcher heute den Menschenleib und seine Organe bildet, in relativ kurzer Zeit der Luft und dem Boden, woher ihn die Pflanze aufgenommen hat, als unbelebte Verbindungen zurückgegeben sein werden, so strömt auch die Kraft, welche eben seine Glieder als Nerven= und Muskelkraft bewegte, wieder in den Kräftevorrath der anorganischen Natur, aus dem sie stammte, zurück. Sie ist nur ein Theil jener gesammten Kraftsumme, welche das ganze Weltall in Bewegung erhält, von welcher auch die Sonnenkraft nur ein verschwindender Bruchtheil ist.

5) Die chemischen Stoffe der Nahrung und des Körpers.

Den Zusammenhang mit den Stoffen und Kräften der anorganischen Welt vermag die Wissenschaft für den complicirtesten animalen Organismus, für den Körper des Menschen, mit derselben Sicherheit zu erweisen, wie für die niederste Monere.

Die niedersten Formen der animalen Sphäre treten als Klümpchen einer elastisch-weichen, mit der Fähigkeit zu Ernährung und Fortpflanzung begabten, aus inneren Ursachen ihre Gestalt und äußeren Umriß verändernden Materie auf. Sie wird als Protoplasma bezeichnet und die Chemie hat festgestellt, daß ihr wesentlicher Bestandtheil abgesehen von Wasser und den anorganischen festen Stoffen, welche wir überall in den belebten Organismen antreffen, Eiweißstoffe, Albuminate sind.

Ebenso bestehen bei dem Menschen und bei allen höheren thierischen Organismen die Säfte und die Organe und die dieselben zusammensetzenden Zellen, welche sich im Einzelnen der Monere analog verhalten und in ihrer Vereinigung den Gesammtorganismus bilden, im Wesentlichen aus Eiweißstoffen.

Diese Eiweißstoffe eignet sich der animale Organismus aus dem Pflanzenreiche an, sie sind die höchsten Produkte des vegetativen Lebens der Pflanze. Wir haben oben gesehen, aus welchen Elementarbestandtheilen und anorganischen Verbindungen in der Pflanze die Eiweißstoffe aufgebaut werden. Wir bemerkten, daß alle in der Pflanze

3 *

auftretenden organischen Stoffe, da ihr Kohlenstoff stets von der aus der Luft aufgenommenen Kohlensäure stammt, als umgewandelte Kohlensäureatome aufgefaßt werden können. Wir können an diesem Ort nur die allgemeinsten Gesichtspunkte aufstellen, welche die Wissenschaft über die Stoffbildung in den Pflanzen gewonnen hat. Indem sich unter Sauerstoffausscheidung mit der Kohlensäure die Stoffgruppe des Wassers vereinigt, entstehen im Pflanzenleben zunächst die stickstofffreien organisch-chemischen Stoffe: die organischen Säuren, die Kohlehydrate: Cellulose, Stärkemehl, Zucker und die Fette, welche letztere relativ am wenigsten Sauerstoff enthalten, bei welchen daher dem Kohlenstoff und Wasserstoff die reichste Summe von Spannkräften ertheilt worden ist. Die Elementarverbindungen des Ammoniaks (und der Schwefelsäure) treten mit der Kohlensäure im Vegetationsproceß der Pflanze ebenfalls unter Sauerstoffabgabe zusammen. Daraus entstehen die meist krystallinischen stickstoffhaltigen organischen Säuren und Basen.

Wahrscheinlich aus der Vereinigung von Repräsentanten dieser beiden Hauptstoffgruppen entstehen als Endprodukte der vegetativen Thätigkeit die Eiweißkörper.

Die organisch-chemischen Produkte des Pflanzenlebens, welche sich außer den Eiweißstoffen in den Pflanzen vorfinden, sind sonach im gewissen Sinne als Vorstufen der Eiweißbildung zu betrachten. Es ist ein langer und complicirter Weg, auf welchem schließlich die Natur bis zur Bildung der Albuminate fortschreitet.

Die Pflanzenalbuminate werden durch die Nahrungsaufnahme zum Protoplasma des thierischen Körpers.

An die Eiweißkörper (Albuminate) und ihre Zersetzung ist das animale Leben direkt geknüpft. Ohne sie kann es nicht bestehen. Abgesehen von Wasser und

anorganischen Salzen genügt der Theorie nach für die
animale Ernährung das Eiweiß, welches seiner Entstehung
gemäß, die anderen organisch = chemischen in der Pflanze
entstehenden Stoffgruppen implicite in sich enthält.

Bei der im thierischen Lebensproceß erfolgenden Zersetzung und Oxydation der Eiweißstoffe wird im Allgemeinen
der gleiche Weg eingeschlagen, welcher bei der Bildung dieser
Stoffe in der Pflanze eingehalten wurde. Wir sehen die
Albuminate zuerst in stickstofffreie und stickstoffhaltige Stoffgruppen zerfallen. Die ersteren werden, indem sie rückwärts unter fortschreitender Sauerstoffaufnahme einfachere
Stoffgruppirungen durchlaufen, zuletzt in Kohlensäure und
Wasser verwandelt. In analoger Weise bildet sich aus
den stickstoffhaltigen Spaltprodukten des Eiweißes der
Hauptmasse nach ein chemischer Körper: Urea, welcher
außerhalb des Organismus sehr leicht und rasch seine
Elementargruppirung in Kohlensäure und Ammoniak um-
wandelt.

Die niederen organisch=chemischen Verbindungen, welche
im Thier= und Pflanzenkörper neben dem Eiweiß auftreten,
besitzen also in beiden Reichen eine principiell verschiedene
Bedeutung. In der Pflanze sind sie als Vorstufen für
die höchsten chemischen Bildungen des Lebens, der Eiweißstoffe aufzufassen; im Thierkörper sind sie dagegen die
Zeugen einer regressiven Metamorphose des vorzugsweise
belebten Stoffs, des aus Albuminaten bestehenden Protoplasma's. Seine Zersetzungsprodukte haben, da sie im
Besitz einer größeren oder kleineren Summe von Spannkräften sind, noch einen bestimmten Werth im thierischen
Haushalte. Sie können zur animalen Wärmebildung, zur
Hervorbringung mechanischer Leistungen verwendet werden.
Nach der geläufigen Auffassung betheiligen sie sich aber

nicht mehr an dem Aufbau der animalen Organe, welche
im Wesentlichen aus Eiweißkörpern und ihren nächsten
Umwandlungsprodukten (vor der Trennung in stickstoff=
haltige und stickstofffreie Stoffgruppen) bestehen.

Wie gesagt, richtet sich der Werth dieser Spaltungs=
produkte für den Thierkörper zunächst nach der in ihnen
noch enthaltenen Spannkraftsumme. Je weiter in der rück=
schreitenden Metamorphose der Wiedereintritt des Sauer=
stoffs in die Stoffgruppirungen stattgefunden hat, je relativ
sauerstoffreicher die Zersetzungsprodukte geworden sind,
desto mehr von ihren Spannkräften haben sie schon ver=
loren, desto geringeren Werth besitzen sie im Allgemeinen
für das thierische Leben.

Den gleichen Gesichtspunkt müssen wir bei der Beur=
theilung des Werthes der neben dem Eiweiß als Nahrungs=
stoffe in den Thier= und Menschenkörper aus der Pflanze
aufgenommenen organischen Stoffe festhalten. Sie sind
in ihrem Ernährungswerthe den entsprechenden aus der
Eiweißzersetzung hervorgegangenen Stoffgruppen vollkommen
analog. So erscheinen die organischen stickstofffreien
Säuren, welche relativ weniger Sauerstoff enthalten als
die Kohlehydrate, Stärkemehl und Zucker als geringer=
werthige Nahrungsstoffe als die letzteren. Die Fette bei
denen der Desoxydationsvorgang noch weiter fortgeschritten
ist als bei den Kohlehydraten, nehmen unter den stick=
stofffreien Nahrungsbestandtheilen die höchste Stufe ein.
Derselbe Maßstab ist zunächst bei der Beurtheilung des
Werthes der stickstoffhaltigen Nährstoffe, soweit sie kein
Eiweiß sind, festzuhalten. Doch lehrt uns das Eiweiß
selbst, daß die Spannkraftsumme der organisch=chemischen
Stoffe nicht der einzige Beurtheilungsgrund für den Werth
der Nahrungsstoffe sein darf. Obwohl Eiweiß eine relativ

geringere Spannkraftsumme besitzt als ein gleiches Gewicht
Fett, so ist das Eiweiß doch als Grundbestandtheil des
Protoplasma's, darum, weil es diesen vorzugsweise belebten
Stoff des animalen Organismus zu bilden hat, für die
Ernährung absolut unersetzbar und daher der wichtigste
organische Nahrungsbestandtheil. Analogen Betrachtungen
werden wir im Verlaufe unserer Darstellung der Ernährungsgesetze noch an verschiedenen Stellen für verschiedene Stoffe begegnen.

Um die Kräfte in ihren Wirkungen mit einander
vergleichen zu können, werden sie bei den mechanischen
Betrachtungen bekanntlich in Wärme umgerechnet, als
diejenige Kräfteform, welche in der neueren Mechanik vorzugsweise zur Verwendung kommt. Als Masseneinheit
der Kraft nimmt man dabei meist diejenige Wärmemenge
an, welche erforderlich ist um 1 Kilogramm Wasser von
0° C. auf 1° C., d. h. im Allgemeinen um 1° C. zu erwärmen und bezeichnet die hiezu erforderliche Wärme-
kraftmenge als eine Wärmeeinheit.

Durch Verbrennung und Bestimmung der dabei ge-
bibeten Wärmemenge kann man daher für die verschiedenen
organisch-chemischen Stoffe, auch für die zur Ernährung
des Menschen verwendeten, die in ihnen enthaltene Kraftsumme in Wärmeeinheiten ausgedrückt, bestimmen. Solche
Bestimmungen, welche von Frankland ausgeführt wurden,
gruppiren die Nahrungsstoffe in analoger Weise, wie wir
nach ihrem Sauerstoffgehalt eben ihren relativen Werth
für die Ernährung festgestellt haben.

Eine Gewichtseinheit Traubenzucker liefert 3277 Wärmeeinhtn.

„	„	Rohrzucker	„	3348	„
„	„	reines Eiweiß	„	4998	„
„	„ rein. Ochsenmuskelfaser	„	5103	„
„	„	Ochsenfett	„	9069	„

Die Spannkraftwerthe dieser organischen Verbindungen, welche alle noch Sauerstoff in sich enthalten, und für deren Zerspaltung auch noch Kräfte bei der Verbrennung verbraucht werden, sind natürlich weit geringer als die der unverbundenen, freien Elementarstoffe; welche sie zusammensetzen. Nach Favre und Silbermann liefert bei der Verbrennung zu Kohlensäure und Wasser:

Eine Gewichtseinheit **Kohlenstoff**: 8068 Wärmeeinheiten.
 „   „   **Wasserstoff**: 34462   „

Aber trotz ihrer hohen Spannkraftwerthe sind reiner Kohlenstoff und Wasserstoff, da sie direkt nicht zu Organbestandtheilen des Thieres werden können, für die Ernährung vollkommen unbrauchbar.

Werfen wir zum Schluß dieser einleitenden Betrachtungen noch einen Blick auf die specielle Zusammensetzung des Menschenkörpers und seiner einzelnen Organe.

Die Hauptorgangruppen des Menschenleibes sind: die Muskeln, welche in ihrer Gesammtheit als Fleisch bezeichnet werden; das Knochengerüste; die Eingeweide der Brust und des Unterleibes; die Organe des Nervensystems, Gehirn, Rückenmark, peripherische Nerven; die äußere Körperhaut und die zum Halt der einzelnen Organe, zu deren gegenseitiger Befestigung und Verbindung dienenden inneren Häute; das namentlich zwischen äußerer Körperhaut und Fleisch aber auch auf und in den inneren Körperorganen befindliche Fett. Dazu kommen noch die Körpersäfte, als deren Repräsentant das Blut gelten kann.

Das relative Gewichtsverhältniß dieser Organe ist je nach Alter, Geschlecht, Lebensweise, Gesundheit und Krankheit sehr bedeutenden Schwankungen unterworfen. Bei dem erwachsenen Mann überwiegt das Muskelsystem an Masse bedeutend alle anderen Organgruppen. Ein, wenn auch relativ geringeres, Uebergewicht besitzt das Fleisch bei allen Körperzuständen. In einem speciellen Fall, welchen wir als orientirendes Beispiel gelten lassen können, fand Ernst Bischoff bei einem Erwachsenen folgende relative Gewichtsverhältnisse der Hauptorgane in Procenten des Gesammtkörpergewichts ausgedrückt:

Muskeln 41,8%; Skelett 15,9%; Brust= und Bauch= eingeweide 8,9%; Gehirn 1,9%; Haut 6,9; Fett 18,2%.

Bei dem weiblichen Geschlechte wiegt physiologisch das Fett mehr als bei dem männlichen vor. In einem üppig gebauten weiblichen Körper betrug nach E. Bischoff's Bestimmungen die relative Fettmenge 28,2%. Bei Kindern ist die Muskelmenge mit abnehmendem Alter relativ geringer, hingegen ist das Gewicht der Eingeweide und namentlich das Gewicht des Gehirnes relativ bedeutender. Bei einem neugebornen Knaben betrug das relative Hirngewicht 15,8%, während es bei Erwachsenen beider Geschlechter 2% des Gesammtkörpergewichtes kaum erreicht. Die Blutmenge des Erwachsenen beträgt etwa 7,7%.

Chemisch besteht der erwachsene Menschenkörper der Hauptmasse nach aus Wasser. Im Ganzen enthält er etwa 59% Wasser und 41% feste Stoffe. Bei den Neugebornen beträgt der Wassergehalt des Gesammtkörpers über 66%, die festen Stoffe nur 34%.

Am wasserärmsten sind von den Körperorganen die Knochen und das Fett, am wasserreichsten das Blut, welches über 80% Wasser enthalten kann. Aber auch die Muskulatur, das Fleisch besteht zu 75 — 76% aus Wasser. Etwa denselben Wassergehalt zeigt das Gehirn.

auch die übrigen Organe verhalten sich hierin dem Fleische ganz analog.

Außer dem Wasser finden wir in allen Organen und Säften des menschlichen Körpers die unverbrennlichen Aschenbestandtheile, welche wir oben namhaft gemacht haben. Die größte Menge derselben weist das Skelett auf und zwar sind sie hier der Hauptmasse nach Kalk in Verbindung mit Phosphorsäure.

Als Hauptbestandtheil der organisch=chemischen Materie des Fleisches, wie der Eingeweide und des Blutes erscheinen die Eiweißkörper; sie bilden daher auch die Hauptmasse der überhaupt im menschlichen Organismus sich findenden organisch=chemischen Stoffe. Daneben treten in relativ geringerer Menge zum Theil als Zersetzungsprodukte des Eiweißes, zum Theil aus der Nahrung stammend: Kohlehydrate, Fette und stickstoffhaltige meist krystallinische Körper auf.

Dann finden sich außer jenen schon genannten Farbstoffen auch noch die erwähnten hochzusammengesetzten phosphorhaltigen organischen Stoffe in geringerer Menge. In dem Gehirn und dem gesammten Nervensystem spielen die Eiweißkörper ebenfalls die Hauptrolle neben Fetten und den hier in reichlicher Menge auftretenden phosphorhaltigen organischen Stoffen.

Die äußere Körperhaut, die inneren Häute, die Knochen bestehen in ihrer organisch=chemischen Grundlage aus den Eiweißkörpern nächstverwandten, aber namentlich durch reicheren Sauerstoffgehalt von diesen sich unterscheidenden Stoffen, unter denen die sogenannte l e i m = g e b e n d e S u b s t a n z als der Hauptrepräsentant angesprochen werden darf. Alle die letztgenannten Organe liefern bei längerem Kochen ihrer Hauptmasse nach L e i m.

Da die Häute, als sogenanntes Bindegewebe, in alle Organe eindringen und die feinsten mikroskopischen Elemente derselben zusammenkitten, so findet sich leimgebende Substanz in allen zusammengesetzten animalen Körperorganen. Die Bildung der leimgebenden Substanz erscheint als eine erste Stufe der regressiven Metamorphose des Eiweißes im Thierkörper, es kann von demselben rückwärts nicht mehr in Eiweiß verwandelt werden.

Capitel II.

Justus von Liebig
und die Geschichte der Ernährungstheorie.

I. Die Ernährungslehre vor Liebig.

1) Einleitende Bemerkungen.

Die Geschichte der Wissenschaften zeigt, am deutlichsten da, wo es sich um die letzten und höchsten Aufgaben der Forschung handelt, keine stetige Entwickelung, kein Fortschreiten in gerader Linie; ihr Gang erscheint oft als eine Zirkelbewegung, welche nach allem Drängen und Vorwärtstreiben doch endlich wieder zu dem Punkte zurückzuführen scheint, auf welchem auch eine frühere allgemeine Weltbetrachtung schon angelangt war. Es mag dieser Satz für alle Wissenschaften Geltung behaupten, nicht am wenigsten deutlich läßt er sich auf dem Gebiete erweisen, auf welchem ihr rasches erfolgreiches Fortschreiten unserer Zeit am meisten zum Bewußtsein gekommen ist, auf dem Gebiete der Naturwissenschaften.

Nur theilweise erklärt sich diese Thatsache aus dem Gesetze der historischen Entwickelung des Menschengeschlechtes, welches sich in der Entwickelungsgeschichte der Wissenschaften widerspiegelt.

Nach einander zeigt uns die Geschichte verschiedene
Völker als Träger der höchsten Geistescultur von einer
niederen Stufe bis zu der ihnen erreichbar höchsten empor=
steigen. Das Leben derjenigen Völker, welches wie z. B. das
der Griechen historisch vollendet vor uns liegt, zeigt wie
das individuelle Leben einen Fortschritt von einem Jugend=
alter, in welchem uns die mannigfaltigen somatischen und
geistigen Anlagen die vollendete Entwickelung vorausahnen
lassen und verbürgen. Im steten Kampf mit der Um=
gebung, mit den von Außen gegebenen Lebensbedingungen
sehen wir diese Anlagen vielfach modificirt zu männlicher
Vollkraft entfaltet, aber schon aus diesem Kampfe haben
sich die Elemente eines künftigen Untergangs entwickelt.
Immer deutlicher stellen sich die Symptome einer Periode
des Alterns, der Schwäche ein, in welcher wie im Leben
des Einzelnen noch die schönsten Geistesblüthen zur Ent=
faltung kommen können. Ein neues jugendfrisches Volks=
individuum mit anderen geistigen und körperlichen Anlagen,
unter einem anderen Himmel zu eigenen Sorgen und Be=
strebungen erwachsen sehen wir nun die Culturaufgaben der
Menschheit ergreifen und ihrem Charakter angemessen fort=
führen. Aber erst muß der Kampf um die eigene Existenz
siegreich beendigt sein, ehe jene geistige Ruhe eintreten
kann, welche es erlaubt, absehend von den Mühen der
Selbsterhaltung sich mit den höchsten Geistesaufgaben zu
befassen.

Dann will zunächst der Schatz gehoben werden, welchen
das Geistesleben vergangener Perioden, vergangener Völker
gesammelt; und wohl dem Volke, welches aus eigener
Kraft jenem Gnadenschatze eine wesentliche Bereicherung
hinzufügen kann.

In dieser Weise hat in historischer Zeit von Griechen=

land Italien, von Italien das Abendland und zwar vor
allem die germanischen Völker die Culturarbeit übernommen
und den individuellen Anlagen gemäß weiter geführt.

So erklärt es sich, wie sich in neuen Perioden immer
wieder das Ringen zunächst um die Bedingungen der
materiellen Existenz, dann um die rechtliche Gestaltung des
Lebens für den Staat und das Individium, endlich um
Geistesfreiheit aus den Banden übermächtiger hierarchischer
Gewalten und überkommener Vorurtheile erneuern muß,
um den Boden zu erkämpfen, auf welchem sich die höchsten
Blüthen der geistigen Bestrebungen eines Volkes ent-
falten können.

Vom allgemeinen historischen Standpunkte aus sehen
wir die Entwickelung der Culturvölker in cyklischer Bewegung sich aneinander schließen und verstehen es, wie
auch in der Geschichte der Wissenschaft das gleiche Be-
wegungsgesetz seinen Ausdruck finden muß. Mehr als ein
Jahrtausend der Culturarbeit war an unserem Volke nöthig,
um es auf die Höhe des Geistes griechischer Bildung zu
heben, welche in Aristoteles erreicht war; um es zu befähigen, die aristotelischen Gedanken nicht nachzubeten, sondern zu verstehen und weiter zu bilden.

Aber nur theilweise wird unsere Frage beantwortet
durch den Nachweis jener unvermeidlichen Störungen der
Entwickelung, welche das Geistesleben bei dem Uebergang
von einer Volksindividualität auf eine andere, anders ge-
artete erfahren mußte. Die Hauptursachen liegen tiefer;
sie sind begründet in dem psychologischen Vermögen des
Einzelnen und der gesammten Menschheit, in den un-
wandelbaren Gesetzen des menschlichen Verstandes, nach
welchen einerseits die höchsten und letzten Probleme des
Forschens schon bei dem ersten Beginn der Geistesarbeit

aufgeworfen werden und ihre Lösung verlangen, auf der anderen Seite aber die Grenzen gesteckt sind, innerhalb deren eine mögliche Lösung sich formal mit Nothwendigkeit einschließen lassen muß.

In unserem einheitlichen Selbstbewußtsein gestaltet sich mit psychologischer Nothwendigkeit die uns umgebende Sinnenwelt zu einer zunächst in ihrer Gesammtheit auf uns sich beziehende aber auch in sich durch Zeit und Raum durch die Wechselwirkung von Ursache und Wirkung verknüpfte Einheit. Es bedarf daher keiner Philosophie, keiner wissenschaftlichen Naturerfahrung, um den Gedanken der Einheit der Welt zu fassen, um Ursachen und Zwecke in den Erscheinungen um uns zu suchen. Im Gegentheil, es erfordert eine Selbstbeschränkung des Verstandesgebrauches, Beobachtungsmaterial für künftig darauszuziehende inductive Schlüsse zu sammeln. Die Fragen nach den Ursachen der unseren Sinnen sich darbietenden Erscheinungen, nach dem räthselhaften Wesen oder den Kräften der auf uns einwirkenden Dinge, deren Vorhandensein und differente Eigenschaften für uns nur subjectiv an in uns vor sich gehenden Bewegungen erkennbar sind, die Frage nach dem letzten Grunde unseres Daseins und damit der ganzen mit uns verknüpften Erscheinungswelt, sie sind so alt wie der menschliche Verstandesgebrauch selbst, aus dessen Denkgesetzen sie mit Naturnothwendigkeit zuerst und immer wieder hervorgehen müssen.

Daher finden wir, so weit wir die Geistesthätigkeit des Menschengeschlechtes zurückverfolgen können, die Forschung auf die Erkenntniß der letzten Ursachen des Menschendaseins, des Daseins und der Erhaltung des Weltganzen gerichtet. In den Aufzeichnungen der Wissenschaft finden wir die Anschauungen der Vorzeit niedergelegt über die Grund=

fragen, welche auch noch heute das Denken des Menschen bewegen.

Daraus wird es uns begreiflich, wie die allgemeinen Anschauungen über den Zusammenhang der Kräfte in der gesammten Natur in analoger Weise wie sie im Alterthum angenommen wurden, nach den mannigfaltigsten Mühen und Irrwegen in der neuesten Entwickelungsperiode der Wissenschaft wieder auftreten können.

Die folgenden historischen Besprechungen werden uns Gelegenheit geben, für diese Bemerkung mannigfache, sehr deutliche Beweise zu liefern. Um hier sofort ein Beispiel anzuführen, so tritt uns die moderne Lehre, welche die Bewegungskräfte auf unserer Erde mit den Bewegungs= kräften der lebenden Organismen und des Menschen von der „Sonnenkraft" ableitet, in ganz analoger Weise ausge= sprochen und begründet aus dem Alterthum entgegen. Ebenso finden wir die grundlegenden Sätze, welche unsere moderne Mechanik als die wesentlichsten Fortschritte des heutigen Tages preist, bei Cartesius nicht nur ausgesprochen, sondern auf sie in noch viel strengerer Gedankenfolge, als es unsere neue Wissenschaft bis jetzt thut, das ganze System der Weltanschauung aufgebaut.

Wenden wir uns nach diesen Vorbemerkungen zu unserer eigentlichen Aufgabe.

Mit der Geschichte der Ernährungsphysiologie ist der Name Justus von Liebig untrennbar verbunden. Er war es, welcher den Grund legte, auf welchem unerschüttert der Bau der modernen Ernährungsphysiologie aufgeführt werden konnte, dessen Hauptbaumeister Niemand anders als Liebig selbst war.

Indem er den Ernährungsvorgang der Pflanzen aus anorganischen Nahrungsmitteln erkannte und der Wissen=

schaft für alle Zeiten lehrte; indem er die absolute Ab=
hängigkeit der animalen Ernährung vom Pflanzenreiche
für alle Fälle nachwies und den aus dem Pflanzenleben
stammenden Nährprodukten ihre Stellung im Haushalte des
menschlichen und thierischen Organismus fixirte; bildeten
sich unter seinen Händen die bisher in der Erfahrung der
Jahrtausende über die Ernährung des Menschen ge=
sammelten Einzelheiten zu einer festen, greifbaren Gestalt,
deren Hauptumrisse scharf hervortreten, bei der die fein
bis in's Einzelne ausgearbeiteten Partien von Vorne herein
fast vergessen ließen, daß an anderen Seiten für die Hand
der gestaltenden Forschung noch Manches, noch Vieles zu
thun war.

Die Theorie, wie sie aus den Händen Liebig's her=
vorging, erinnert an jenen berühmten Marmorblock in der
Grabkapelle der Mediceer. Wir erkennen mit Bewunde=
rung die reizvollen Umrisse der Körper. Im Halbdunkel
glauben wir die vollendeten Gestalten vor uns zu haben,
Wie lieblich und erhaben treten die Köpfe aus dem Mar=
mor hervor; hier ist eine Hand, dort eine Falte des Ge=
wandes vollendet. Der Stein ist belebt, gestaltet, und
doch wie Vieles fehlt zur schließlichen Vollendung eines
Kunstwerks, welche nun, da die Hand Michel Angelo's
ruht, keine andere Künstlerhand anzustreben wagt.

Die Zeit ist vergangen, als man Liebig's Theorie als
ein unantastbares Kunstwerk anstaunte. Rüstig hat sich
ein jüngeres Geschlecht an die Vollendung der Arbeit ge=
macht, deren Grundzüge der Meister festgestellt hatte. Wir
werden die neueren Fortschritte über den Standpunkt
Liebig's hinaus, wir werden die Stellung Liebig's in der
Wissenschaft, wir werden seine Theorie und ihre Fort=

bildung am besten verstehen können, wenn wir sie im Lichte historischer Entwickelung betrachten.

Obwohl Liebig's Theorie die Ernährung der Pflanzen und der Thiere im Sinne des im ersten Capitel darge= stellten Kreislaufs des Stoffs und der Kräfte im Reiche der Organismen im Wesentlichen als ein in sich ge= schlossenes Ganze behandelt, wenden wir hier unser Augen= merk, unserem speciellen Zwecke entsprechend, allein oder doch vorzugsweise nur auf die Entwickelung der Ernähr= ungslehre der animalen Wesen, speciell des Menschen.

Der Kampf um die materiellen Existenzbedingungen, um das „tägliche Brod" beherrscht zunächst die Geschichte und die Interessen der Naturvölker. In den Aufzeich= nungen der ältesten Culturvölker finden wir schon Versuche, den naturwissenschaftlichen Anschauungen der Zeiten ent= sprechend, die Ernährungsfragen, welche so tief in das allgemeine Bedürfniß, in das öffentliche Wohl eingreifen, von einem wissenschaftlichen Standpunkte aus zu beleuchten. Hier liegen die ältesten und ersten Naturerfahrungen der Menschheit vor.

Die Abhängigkeit des Lebens von der Nahrungszufuhr; die schädlichen Folgen eines Uebermaßes wie einer unge= eigneten Wahl bei dem Genusse der Nahrungsmittel; die Beobachtung, daß eine Ernährungsweise, welche vorhin normal oder sogar vorzugsweise zuträglich erschien, unter geänderten Lebensbedingungen und modificirten Anforder= ungen an die Lebensthätigkeit, namentlich aber in Fällen von Krankheit schädlich, ja tödtlich werden könne; die Modificationen, welche in Beziehung auf ihre Zuträglichkeit für die Ernährung die Nahrungsstoffe durch verschiedene Arten der Zubereitung leiden; tausendfältige Erfahrungen der Art waren es, welche zur Aufstellung von Regeln für eine zweckmäßige Ernährung hindrängten. So finden wir schon bei den Indern und Aegyptern, namentlich aber bei den Hebräern und Griechen in ältester Zeit die Ernährungslehre dem naturwissenschaftlichen und ärztlichen Wissen angepaßt, in wahrhaft überraschender Sorgfalt ausgebildet. Vorzüglich sind es diätetische Vorschriften, welche die Ernährung für die verschiedensten Lebensverhältnisse unter den mannigfaltigsten Bedingungen zu regeln unternehmen.

2) Aristoteles und die alten Physiologen.

In der Glanzepoche griechischer Geistescultur wendet sich ein eigentlich wissenschaftliches Interesse auch den Fragen der Ernährungslehre zu.

Wie bei der Mehrzahl der Disciplinen der Naturforschung beginnt eine wahrhaft wissenschaftliche Gestaltung unserer Lehre mit Aristoteles, dem Altmeister der exacten Naturbeobachtung, von dessen bestimmendem Einfluß sich die Wissenschaft noch heute nicht vollkommen frei gemacht hat. Die wissenschaftliche Fragestellung über die Aufgaben der Ernährung mahnt schon bei Aristoteles an die von Liebig in die Physiologie eingeführte.

Auf die Aristotelischen Lehren geht die Anschauung der Physiologie des gesammten Alterthums zurück, daß der Menschenkörper, wie alle Bildungen der organischen und anorganischen Natur, aus den vier, speciell die „Aristotelischen" genannten Elementen bestünde. Die gesammte Körperwelt dachte man sich aus Erde, Wasser, Luft und Feuer zusammengesetzt. Die Lehre der Pythagoräer brachte dazu abgesehen von dem Begriff der „Harmonie", der auch auf die chemischen Bildungen Anwendung fand, noch ein fünftes, höheres Element, die „Quintessenz der Dinge", den

4 *

Aether, das obere oder Centralfeuer, dessen Verschiedenheit von dem „Elementarfeuer" in späteren Darstellungen häufig verschwindet. Der Leib des Menschen ist „harmonisch" aus diesen Elementen gebildet. „Wenn die Seele den er= kaltenden Leib verläßt, dann wird das Fleisch wieder zur Erde, der Hauch zur Luft, die Feuchtigkeit kehrt zur Tiefe, die Wärme kehrt zum Aether zurück". (Origines.)

Die Lehre des Aristoteles selbst erscheint etwas com= plicirter. Er bezeichnet bekanntlich als Ursache aller körperlichen Gestaltung zunächst nicht die später nach ihm benannten Elemente, sondern vier Eigenschaften der Ma= terie: Kälte, Wärme, Trockenheit und Feuchte. Diese in einem wechselseitigen Gegensatz gegen einander stehenden Grundeigenschaften charakterisiren je in paariger Verbin= dung jene „vier Elemente erster Ordnung": das Feuer ist warm und trocken; die Luft ist warm und feucht; das Wasser ist kalt und feucht; die Erde ist kalt und trocken. Sie treten im animalen Körper und zwar in bestimmten Gewichtsverhältnissen zur Bildung der „Elemente zweiter Ordnung": der „gleichartigen Theile" des Menschen= und Thierkörpers, wie die Knochen, das Fleisch ꝛc. zusammen. Nach Empedocles Angabe, welche Aristoteles anführt, sollten z. B. die Knochen aus 2 Theilen Erde, 2 Theilen Wasser und Luft und aus 4 Theilen Feuer, d. h. verbrennlicher, Substanz bestehen. Aus der Vereinigung der Elemente zweiter Ordnung gehen als Bildungen „dritter Ordnung" die verschiedenen Glieder und Organe hervor. Die Quelle der Körperstoffe ist die Nahrung. Durch sie, z. B. in der Fleischnahrung, werden Elemente zweiter Ordnung in den Körper und zwar durch die Verdauung, „Kochung" zunächst in das Blut eingeführt. Das Blut liefert dann den Organen das nöthige Bildungsmaterial. Liebig nannte

das Blut, weil aus ihm zunächst die Organe gebildet
werden, „flüssiges Fleisch", indem er das Wort Fleisch als
Inbegriff aller geformten Organe des Menschenleibes ge-
brauchte. In analogem Sinne nannte Aristoteles das Fett
und andere seiner „Elemente zweiter Ordnung" „gekochtes
Blut". „Wie das fließende Wasser den Schlamm, so setzt
das Blut die Körperorgane gleichsam als Niederschlag ab."

Er kannte die quantitative Abhängigkeit der festen
und flüssigen Körperausscheidungen von der wechselnden
Nahrungsaufnahme. In den Ausscheidungen verläßt den
Organismus das zur Ernährung Untaugliche, das „Bittere"
der aufgenommenen Nahrungsstoffe wieder, während das
zur Ernährung Brauchbare, welches Hippokrates als
„Aliment", als „Nährendes" bezeichnet hat, zurückgehalten wird.

Die Nahrungsstoffe dienen sonach im wachsenden
Körper zunächst zum Aufbau der Organe. Aber schon
vor Aristoteles war es der griechischen Medicin bekannt,
daß feste und flüssige Nahrung auch zum Ersatz der im
Lebensproceß beständig verlorengehenden Körperstoffe eingeführt werden müsse. Hippokrates spricht von den Ver-
lusten, welche der lebende Körper durch die fortwährenden
flüssigen und insensiblen Ausscheidungen erleidet, welche
durch Nahrungs- und Flüssigkeitsaufnahme wieder ersetzt
werden müßten.

Schon Jahrtausende vor der Entdeckung Lavoisier's hatte
die alte griechische Physiologie neben der Verdunstung und
Wasserabgabe noch eine zweite Ursache des Stoffverlustes
der lebenden animalen Organismen angenommen: die
Verbrennung. Bei Aristoteles und vor und nach ihm
begegnen wir an verschiedenen Stellen dieser Vergleichung
des Lebensvorganges mit einer Verbrennung. Diese Ver-

brennung ist für Aristoteles die Hauptursache des Stoff=
verbrauchs der Menschen und Thiere. Die, welche keine
Nahrung zu sich nehmen, gehen zu Grunde, „denn sie zehren
sich selbst auf". Wie eine Flamme das Brennmaterial
aufzehrt, „so zehrt auch die animale Wärme die Materie
auf, in der sie sich befindet". Aristoteles nennt das Herz
„den heimatlichen Altar", auf welchem wie in fester Burg,
das Feuer des Lebens ernährt wird. Denn von ihm
dem heißesten Theil des Leibes geht die Wärme aus,
welche bei dem Hauptgeschäft der Seele, zu ernähren und
zu bewegen, ein so nothwendiges Erforderniß ist, daß der
Tod hauptsächlich durch Erlöschen der Wärme entsteht.
Als Brennmaterial für diese „Flamme des Herzens" sollte
zunächst das Blut dienen. In diesem Sinne vergleicht
Galen das Blut mit dem Oele der brennenden Lampe.
Die Stoffe dazu stammen also, da das Blut aus dem er=
nährungsfähigen Theil der Nahrung, dem hippokratischen
„Aliment", dem „Nährenden" derselben entsteht, im letzten
Grunde aus der Nahrung. Je stärker die animale Wärme=
produktion ist, desto stärker ist auch der Verbrauch an
Brennmaterial, desto reichlicher muß die Nahrungszufuhr
werden. Die Nahrung sollte den Verbrauch an wärme=
bildendem Stoff ersetzen. So sagt Hippokrates: „den
wachsenden Körpern ist die meiste natürliche Wärme ein=
gepflanzt, sie erfordern daher die meiste Nahrung, sonst
zehren sie ab."

Auch den Zusammenhang der Luftaufnahme in der
Athmung mit der Erhaltung der animalen Wärme hatte
Aristoteles, obwohl er in der Athmung zunächst eine Ab=
kühlung sah, erkannt. Er war auf dem Wege der ver=
gleichenden anatomisch=physiologischen Forschung zu dem
Satze gekommen, daß die animalen Organismen eine um

so bedeutendere selbständige Wärmeproduktion erkennen
lassen, je ausgebildeter ihre Lungen, je energischer ihr
Athmungsvorgang ist. Da man die Zusammensetzung der
Luft und ihre chemische Betheiligung an dem Verbrennungs=
vorgang und der Wärmeproduktion nicht kannte, so suchte
man meist, wie noch die Physiologen des 18. Jahrhunderts
z. B. Haller, in physikalischen Momenten eine Erklärung für
die Nothwendigkeit der Einwirkung der Luft auf die Ver=
brennung. Nach Galen spielt bei dem Verbrennungsvorgang
im menschlichen Organismus, den er wie gesagt unter dem
Bilde einer Lampe darstellte, „das Blut die Rolle des
Oels, das Herz des Dochtes, und die athmende Lunge ist
ein Instrument (Blasbalg), welches die äußere Bewegung
zuführt". Andere, ältere Lehren erinnern dagegen direkt
an unsere chemische Auffassung der Athemfunktion. So
hatte Plato gelehrt, daß die rothe Farbe des Blutes
hervorgerufen sei durch den Aether, das obere Feuer der
Pythagoräer. In der Athmung ströme er in die Lungen
und von da zu dem Herzen und dem Blute, um mit diesem
als Lebensprincip in alle Organe vertheilt zu werden.
Bei Aristoteles finden wir analoge, aber physikalisch aus=
gebildetere Anschauungen; er knüpfte auch die a n i m a l e
B e w e g u n g an die chemisch=physikalischen Theorien der
damaligen Weltanschauung.

Nach Aristoteles Lehre sind die Kräfte und Beweg=
ungen in der Natur an die Elementarstoffe gebunden, auch
durch die verschiedene Art ihrer Bewegung waren ihm
die Elemente charakterisirt. Das Element des Feuers hat
die natürliche Bewegung von unten nach oben, vom Centrum
nach der Peripherie. Die Bewegung des Elementes der
Erde ist der Bewegung des Feuers entgegensetzt von oben
nach unten, von der Peripherie dem Centrum zustrebend.

Die Bewegungen der Elemente Wasser und Luft stehen
zwischen diesen beiden Extremen in der Mitte. Bestimmte
Bewegungen der Naturkörper wurden so als stabile Eigenschaften bestimmter Elemente angesprochen. Was war
natürlicher, als daß die alte Naturforschung nach einem
elementaren Stoff suchte, als dessen Eigenschaft, als dessen
specifische Bewegungsform, die Bewegungen des Lebens
angesprochen werden konnten. Man bemerkte, daß Form-
veränderungen — Ausdehnen und Zusammenziehen — in
den Organen des lebenden Leibes die Bewegungen der
Glieder vermitteln. Der alten Physik war es bekannt, daß
vor allem Luft und Flüssigkeiten durch Einwirkung von Kälte
und Wärme energische Volumsänderungen eingehen. Man
schien daher berechtigt, als Lebensprincip, als „Lebensstoff" der
animalen Organismen eine Art Luft oder eine Art Flüssigkeit anzunehmen, welche durch die beiden Hauptgrundkräfte
der Natur: Wärme und Kälte beeinflußt werden könnten.
Wärme sollte den „Lebensstoff" ausdehnen, Kälte ihn zusammenziehen. Phantasievorstellungen und Wille sollten
ebenso wirken wie Kälte und Wärme. Von einem Centralorgan, dem Herzen aus, welches mit den Gliedern durch
röhrenförmige Verbindungswege, die Arterien in unmittel-
barer Verknüpfung steht, kann diese Lebensflüssigkeit in alle
Organe des Körpers direkt einströmen, und ihre Bewegungen vermitteln.

Diese Lebensflüssigkeit, das Pneuma, die Anima, den
Spiritus, die Lebensgeister, sehen wir noch in der Haller'-
schen Physiologie, ja mit umgewandeltem Namen als Nerven-
geister oder Nervenprincip, bis in die moderne Zeit
herein in der Physiologie ihr Wesen treiben. Dieser
Elementarstoff, welcher alle die von der anorganischen Natur,
dem ersten Bezirk der Thätigkeit der vier irdischen Elemente,

so verschiedene Thätigkeiten und Bewegungen des animalen
und menschlichen Organismus entwickelte, konnte aber nicht
gewöhnliche Luft, nicht gewöhnliches Wasser sein. Keines
der vier alten Elemente schien an sich geschickt, Träger
und Ursache der Lebensbewegungen zu werden. Daher
statuirte auch Aristoteles ein fünftes höheres Element, die
Quintessenz der Pythagoräer, den Aether, welcher gleichsam
vergeistigt die Eigenschaften der übrigen Elementarstoffe in
sich vereinigte. Seine natürliche Bewegungsform ist zunächst die Kreisbewegung, die im Weltall ebenso ursprünglich gedacht wird, wie die gradlinige Bewegung auf der
Erde. Der Aether ist Stoff und zugleich Ursache der
Bewegung der himmlischen Gestirne, er sollte auch als
Grund der Lebensbewegungen in die animalen Wesen eintreten und hier wirksam werden. Als erstes und haupt-
sächlichstes Medium dieses fünften Elementes wurde wie
von Plato so auch von Aristoteles das Blut angesprochen,
wohin dieser Lebensäther durch die Athmung gelangen
sollte. Aus den Lungen strömte er durch besondere Kanäle
in das Herz, welches dem Alterthum als Centralorgan
der Bewegung und Empfindung galt. Das Blut war der
Träger der animalen Seele, „deren Hauptgeschäft in Ernährung und Bewegung" besteht.

Eine erschöpfende Darstellung der Aristoteles'schen Ernährungsphysiologie kann hier nicht angestrebt werden.
Aber schon das Wenige hier Angeführte zeigt uns die
physiologischen Lehren des Aristoteles abgerundet, den
naturwissenschaftlichen Kenntnissen der Zeit entsprechend zu
einem Systeme zusammengeschlossen. Wir sehen trotz der
mangelnden namentlich chemischen Einzelkenntnisse, trotz
der Verkleidung der Anschauungen in uns fremdartig
klingende Bilder und Ausdrücke, die Ernährungsphysiologie

der Griechen in Beziehung auf ihre letzten Principien auf
einer hohen wissenschaftlichen Ausbildung, welche schon an
den Standpunkt mahnt, wie ihn die Wissenschaft erst Jahrtausende später nach den traurigen Zeiten des zerfallenden
Römerreiches, nach der Nacht des Mittelalters wieder erreichen konnte. Die Stoffe und Kräfte, welche den Menschenleib bilden und bewegen, sind die gleichen wie in der anorganischen Natur. Der letzte Ursprung der Lebenskraft
wird aus dem Aether, der obersten Kraftquelle der gesammten Natur, aus der Kraft abgeleitet, welche die Gestirne bewegt. An ganz moderne Anschauungen erinnert
es, wenn das Alterthum einen speciellen „ätherischen"
Körper: die Sonne als die Quelle der animalen Bewegungskräfte bezeichnet.

3. Die chemischen Ernährungslehren bis auf Haller.

Neue entscheidende Fortschritte waren für die Ernährungslehre nur auf Grund einer weiteren Entwickelung der
allgemeinen chemischen Theorien zu erwarten, welche sich
bis gegen das Ende des 18. Jahrhunderts kaum über die
Aristotelischen Principien zu erheben vermochten. In den
Büchern der Aegypter über die Scheidekunst des Goldes
und Silbers waren als Geheimlehren chemische Einzel-
erfahrungen niedergelegt, aber sie vermochten keine principiellen neuen Gesichtspunkte den geläufigen chemischen
Anschauungen gegenüber zur Geltung zu bringen. Als
Goldmacher- und Apothekerkunst, von denen die erstere in
der römischen Kaiserzeit zuerst ein allgemeineres Interesse
gewann, fristete die Chemie ein kümmerliches Dasein. Es
wird berichtet, daß Calligula aus Auropigment Gold zu
machen versuchte. Schon Diokletian fand es nöthig, um

dem Unwesen der Goldmacher zu steuern, jene ägyptischen
Geheimbücher verbrennen zu lassen. Noch im späteren Mittel=
alter erscheinen die Alchemisten neben den auf ganz ähnlichen
Pfaden wandelnden Aerzten, den Jatrochemikern als die
Hauptstützen der fortschreitenden chemischen Forschung.

An die Lehre von den vier sinnlich wahrnehmbaren
„Müttern" der Materie, den Elementen des Aristoteles
reihten die Alchemisten ihre Annahme von den „drei
Grunddingen" an: Schwefel, Salz und Quecksilber, für
die beiden letzteren wurden auch Arsenik und Erde ge=
nannt. Man erkannte diesen Grunddingen eine gewisse
Individualität zu. Jedes Metall sollte seinen eigenen
Schwefel, sein eigenes Salz ꝛc. besitzen. Die Grunddinge
erscheinen daneben etwa im Sinn unserer „Kräfte" als die
Bedingung der körperlichen Formung aus den Elementen.
Der Leib des Menschen sollte nach den Chemisten des
späteren Mittelalters wie die Metalle nicht nur durch die
„vier Mütter", sondern auch durch die „drei Grunddinge"
gebildet sein. Damit hängt es zusammen, daß das große
„Arkanum", welches die• „Adepten" suchten oder zu besitzen
vorgaben, nicht nur schlechte Metalle in Gold verwandeln,
sondern auch die Universalmedicin zur Herstellung der ge=
störten chemischen Lebensbedingungen im kranken oder
alternden Körper sein sollte.

Im Zeitalter der Reformation tritt Theophrastus
Paracelsus (1493—1541) als Reformator der Medicin wie
der gesammten Naturanschauungen auf, als deren alleinige
Grundlage er die chemische Betrachtungsweise gelten lassen
wollte. Er hat das Verdienst, die Aufmerksamkeit der
Naturwissenschaft auf die chemischen Naturerscheinungen
mit aller Entschiedenheit und dauernd hingewiesen zu haben.
Alle Processe der Natur sind chemische Vorgänge. Da die

Natur Nichts vollendetes hervorbringt, ſo iſt es die Auf=
gabe des Menſchen, die Naturproceſſe zur Vollendung zu
führen, dieſe Vollendung heißt Alchemie. Die Ariſtoteliſchen
Elemente ſuchte er im Anſchluß an die älteren Alchemiſten
durch nur drei Elemente zu erſetzen. Alles was raucht
und verraucht nannte er Mercurius, was brennt und ver=
brennt war Sulphur, was als Aſche zurückbleibt war Salz.
In ſpäterer Zeit pflegte man dagegen als „Paracelſiſche
Elemente“ doch wieder vier zu bezeichnen: Merkurius oder
Spiritus, Waſſer oder Phlegma, Schwefel oder Oel, Salz
oder Erde. Die Dreizahl der Elemente hatte bei Paracelſus
einen myſtiſchen Grund. Der dreieinige Gott iſt das Vor=
bild alles Geſchaffenen, in allen Dingen finden wir daher
eine Dreieinigkeit der Elemente.   Das Waſſer ſchien
Paracelſus als Element entbehrlich, da nach ſeiner Anſicht
das Queckſilber (Mercurius) den Zuſtand der Flüſſigkeit
in allen Körpern vermittelte. Das Salz war Urſache der
Conſiſtenz der Körper, der Schwefel des Wachsthums wie
des Verbrennens. Paracelſus fand überall alchemiſtiſche
Thätigkeiten. Im Menſchenkörper iſt der Magen der Alche=
miſt (Archaeus), der die Speiſen verdaut, das Heilſame dem
Körper aneignet, das Schädliche wieder ausſondert. Auch
das ſittliche Leben erſchien unter alchemiſtiſchen Geſichts=
punkten. Das letzte Gericht iſt ein chemiſcher Proceß der
Scheidung des Böſen vom Guten.

Erſt Becher verſuchte wieder einen Fortſchritt über
Ariſtoteles und Paracelſus zu machen. Er nahm nur
zwei Elemente an: Waſſer und Erde, trennte aber in der
Folge das Element: Erde in drei „elementare Erden“.
Die eine nannte er „glasachtige Erde“. Sie war nach
ſeiner Meinung die Urſache der Feſtigkeit, Härte und
Feuerbeſtändigkeit der Körper. Der Name ſollte andeuten,

daß dieser Elementarstoff mit vielen anderen Substanzen
Glasflüsse zu bilden vermöge und er blieb daher auch noch bis
in unser Jahrhundert herein, für die Kieselerde gebräuchlich.
Die zweite „elementare Erde" bezeichnete Becher als „entzündliche Erde", sie wurde als Ursache der Entzündlichkeit
aller verbrennlichen Körper angesprochen. Die dritte war
die Mercurialerde, sie sollte die metallerzeugende Ursache
in der Natur sein.

Die vielgerühmte theoretische Neuerung, welche Stahl's
Namen in der Geschichte der Chemie und Medicin so bekannt gemacht hat, besteht vor allem darin, daß er von
Becher's Lehre über die Ursache der Verbrennlichkeit abwich.
Er behielt in seinen Annahmen über die elementare Zusammensetzung der Körper als Elemente: Wasser und
glasachtige Erde bei, während er die „Merkurialerde" und
die „entzündliche Grunderde" im Becher'schen Sinne nicht
anerkannte. Als Ursache der Entzündlichkeit, d. h. als
verbrennlichen, in den verbrennlichen Körpern enthaltenen,
bei der Verbrennung entweichenden Stoff, stellte er ein
neues „Grundwesen", ein neues Element im alten Sinne:
das Phlogiston auf. Der Name ist von φλεγω brennen
abgeleitet. Es lag in dem neuen Systeme Stahl's eine
Vorahnung davon, daß die Entwickelung der Chemie sich
an die Entdeckung des Wesens der Verbrennung anschließen
würde. Die ausgebreiteten Experimentalstudien, auf welchen
es ruhte, seine scharfe Experimentalkritik älterer chemischer
Angaben, seine abgerundete systematische Geschlossenheit
gaben dem Stahl'schen System: dem phlogistischen
System der Chemie allgemeine Geltung bei Chemikern
und Aerzten. Stahl's System wurde seiner Zeit ebenso
bewundert wie heute das Lavoisier'sche. Ein principieller
Fortschritt über die alten Aristoteles'schen Anschauungen läßt

sich darin aber kaum erkennen. Das Phlogiston reiht sich
ganz den Aristotelischen oder Paracelsischen Elementen an,
es konnte die wissenschaftliche Frage aufgeworfen werden,
ob es nicht eines derselben sei. Der berühmte französische
Chemiker der alten Schule Macquer hielt es für identisch
mit der Lichtmaterie und glaubte, daß es kein Gewicht
habe. Stahl hielt sein Phantasiegebilde dagegen für schwer.
Er suchte in seinem Phlogiston den Grund der Verbrenn=
lichkeit der Naturkörper der drei Reiche; alle verbrennlichen
Körper sollten diesen Grundstoff enthalten. Es entweicht
bei dem Verbrennen vegetabilischer Stoffe bei Luftzutritt
in Gestalt eines flüchtigen Oels; wenn keine Luft hinzu=
kam, bleibt es in der Kohle zurück. Der vorzüglichste Sitz
des Phlogistons ist aber in den Metallen zu suchen. Bei
der „Verkalkung" — welche die neue Chemie als eine
Sauerstoffaufnahme, Oxydation der Metalle erkannt hat,
die daher mit einer Gewichtsvermehrung verbunden ist —
sollten die Metalle das Phlogiston fahren lassen; man
könne es ihnen aber durch die Behandlung im Feuer mit
phlogistonreichen Stoffen: Kohle, Pech, Oel, Salz 2c.
wieder ertheilen, sie kehren dann durch Aufnahme von
Phlogiston in den metallischen Zustand zurück.   Die
Schüler Stahl's gaben dem Begriffe Phlogiston noch eine
größere Ausdehnung und machten es fast zur alleinigen
Ursache der Eigenschaften der Körper. Alle Metalle, alle
glänzend gefärbten Substanzen verdanken ihre Eigenschaften
dem Phlogiston. Die Flüssigkeit des Quecksilbers, die Dehn=
barkeit des Goldes, die Sprödigkeit des Stahls, der Glanz
des Diamants, das Farbenspiel der Edelsteine war seine
Wirkung. Es duftete in den Blumen, es wurde in den
Nahrungsmitteln genossen, im thierischen Körper erzeugt
und durch die Respiration wieder fortgeschafft. Uebermaß

ober Mangel an Phlogiston charakterisirte die Krankheiten; durch die ärztliche Kunst, durch Heilmittel und Heil= methoden: Phlogistica und Antiphlogistica, Bezeichnungen, welche in der praktischen Medicin noch heute nicht ver= gessen sind, sollte das gestörte Verhältniß des Phlogiston im kranken menschlichen Körper wieder hergestellt werden.

Das war der Stand der anerkannten chemischen Theorie bis gegen das Ende des 18. Jahrhunderts.

Bei dem geringen Fortschritt der principiellen Ge= sichtspunkte in der Chemie dürfen wir bis zu diesem Zeit= punkt auch keine bedeutendere Entwickelung der chemischen Seite der Ernährungslehre erwarten.

Unter dem Suchen nach dem großen Arkanum hatten schon die Alchemisten chemische Vorgänge beobachtet, bei welchen Wärme ohne Feuererscheinung auftritt. Als Typus dieser Processe, welche man im Allgemeinen als „Gäh= rungen", „Aufbrausen", bezeichnete, galt die Gährung zuckerhaltiger Flüssigkeiten, man rechnete aber auch alle diejenigen hiezu, bei welchen, wie bei der Einwirkung von Säuren auf kohlensaure Alkalien oder Erden, oder auf Metalle eine Zersetzung mit Gasentwickelung und Wärme= produktion bemerkbar wird. Solche chemische Processe schienen tauglicher für die Erklärung der animalen Wärme als das alte Aristotelische Feuer.

Als Grund der Stoffabnahme im Hungerzustande dachten sich die Jatrochemiker, abgesehen von den bekannten Stoffverlusten durch Verdunstung und Wasserabgabe der= artige „Gährungen". Durch das Zusammentreffen chemisch= verschiedener Flüssigkeiten im lebenden Körper, z. B. des alkalischen Blutes mit dem sauern Inhalt des Magens, der dem Blute im Milchsaft zugeführt werden sollte, schien zu solchen Gährungen reichliche Gelegenheit gegeben.

In einem gewissen Gegensatz gegen die Jatrochemiker verglich die jatromechanische oder jatromathematische Schule den Körper des Menschen und der Thiere mit einer kunstvollen Maschine, deren Bau und Verrichtungen man wohl durch Herstellung von Automaten nachahmen zu können glaubte. Von dieser Seite wurde eine andere Verlustquelle in die physiologischen Anschauungen eingeführt. Die Organe des Körpers reiben sich in analoger Weise, wie die Maschinentheile während ihres Gebrauchs ab, und erleiden in Folge von „Abnützung" Verluste an Substanz.

Diese auf verschiedenen Wegen, aus verschiedenen Ursachen erfolgende Stoffabnahme des hungernden Organismus sollte die Nahrungsaufnahme wieder ersetzen.

Nach Paracelsus schon erwähnter Anschauung enthalten die Speisen eine „Essenz" das Gute, und daneben Unbrauchbares, Giftiges, das Böse. Die im Magen wohnende Lebenskraft, der Alchemist, der Archäus zerlegt die Speisen in diese Bestandtheile. „Das Böse" wird als schädliches Excrement durch die Lungen und die anderen Ausscheidungsorgane ausgeworfen, während „das Gute", die Essenz zum Ersatz der mit dem Lebensproceß verbundenen Organverluste dient. Diese Anschauung schließt sich, wie wir sehen, an die Hippokratische Lehre von dem in den Nahrungsstoffen enthaltenen „Aliment" an. Die Jatrochemiker bezeichneten das von ihnen postulirte hypothetische Ernährungsprincip als „gährungsfähigen Schleim."[1]

---

1) Eine andere Anschauungsweise glaubte dagegen zu dem Schluße berechtigt zu sein, daß den Nahrungsstoffen während sie durch den Körper des Menschen und der Thiere hindurchgehen, durch die geheimnißvollen Kräfte des Lebens selbst magische Lebens-Eigenschaften ertheilt werden. Man schrieb daher den Auswurfs-

In Beziehung auf die Lehre von den letzten Ursachen
der animalen Kraftproduktion und ihren Zusammenhang
mit der animalen Wärme finden wir im Allgemeinen ebenso
geringe Fortschritte. Doch dürfen wir nicht unerwähnt
lassen, daß Cartesius, der in der gesammten Naturanschauung seiner Zeit so weit vorauseilte, die animale
Wärme, welche er sich wie die Alten vom Herzen aus-
gehend dachte, von chemischen wärmebildenden Processen
ableitete, als deren Analogen er die Wärme-Entwickelung
des feuchten Heues ansprach. Es ist das wirklich einer
jener langsamen Oxydationsprocesse, denjenigen analog,
welche Lavoisier am Ende des vorigen Jahrhunderts als
Quelle der animalen Wärme und Kraft der Wissenschaft
lehrte. Die chemischen Anschauungen des Cartesius sind
zu wenig ausgebildet, als daß wir ihnen hier eine ein-
gehendere Betrachtung zu Theil werden lassen dürften.
Doch wird ihm immer der Ruhm bleiben, daß er der erste
war, welcher in aller Consequenz vom mechanischen Standpunkte aus den menschlichen Körper in seinen inneren und
äußeren Verrichtungen als eine calorische Maschine
darstellte. Er war es, welcher im Menschenleibe, fast ein
Jahrhundert vor dem Bau der ersten calorischen Kraftmaschine, das Princip dieser Maschinen erkannte, sie damit
gleichsam erfand.

Im Allgemeinen schleppen sich die alten Aristoteles'schen
und Galen'schen Anschauungen in der Physiologie, trotz
mannigfacher chemischer Detailerkenntnisse und durch diese

----

stoffen oder wenigstens den aus ihnen bereiteten chemischen Produkten, z. B. dem Salmiak, wunderbare heilende Wirkungen in
Krankheiten zu, in den „Dreckapotheken" fanden sich Mittel für
alle menschlichen Leiden.

nur wenig verhüllt, bis in die Mitte und gegen das Ende
des vorigen Jahrhunderts fort.

4) Albrecht von Haller.

Albrecht von Haller, der berühmteste Physiologe
des 18. Jahrhunderts, faßte mit der ganzen Gründlichkeit
und Pedanterie eines deutschen Gelehrten alter Schule das
gesammte physiologische Wissen seiner Zeit in bänderreichen
Lehrbüchern in der Mitte des vergangenen Jahrhunderts
zusammen. Aber umsonst suchen wir nach wesentlich neuen
principiellen Gesichtspunkten für die chemischen Vorgänge
im Organismus.   Doch lassen sich bei ihm in Beziehung
auf die physiologische Forschungsmethode nicht unbedeutende
Fortschritte erkennen.

Ueber die Gewichtsverhältnisse der insensiblen und
sensiblen Ausscheidung, und der aufgenommenen festen und
flüssigen Nahrungsstoffe, waren durch sorgfältige Gewichts-
vergleichungen des Körpers und der genossenen Nahrung
in exakter Weise Kenntnisse gewonnen.   Ein bekannter
Arzt hatte, um diese Verhältnisse festzustellen, einen großen
Theil seines Lebens auf der Waage zugebracht.   Gerade
an dieser Richtung der Naturbeobachtungen war das Interesse ein Allgemeines, an welchem Leute jeden Ranges
Theil nahmen.   Neben den Aufzeichnungen, wie viel Brod
und Wasser den Galeerensclaven zur Erhaltung ihres Lebens
und ihrer Arbeitsfähigkeit gereicht werden müsse, finden
wir die Bemerkung, daß der berühmte Venetianer Cornaro
von seinem vierzigsten Jahre an täglich mit 26 Unzen,
davon 12 Unzen Brod, Eier und Mehlspeise (Minestra)
und 14 Unzen Getränk, sein für den Staat so wichtiges
und arbeitsvolles Leben bis zu einem fast hundertjährigen

Alter gebracht habe; dagegen wog Karl II. nach der
Mittagstafel um vier und ein halbes Pfund schwerer als
vor derselben.   Vor exakter, wissenschaftlicher Kritik, stich-
haltige und gleichmäßige Ergebnisse waren aber auch
nach dieser Richtung trotz aller aufgewendeten Mühe nicht
zu erhalten, da alle Beobachtungen durch den Grundirrthum
unbrauchbar gemacht werden, daß in den verschiedenen
Speisen ein einziges, gleiches „Aliment", wenn auch in
verschiedener Menge vorhanden sei. Feste Resultate ließen
sich auch hier erst gewinnen, als die principiellen Differenzen
im Nährwerthe der verschiedenen Nährstoffe erkannt waren.

Aus allen vom Menschen als Nahrung aufgenommenen
Stoffen, aus dem Pflanzen= und Thierreiche, sollte nach
Haller durch die Verdauung eine „Gallerte" ausgezogen
werden, sie steckt so gut im Mehl der Vegetabilien wie in
den dem Thierreich entnommenen Speisen.

„Wenn man endlich Alles mit einander vergleicht, so
ernährt eigentlich die „Gallerte" allein." Die Haller'sche
Gallerte ist nur dem Namen nach verschieden von dem
gährungsfähigen Schleim der Jatro=Chemiker, von der
Essenz des Paracelsus, von dem Aliment des Hippokrates.

Dieses bei Haller überall bemerkliche conservative
Anschließen an die durch Alter geheiligten Meinungen
der Vorzeit wird um so weniger begreiflich, wenn wir
bemerken, daß die Wissenschaft damals, vornehmlich durch
die Untersuchungen von B e c h e r und S t a h l, schon einen
tieferen Einblick in den Chemismus des animalen Körpers
und seiner Nahrungsstoffe gewonnen hatte.   S t a h l nahm
in den drei Naturreichen die gleichen oben angeführten
Elemente an, welche aber in den organischen Substanzen
in verwickelterer Weise verbunden sein sollten, als in den
Produkten der anorganischen Natur. In den Pflanzen=

5 *

und Thierstoffen sollten die brennbaren und wässerigen,
in den Mineralien die erdigen Bestandtheile vorwiegen.
Eine Anzahl, namentlich von salzähnlichen Stoffen, hatte
man schon als Bestandtheile organischer Körper aufgefunden.
Haller selbst berichtet, daß die animale „Faser", aus
welchem gleichartigen Elemente man sich den menschlichen
und thierischen Körper der atomistischen Theorie entsprechend
aufgebaut dachte, abgesehen von der „Gallerte" aus
Erde, Wasser, Luft, Oel und Eisen zusammengesetzt sei.   Und an einer anderen Stelle lehrt er, daß
die Aufnahme der Nahrung „das Blut verdünnt, und in
dessen Masse ein Oel, eine Gallerte und die unentbehrlichen
Salze und damit die Materie zu allen festen und flüssigen
Theilen (des menschlichen Körpers) zuführt, welche eines
Ersatzes bedürfen". In den vegetabilischen Nahrungsstoffen
findet er: Mehl, Oel und Gallerte.

Die Ursachen für das Ernährungsbedürfniß sind bei
Haller die gleichen wie in der alten Physiologie.

„Da der Mensch täglich bei mittlerer Rechnung gegen
50 Unzen durch die Haut verdunstet und beinahe ebenso
viel durch Flüssigkeitsabgabe verliert und Etwas noch durch
den Stuhlgang, Speichel und auf andere Weise verloren geht,
so sieht man leicht, daß der Körper nothwendiger Weise
um ein Ansehnliches schwinden müsse, wenn dieser Abgang
nicht wieder ersetzt würde. Ein jedes verhungerte Thier
verräth den erlittenen Verlust durch ein Magerwerden;
es verliert augenscheinlich an seiner Schwere und wiegt
in 24 Stunden um vier Pfund weniger. Zuerst verschwindet
das Fett mit einer unglaublichen Geschwindigkeit. Milch-
und Eiterproduktion hören auf. Und es werden auch
keine anderen besonderen Säfte mehr zubereitet, wie dann
sogar Schlangenbisse ohne Gefahr sind. Mit dem Fett

vermindert sich auch die Blutmenge und die Kräfte des Organismus nehmen mehr und mehr ab. Denn es mag die Ursache der Kräfte sein, welche sie will, so wird sie doch durch Speise ergänzt und durch Hunger geschwächt."

„Folglich müssen wir Speise zu uns nehmen, damit die Materie der menschlichen Säfte und ohne Zweifel auch der Stoff der festen Theile wieder ergänzt werden könne. Letztere müssen Kinder und alle diejenigen, welche noch im Wachsen begriffen sind, nothwendig von den Speisen hernehmen, und auch Erwachsene, und völlig ausgewachsene Personen müssen diese festen Theile wieder ergänzt bekommen, von denen wir zeigen wollen, daß sie ebenfalls durch Anstrengung des Lebens abgerieben werden."

„Doch es fordert uns dazu noch eine andere schleuniger wirkende Nöthigung auf. Es ist unser Blut wie alle menschlichen Flüssigkeiten seiner Natur nach geneigt, sich zu zersetzen,[1]) es wird, sich selbst überlassen, an einem warmen Orte rasch faul und scharf und zur Erhaltung des Lebens untauglich."

Die Folgen der angenommenen Entartung der animalen Säfte und Körperstoffe, welche bei der Thätigkeit des Lebens noch geschwinder über Hand nimmt, müssen namentlich

---

[1]) Die „Bildung des Harnsalzes" aus den animalen Säften und ebenso aus dem Fleisch und den übrigen festen Körperstoffen, welche Haller hier und an andern Orten lehrt, ist für die Anschauung der damaligen Physiologie darum von besonderer Wichtigkeit, weil damit der Uebergang der im Lebensproceß gebildeten Zersetzungsprodukte des animalen Körpers zum Theil in den Harn, und ihre Ausscheidung auf diesem Wege, erkannt war, was als ein wesentlicher Fortschritt in der Auffassung der flüssigen Körperausscheidungen und ihres Werthes für das organische Leben erscheint.

durch Wassertrinken beseitigt werden. „Das gewöhnliche
Wasser eignet sich dazu am besten. Es verdünnt vornehmlich
unser Blut; es legt sich zwischen die Blutkügelchen; es
hindert, daß sie einander nicht berühren; es verdünnt die
Gallerte der Lymphe; es macht alles beweglich; und es
gibt den Fasern, welche uns durch ihre Trockenheit höchst
beschwerlich fallen, ihre Nässe. Es löst alle Salze auf,
und macht deren Stachel (nach Cartesius die Ursache ihrer
Schärfe) stumpf, es zerstreut die faulenden Theilchen und
bezwingt alle Schärfe."

Der Verkehr der animalen Organismen mit der Atmo-
sphäre, in welcher Haller das Feuer als einen elementaren
Bestandtheil enthalten wähnte, wird rein mechanisch gedeutet.
Die thierische Wärme wird eclectisch nach den Theorien der
Jatro = Chemiker und Jatro = Mathematiker erklärt. Das
Bewußtsein von ihrem Zusammenhang mit der Athmung
erscheint verdunkelt. Nach dem herrschenden chemischen
Systeme Stahl's beruhte auch für Haller die Verbrennung auf der Abgabe des in den verbrennlichen Körpern
vorausgesetzten Verbrennungsprincipes, des Phlogiston
an die Luft.

5) Lavoisier und Magendie.

Haller's Physiologie steht als Denkstein der Vergangen-
heit hart an der Grenzscheide der Neuzeit. Nicht zwei Jahrzehnte waren vergangen, als durch die Entdeckung des
Sauerstoffs eine neue Aera der chemischen und chemisch-
physiologischen Wissenschaft begann. Die Grundlagen der
natur = wissenschaftlichen Begriffe wurden neu gelegt, der
Zusammenhang mit der alten Zeit absichtlich gebrochen.
Die Revolution des chemischen Denkens erscheint uns heute
als eine so plötzliche, daß wir über den Eindruck der

glänzenden neuen Erfolge die ziemlich weit zurückreichenden
Vorbereitungen zu vergessen geneigt sind, welche diesen
Umwandlungen nothwendig vorausgehen mußten. Nament=
lich müssen wir uns an die Lehren erinnern, welche der
Irländer Robert Boyle schon ein Jahrhundert früher
1661 in seinem Scepticel chymist aufgestellt hatte. Er
nahm gegen die herrschende wissenschaftliche Strömung nicht
eine geringere, sondern eine größere Zahl einfacher Stoffe,
Elementarstoffe an und ein anderes Gesetz ihrer Ver=
schiedenheit als jenes nach den vier Aristotelischen Ele=
menten und den drei Grundbingen der Alchymisten. Die
Gestalt der Atome sollte die Verschiedenheit der einfachen
Stoffe verursachen, eine Anschauung, welche in sinnvoller
Weise, auf der Lehre des Cartesius weiter gebaut wurde,
der schon 40 Jahre vorher ganz analog die verschiedenen
lebendigen Kräfte: Wärme, Licht, Electricität und auch
die chemischen Kräfte, welche ihm alle Nichts als verschieden=
artige Bewegungen der Materie sind, auf solche Formunter=
schiede der bewegten Atome zurückzuführen suchte. Die
ebenfalls schon dem siebzehnten Jahrhundert angehörende
Entdeckung Baptist Helmont's (geb. 1577 gest. 1644),
daß es verschiedene Luftarten, nach der von ihm eingeführten
Bezeichnung, verschiedene „Gase" gebe, war für die Neu=
gestaltung der Chemie von weittragendster Bedeutung.
Helmont ist der Entdecker des Kohlensäuregases (gas syl-
vestre) und des Wasserstoffs (gas flammeum).

Aber diese und eine Anzahl anderer vorbereitender
Entdeckungen waren doch nicht im Stande, einen principiellen
Umschwung in den chemischen Theorien hervorzurufen.

Der 1. August 1774 wird als der Tag bezeichnet,
an welchem Priestley den größten chemischen Fund seines
Jahrhunderts machte, als er den Sauerstoff entdeckte. Als

dessen zweiter Entdecker ziemlich gleichzeitig und unab=
hängig von Priestley muß unser Scheele genannt werden.
Lavoisier verstand es, diesen Fund zu dem größten Fort=
schritt in der Chemie zu verwerthen, aus ihm die Wissen=
schaft der Chemie principiell neu zu gestalten und der von
Boyle schon ein Jahrhundert früher aufgestellten Theorie
über die größere Anzahl der Elementarstoffe ihre eigentliche
Bedeutung zu geben.

Auf das Gesetz der Verbindung dieser neuen Elementar=
stoffe mit dem Sauerstoff, auf die Theorie der Verbrennung
wurde die moderne Chemie gebaut und dadurch aus einer
Sammlung von Recepten eine Wissenschaft geschaffen.

Die neugewonnenen Anschauungen über das Wesen
der Verbrennung wurden von Lavoisier selbst sofort auch
verwerthet, um den Proceß der thierischen Wärmebildung
in der Athmung, die im animalen Organismus während
des Lebens unablässig eintretenden Stoffverluste neu zu
erklären. Er hatte die Sauerstoffaufnahme des Menschen
und der Thiere bei der Athmung gemessen; schon vier
Jahre vor der Entdeckung des Sauerstoffs hatte Priestley
die Ausscheidung von Kohlensäure im Athemproceß gefunden;
die Wasserabgabe in der Athemluft war seit den ältesten
Zeiten aufgefallen. Die elementare chemische Zusammen=
setzung der organischen Nährsubstanzen wie der Organ=
bestandtheile der animalen Organismen aus Kohlenstoff,
Wasserstoff, Sauerstoff und Stickstoff wurde bestimmt. Gestützt
auf diese Thatsachen erklärte Lavoisier die Nothwendigkeit
des Verkehrs der animalen Organismen wie des Menschen
mit der Luft daraus, daß der wesentliche Bestandtheil der
Luft, der Sauerstoff, die Lebensluft, in der Athmung
aufgenommen werden müsse, um einen Verbrennungs=
vorgang im Organismus zu unterhalten, an den der

Fortbestand des animalen Lebens geknüpft und der die
Quelle der thierischen Wärme sei. Die in der Athmung
ausgeschiedenen Gase: Kohlensäure und Wasserdampf er=
schienen in Verbindung mit der Sauerstoffaufnahme in der
Athmung als die Verbrennungsprodukte der organischen,
aus der Nahrung stammenden Organ= und Säftebestand=
theile des Organismus. Die Aufgabe der Ernährung ist
es, die durch diese Verbrennung entstandenen Verluste durch
Zufuhr von Stoffen zu ersetzen, welchen durch ihre chemische
Constitution die Fähigkeit zukommt, Sauerstoff in sich auf=
zunehmen und durch Oxydation im Organismus Kohlen=
säure, Wasser und stickstoffhaltige Zersetzungsprodukte zu
liefern. Das Abhängigkeitsverhältniß des Thierreichs vom
Pflanzenreiche wurde damit principiell neu erkannt und
die Grundlage gelegt zu den Anschauungen unserer Tage
über allgemeine Ernährungs= und Lebens=Vorgänge in
beiden organischen Reichen.

Lavoisier, der Schöpfer der neueren Chemie hat durch
die Entdeckung, daß der animale Lebensvorgang mit einer
Verbrennung verbunden und wesentlich von einer solchen,
in Beziehung auf seinen Stoff= und Kraftwechsel, getragen
sei, den glänzendsten Fortschritt der neuen Physiologie die
erste Bahn gebrochen. Durch seine und die berühmten
Versuche von Dulong und Despretz wurde zunächst
festgestellt, daß der Verbrennungsvorgang im animalen
Organismus, als dessen Maß man die Sauerstoffaufnahme
und die Abgabe von Kohlensäure in der Athmung betrachtete
(wenigstens sehr annähernd), hinreiche, um die thierische
Wärmeproduktion zu erklären. Von einem aus einer
geheimnißvollen Lebenskraft abstammenden, dem Herzen
eingeborenen Feuer konnte nun ebensowenig mehr wie von
jenen jatrochemischen „Gährungen" die Rede sein, um die

physiologische Wärmeerzeugung des Menschen= und Thier=
körpers zu erklären. Es sind aus der anorganischen Natur
bekannte Processe und Kräfte, welche das Leben der
Organismen unterhalten. Der Schleier, welcher die
Geheimnisse des Lebens deckt, war an einer Stelle zerrissen;
die neugewonnenen Anschauungen schienen unwiderstehlich
sofort zu immer neuen Entdeckungen einzuladen.

Man darf es nicht vergessen, daß Lavoisier, welchem
die Physiologie diese entscheidende Entdeckung verdankte,
kein Arzt war. Aus diesem Verhältnisse ist es zum Theil
erklärlich, daß die von Paris ausgehenden neuen, gleichsam
revolutionären Lehren erst verhältnißmäßig spät und nicht
ohne Widerstand der zunächst betheiligten Kreise Eingang
in die physiologischen und ärztlichen Lehrsäle zu gewinnen
vermochten. Nicht zum geringen Theile scheint an dieser
Abneigung jedoch auch eine zunächst noch unberechtigte
Anmaßung Schuld zu tragen, indem die neue Lehre mit
dem Anspruch, sofort Alles erkären zu können, auftrat.
Besonders in Deutschland zählte auch unter den Chemikern
die geistvolle Experimentalforschung und Kritik Stahl's
im Gegensatz gegen die Lavoisier'schen Neuerungen fort=
gesetzt ihre Anhänger. Wie hätte sich da die deutsche
Medicin das System Stahl's, die phlogistischen und anti=
phlogistischen Krankheiten und Heilmethoden, welche heute
noch in ihrem Lehrgebäude spuken, leichten Kaufs entreißen
lassen. Sehr wichtig war es hiebei, daß Magendie, der
bedeutendste Experimentalphysiologe jener Zeit, auch in
Paris selbst doch nicht so ganz die absolute Nothwendigkeit
der neuen Lehre zur Erklärung der Vorgänge in den
animalen Organismen anerkannte. Es gelang ihm an den
Lavoisier'schen Lehrgebäude scheinbar in wesentlicher Weise
zu rütteln. Nach Lavoisier's Darstellung sollte die animale

Verbrennung in der Lunge und zwar in der Weise vor sich
gehen, daß aus dem Blute eine Kohlen= und wasserstoff=
reiche Flüssigkeit fortwährend in die Lungen ausschwitze,
welche dort durch den aufgenommenen Sauerstoff oxydirt
würde zu Kohlensäure und Wasser, und dann in den
Athemgasen die Lungen verlasse. Magendie begründete
dagegen die ältere Ansicht experimental, daß das in den
Lungen abgegebene Wasser, wenigstens sicher zum überwiegend
größten Theil, nicht aus einer Verbrennung, sondern aus
dem als solches durch die Nahrung in den Körper ein=
geführten Wasser stamme.

Trotzdem ist Magendie als einer der Hauptbegründer
der experimentalen Forschung in der Ernährungslehre zu
bezeichnen. Durch die Fortschritte der Chemie war eine
große Anzahl organischer Stoffe neu aufgefunden, alt=
bekannte näher erforscht. Magendie unternahm es zuerst,
die die Nahrung zusammensetzenden einfacheren Stoffe
einzeln auf ihren Ernährungswerth zu untersuchen. Von
ihm stammt die Eintheilung der Nährstoffe in stickstoffreiche
und in stickstofffreie (oder stickstoffarme). Eine Anzahl
bedeutender deutscher, französischer und englischer Forscher,
unter denen die Namen Tiedemann und Gmehlin,
sowie Boussingault und Prout hervorleuchten, be=
theiligten sich an diesen Bemühungen.

Man fand, daß Thiere, welche man ausschließlich mit
stickstofffreien Nährstoffen, Rohrzucker, Gummi, Olivenöl,
Butter 2c. fütterte, obwohl Verdauung und Chylusbildung
eingetreten war, unter allen Zeichen des Verhungerns
zu Grunde gingen. Bei der Sektion fand sich das Fett ver=
zehrt, die Muskelmasse, das Blut sehr bedeutend vermindert.
Die Resultate mit reinen stickstoffhaltigen Nährstoffen waren
dagegen günstiger. Zwar der Leim allein genossen, nährt

auf die Dauer ebensowenig, wie die stickstofffreien Stoffe, dagegen blieben Hunde, welche mit Käse und Eiern gefüttert wurden, am Leben, obwohl sie schwach und mager wurden und ihre Haare verloren.   Nagethiere ließen sich mit fettlosem Muskelfleische erhalten.   Magendie schloß aus seinen Versuchen mit allem Rechte, daß der Stickstoff der animalen Organbestandtheile nur aus der Nahrung stamme, und daß stickstofffreie Substanzen sich im Thiere nicht in stickstoffhaltige, wie z. B. Fleisch, umwandeln können. Sein großes Verdienst ist es, mit aller Consequenz auf den Gehalt an stickstoffreichen Stoffen (Albuminaten) in der vegetabilischen Nahrung der Thiere und Menschen hinge= wiesen zu haben, wie im Reis, Mais, Getreide, Kartoffeln, Zuckerrohr.   Die Albuminate des menschlichen Körpers stammen als solche aus der Nahrung.

Ein weiterer Schluß, welchen man aus den Versuchen zog, war der, daß die Albuminate, die Eiweißstoffe, unter allen Nährsubstanzen die höchste Stufe einnehmen, da sie allein im Stande sind, das Leben auf die Dauer zu unterhalten. Ueber die Rolle, welche die stickstofffreien Nährstoffe spielen, blieb man fortwährend im Unklaren und behalf sich im Mangel einer näheren Erkenntniß mit der Formel, daß Nährstoffe, welche, wie die stickstofffreien und der Leim, an sich nicht im Stande sind, das Leben zu unterhalten, eine unverkennbare Nährfähigkeit bekommen, wenn sie mit anderen Stoffen, d. h. mit Albuminaten gemischt, genossen werden.   Ihre verschiedene Wirkung, z. B. bei Mästung von Thieren und aber auch bei der Er= nährung des Menschen, wurde praktisch festgestellt und z. B. von Prout in diätetische Regeln gebracht.   Principiell brachte das keine bedeutenderen Fortschritte.   In dem Eiweiß glaubte man das seit Jahrtausenden gesuchte

eigentliche Aliment, die Essenz der Nahrungsstoffe aufge=
funden zu haben. Die Rolle, welche früher der „gährungs=
fähige Schleim“, die Haller'sche „Gallerte“ gespielt hatten,
wurde nun den Albuminosen, d. h. Stoffen, welche alle im
Körper in eigentliches Eiweiß umgewandelt werden sollten,
zugetheilt. Im Jahre 1840 sehen wir den berühmtesten
Physiologen der ersten Hälfte unseres Jahrhunderts,
Johannes Müller in Berlin, in seinem klassischen Lehrbuche
die Ernährungslehre noch etwa in diesem Sinne vortragen.
Je leichter die (albuminose Stoffe enthaltenden) Nährsub=
stanzen in Eiweiß umgewandelt werden könnten, um so
tauglicher seien sie zur Ernährung. Principiell war trotz
Lavoisier der Haller'sche Standpunkt noch nicht vollkommen
überwunden.

Aber es beginnt zu tagen und schon in jene Dar=
stellungen Johannes Müller's wirft das aufgehende Gestirn
Liebig's seine Strahlen.

6) Die Liebig'sche Theorie.

Es ist aus dem Gange der Darstellung ersichtlich, in
wie weit durch die combinirten Fortschritte in Chemie und
Experimentalphysiologie sich bis zum Auftreten Liebig's
die Ernährungstheorie entwickelt hatte. Den ersten Rang
nehmen Lavoisier's Entdeckungen ein, auch die experimen=
talen Erfahrungen über die Verschiedenheiten im Nähr=
werth waren von großer praktischer Bedeutung.

Aber das Zauberwort war noch nicht gesprochen,
welches die physiologisch=medicinische Wissenschaft von dem
Bann, in welchem sie seit Jahrtausenden gehalten war,
befreien sollte. Nirgends so schwer als in Gebieten der
allgemeinen praktischen täglichen Erfahrung, die ihre Be=
obachtungszeit nach Jahrtausenden zählt, sind eingewurzelte

Vorurtheile und halbverstandene Ansichten zu bekämpfen.
Jeder, obwohl ihm die nöthigsten Vorbildungen für das
Verständniß der wissenschaftlichen Fragestellung vielleicht
vollkommen abgeht, glaubt sich berechtigt, hier mitzureden.
Und das gilt namentlich in Ernährungsfragen. Da Jeder
ißt, glaubt auch Jeder als Richter über die wissenschaftlichen
Gesetze des Essens auftreten zu können. Was heute noch
von dem chemisch und physiologisch nicht gebildeten Publikum
in vollstem Maße Geltung beansprucht, galt bei dem Auftreten Liebig's auch im Allgemeinen von den zunächst betheiligten ärztlich-physiologischen und landwirthschaftlichen
Kreisen. Ueberall fehlen, wenn nicht der gute Wille, so
doch die nothwendigen chemischen Vorkenntnisse, um die
neuen Resultate der Forschung zu verstehen, geschweige denn
anzuerkennen oder nach der von ihnen gebotenen Richtschnur
zu handeln. Dem „Chemiker" Liebig kam man, wie seiner
Zeit dem Chemiker Lavoisier, mit Mißtrauen entgegen,
wenn er sich mit seinen Theorien auf ärztliches oder land-
wirthschaftliches Gebiet begab; was sollte er, ein „Laie",
davon mehr verstehen als die anerkannten Altmeister der
Disciplinen. Aber Justus von Liebig verstand es, die
Brücke zwischen Theorie und Praxis zu schlagen, und er
erlebte es, daß seine Theorien, die sich im Kampfe mit den
Gegnern lebenskräftig entwickelt hatten, auf dem Gebiete
der Physiologie nicht minder als auf dem der Landwirthschaft allseitige Anerkennung erfuhren.

Wir wollen es versuchen, seine Theorie der animalen
Ernährung, welche lange von der einen Seite ebenso an-
gestaunt, wie sie von der anderen bekämpft wurde, in
Kürze zusammenzufassen.

Im Allgemeinen beruhen seine Ernährungslehren auf
der Anerkennung der Lavoisier'schen Darstellung des ani-

malen Stoffumſaßes als einer durch die Sauerſtoffaufnahme
in der Athmung vermittelten Verbrennung. Dieſe Verbren=
nung iſt eine Haupturſache des fortgeſeßten Stoffverluſtes
des Organismus. Die Produkte dieſer Verbrennung finden
ſich in den Lungenausſcheidungen namentlich als Kohlen=
ſäure und Waſſer; der Stickſtoffgehalt der zerſeßten ſtickſtoff=
haltigen Organſtoffe verläßt in den flüſſigen Excrementen
der Hauptmaſſe nach als Urea, als Harnſtoff, zum geringen
Theil in einer Anzahl anderer dem Harnſtoff in gewiſſem
Sinne naheſtehender kryſtalliniſcher, ſtickſtoffhaltiger Pro=
dukte, z. B. Harnſäure, den Organismus. Die unter dem
Einfluß ihrer Thätigkeit und der Sauerſtoffeinwirkung er=
folgenden Organverluſte und deren Erſaß durch die aufge=
nommene Nahrung werden als „Stoffwechſel" bezeichnet.
In dieſem Sinne geben die Ausſcheidungsprodukte des
Körpers ein Maß der Intenſität des Stoffwechſels ab. Die
Größe des Stoffumſaßes in den aus Eiweißſtoffen beſtehen=
den Organen kann für eine gegebene Zeit aus dem Stick=
ſtoffgehalt der Exkrete der Nieren beſtimmt werden. Alle im
Körper der Menſchen und der Thiere ſich findende Albu=
minate, Eiweißſtoffe, ſtammen aus der Nahrung; es behält
das auch für reine Pflanzenkoſt Geltung; der animale
Organismus iſt nicht im Stande Eiweiß zu bilden. Dagegen
weiſt Liebig darauf hin, daß durch die Zerſeßung der
Albuminate den Fetten und Kohlehydraten in gewiſſem
Sinne nachſtehende Produkte oder dieſe ſelbſt im Thier=
körper entſtehen können. Es kann daher die Eiweißnahrung
unter Umſtänden a l l e i n zur Geſammternährung ausreichen,
da in ihr Fette und Kohlehydrate gleichſam implicite mit=
genoſſen werden. In der Mehrzahl der Fälle dienen aber
einerſeits Albuminate, andererſeits Kohlehydrate und Fette,
das heißt ſtickſtoffhaltige und ſtickſtofffreie Nährſtoffe gemiſcht

zur Nahrung und haben hiebei zwei principiell ge=
trennten Aufgaben für die Erhaltung des animalen
Lebens zu genügen.

Der Ernährungsvorgang hat einerseits
die Aufgabe der Organbildung und anderer=
seits der Wärmebildung. Unter dem Einfluß ihrer
Thätigkeit (Abnützung der alten Physiologen) erleiden auch
nach Liebig's Annahme die im Wesentlichen aus Albuminaten
bestehenden Organe, indem sich Theile von ihnen mit
Sauerstoff verbinden, fortwährende Stoffverluste, welche
durch die Nahrung wieder ausgeglichen werden müssen.
Ein Theil der thierischen Wärme stammt aus dieser
Organoxydation. Der größte Theil der Wärme wird
aber bei genügender Nahrung von den eingeführten Nähr=
stoffen geliefert, welche im lebenden Körper unter der Ein=
wirkung des in der Respiration aufgenommenen Sauerstoffs
verbrennen.

Diesen beiden Funktionen: Organbildung und Wärme=
bildung entsprechend, theilte nun Liebig, abgesehen von
dem zur Ernährung erforderlichen Wasser und den an=
organischen Salzen, die Nährstoffe ein in:

   1) organbildende, plastische und -
   2) wärmebildende, respiratorische Nah=
      rungsmittel.

Die plastischen Nahrungsmittel sind allein die
Albuminate.

Die respiratorischen Nahrungsmittel sind
vorzüglich die Fette und Kohlehydrate. Aber auch andere
chemische Körper= und Nahrungsbestandtheile (z. B. Leim)
betheiligen sich wie auch die Zersetzungsprodukte der Albu=
minate mit an der Wärmeproduktion, soweit sie sich im
Organismus mit Sauerstoff noch verbinden können. Je

mehr Sauerstoff ein bestimmtes Gewicht eines Nährstoffes beim Verbrennen in sich aufnehmen kann, desto mehr ist es fähig, die Wärmeverluste des Körpers zu decken, Fett steht in dieser Beziehung weit über Kohlehydraten und Eiweiß.

Damit war die Nothwendigkeit der Mischung der Nahrungsstoffe, welche man praktisch in ihrer diätetischen Bedeutung längst kannte, zum ersten male wissenschaft= lich begründet. Aus der Ernährungslehre, welche bisher fast in den Regeln eines Kochbuchs aufzugehen schien, war eine wissenschaftliche Disciplin geworden, welche noch heute nach den Fortschritten zweier Menschenalter im All= gemeinen auf dieser von Liebig gelegten Basis steht.

Liebig hatte neben seiner Theorie zugleich die Unter= suchungsmethoden gelehrt, um wirklich exakte Ernährungs= versuche anzustellen. Indem man während einer Ernährungs= periode quantitativ und qualitativ die aufgenommenen festen, flüssigen und luftförmigen (Sauerstoff) Nährstoffe chemisch bestimmte und damit die vom Körper während dieser Periode abgegebenen festen, flüssigen und luftförmigen Zersetzungs= produkte vergleicht, kann man zu mathematischen Gleichungen des Stoffwechsels gelangen für alle erdenklichen Nahrungs= gemische und Nahrungsmengen, ebenso wie für die ver= schiedenen normalen und annormalen Körperzustände. Aus diesen Gleichungen muß sich das allgemeine mathematische Gesetz der Ernährung ableiten lassen, aus welchem rück= wärts für jede concret gestellte Ernährungsaufgabe mit physikalischer Sicherheit die Lösung sich ergibt.

Trotz des Widerstandes, welchen die Liebig'schen Theorien in den nächstbetheiligten Kreisen und im allgemeinen Publikum bei ihrem Auftreten vielfältig fanden, wurden sie von einer Anzahl zum Theil ausgezeichneter Forscher

mit Begeisterung ergriffen.   Physiologen, Aerzte, Thier=
züchter betheiligten sich mit mehr oder weniger Erfolg an
der Lösung der von Liebig gestellten Fragen deren Wichtig=
keit für das Leben und die Gesundheit der Menschen wie
für den Nationalwohlstand, abgesehen von ihrem theoretisch=
wissenschaftlichen Interesse, von einem offenen Verstande
nicht verkannt werden konnte.

7) Die mechanische Wärmetheorie und die Liebig'sche Ernährungslehre.

Eine ähnlich großartige Revolution wie die Ent=
deckung des Sauerstoffs und seiner Verbindungsgesetze
brachte die Entdeckung des Gesetzes von der Erhaltung
der Kraft, die Aufstellung der mechanischen Wärmetheorie
in allen unsern naturwissenschaftlichen Anschauungen hervor.

Die Scholastiker hatten die Wärme für einen Zustand
der Körper erklärt. Baco von Verulam, Cartesius, Leib=
nitz u. a. hatten mehr oder weniger vollständig das Ge=
setz der Erhaltung der Kraft erkannt. Baco sprach die
Wärme, Cartesius sie und alle anderen lebendigen Kräfte:
Licht, Electricität, mechanische Arbeit, chemische Kraft als
Formen der Bewegung der Materie an und lehrte, daß
die Summe der bewegenden Kräfte im Weltall eine gleich=
bleibende sei. Bei Leibnitz finden sich diese grundlegenden
Lehren am vollständigsten entwickelt. Allgemeine Geltung
konnten sich aber den herrschenden Vorurtheilen gegenüber
diese Anschauungen nicht verschaffen. Man war vielmehr
geneigt die Kräfte: Licht, Wärme, Electricität für Stoffe
zu halten, und zwar, da man sie nicht wägen konnte, für
„Imponderabilien". Bemerkenswerth erscheint, daß mit
der Entdeckung des Sauerstoffs diese Neigung nicht ab=,
sondern zunahm. Noch im ersten Jahrzehnt unseres Jahr=

hunderts wurden die Imponderabilien ganz gleichwerthig den Elementarstoffen der antiphlogistischen, lavoisier'schen Schule als: „unwägbare Elemente" bezeichnet, welche man sich untereinander und mit den „wägbaren Elementen" Verbindungen ganz nach Art der Salze eingehend dachte. Am Ende des vergangenen Jahrhunderts war man noch weiter gegangen. So hält es noch 1798 der bekannte Physiker J. C. Fischer in Jena für unerwiesen, ob nicht z. B. die Electricität einen „Riechstoff" und eine „Säure" als Bestandtheile enthalte. Der berühmte Lichtenberg erwartete von einem Antiphlogistiker eine Analyse der „electrischen Materie", er glaubte, daß sie aus oxygène, hydrogène und calorique zusammengesetzt sei, wo der Wärmestoff, wie in der Mehrzahl der gleichzeitigen und späteren Darstellungen, ganz gleichwerthig dem Sauerstoff und Wasserstoff als Element auftritt. Auch Schrader baute „auf Grundsätzen des neuen Systems der Chemie" eine neue Theorie der Electricität (1796), er läßt die electrische Materie aus drei elementaren Bestandtheilen bestehen: Sauerstoff, Lichtstoff und Wärmestoff; der Sauerstoff sei die eigentliche Basis. Analog waren bei den übrigen Imponderabilien die Meinungen getheilt.

Wenn man mit derartigen Verirrungen der Wissenschaft die Darstellungen in den Principien der Philosophie des Cartesius oder in der Optik Newton's vergleicht, so erscheint der enorme Fortschritt, welchen die Chemie gemacht hatte, in ihren Folgen auf die allgemeine Naturanschauung, zum Theil Rückschritte zu bedingen. Die neugewonnenen wissenschaftlichen Gesichtspunkte, welche so Vieles in Wahrheit erklären, sollen zur Erklärung der gesammten Naturerscheinungen ausreichen. Es ist das eine Erfahrung, welche man bei großartigen Naturentdeckungen, welche einen

Umsturz in den althergebrachten Meinungen veranlassen, regelmäßig zu machen Gelegenheit hat. So hat sich unsere allgemeine Naturbetrachtung von dem Einfluß noch nicht wieder zu befreien vermocht, welchen die Entdeckung der Gesetze des Magnetismus und die darauf gegründete Kosmologie mit ihren durch den leeren Raum in die Ferne wirkenden Kräften ausübte, welche ebenfalls mit theoretischen Rückschritten verknüpft scheinen, gegen schon früher gewonnene allgemeine Anschauungen über die im Weltall herrschenden Bewegungsursachen, wie sie zum Theil auch von Cartesius vorgetragen wurden.

Man hatte den die Verbrennung vermittelnden Sauerstoff als die Ursache von Bewegung kennen gelernt. Er erschien in diesem Lichte als Substrat einer mechanischen Kraft. Was lag näher, als auch für die übrigen Kräfteformen im Weltall wenn nicht dasselbe doch analoge stoffliche Substrate anzunehmen? Auch Substrat der „Lebenskraft" sollte der Sauerstoff sein, den man in diesem Sinne als „Lebensstoff" bezeichnet findet. Vor dem Einwurf der Gewichtlosigkeit der hypothetischen Stoffe schreckte man nicht mehr zurück, sondern nahm denselben wie wir sahen, als einen Glaubenssatz in das chemische System auf. Es sind erst wenige Jahrzehnte vergangen seit unsere Zeit im Anschluß an ältere Lehren zu reineren Naturanschauungen sich wieder aufschwang.

In Deutschland waren es J. R. Mayer und Helmholtz, welche die Lehre von der Erhaltung der Kraft erneuerten. Clausius baute das Gesetz zu dem größten theoretischen Fortschritt unseres Jahrhunderts zur mechanischen Wärmetheorie aus. In alle Gebiete der Weltbetrachtung griff diese neue Lehre ein; alle mechanischen Wissenschaften, auch die Physik des Organismus, die

Physiologie hatten sich mit ihr auseinander zu setzen. Die Liebig'sche Ernährungstheorie konnte von ihr nicht un=berührt bleiben.

Liebig hatte die Ernährungsaufgaben in Organbil=dung und Wärmebildung getrennt. In Beziehung auf die mechanischen Kraft=Leistungen der animalen Arbeitsmaschine, des Organismus, welche im Wesentlichen auf der Thätig=keit des Nerven= und Muskelsystems beruhen, hatte er angenommen, daß die dabei auftretenden Kräfte dem „Stoff=wechsel im alten Liebig'schen Sinne" entstammen. Die belebten Organe verwenden zu ihren mechanischen Leistungen ihre „Lebenskraft", in der Liebig die Ursache der lebenden Organisation des Körpers und seiner Theile suchte. Bei der animalen Bewegung findet diese Kraft der Organisation, namentlich der aus Eiweißstoffen bestehenden Muskelsubstanz Verwendung zu mechanischen Leistungen. Hiebei verliert ein Theil des Muskels seine Lebenskraft, welche ihn bisher vor der oxydirenden Einwirkung des Sauerstoffs schützte. Dieser Theil unterliegt der Oxydation und betheiligt sich gleichzeitig mit den Respirationsmitteln an der animalen Wärmeproduktion. Es war daher nach Liebig's Meinung die Arbeitsleistung mit einem Verbrauch an Eisweißstoffen im Muskel verbunden. Der Eiweißverbrauch des Organis=mus sollte nach seinen ältesten Darstellungen überhaupt nur dieser Quelle entstammen. Je größer die Arbeitsleistung, desto größer der Eiweißumsatz, desto größer das Nahrungs=bedürfniß für Eiweiß. Bis in die neueste Zeit herein hat sich unter den Physiologen die Meinung gehalten, daß die Eiweißkörper allein es seien, welche durch ihre Zersetzung die mechanische Kraft der Muskeln liefern könnten, obwohl die Wissenschaft sich lange schon von den primären An=schauungen Liebig's über die Lebenskraft, abgewendet hatte.

Man pflegte nun den Eiweißstoffen, abgesehen von der Organbildung, auch die Produktion der mechanischen Muskelkraft zuzuschreiben; den stickstofffreien Stoffen verblieb die Wärmebildung.

Nach dem Gesetz der Erhaltung der Kraft, entstehen bei der Oxydation aller organischen Stoffe ihrer chemischen Zusammensetzung entsprechend eine Summe lebendiger Kräfte, welche zunächst als Wärme, Electricität und mechanische Bewegung in Erscheinung treten und in einander übergehen können. Qualitativ verhalten sich in dieser Beziehung alle organischen, verbrennlichen Stoffe gleich, nur quantitative Unterschiede zeigen sich, indem, wie wir oben sahen, z. B. eine gleiche Menge Fett mehr lebendige Kraft bei ihrer Verbrennung entwickeln muß als Kohlehydrate und Eiweißstoffe.

Die Liebig'sche Theorie bedarf sonach nach dieser Richtung einer allgemeineren Fassung, welche von der Unterscheidung der im lebenden Organismus entstehenden lebendigen Kräfte nach chemischen Kraftquellen absieht. Aber auch in Beziehung auf die Betheiligung der Stoffe an der Organbildung bedarf die Theorie einer Ergänzung.

8) Die Molekularstructur lebender Gewebe und die Liebig'sche Theorie.

Liebig hatte eine scharfe Trennung der geformten Körperbestandtheile von den ungeformten, flüssigen in den Körpersäften sich gedacht. Aber auch das Blut war ihm „flüssiges Fleisch", d. h. ein flüssiges Organ, und er glaubte, daß es (wenigstens seine Eiweißstoffe), geschützt durch die Lebenskraft, der organischen Verbrennung selbst nicht unterliege, obwohl es dieselbe durch die Zufuhr des in der

Athmung aufgenommenen Sauerstoffs in den übrigen Organen vermittelt. Die Träger der lebenden Organisation waren ihm, wie wir gesehen haben, lediglich die Eiweiß= stoffe. Wir halten der Hauptsache nach an dieser An= schauung noch fest. Das Protoplasma, welches in der Hauptmasse aus Eiweißstoffen besteht, ist auch uns die vorzugsweise lebende, plastische Substanz der Zellen und der aus Zellen aufgebauten Organe und Organismen. Aber auch den anderen im Organismus vorkommenden Stoffen sprechen wir einen Antheil an der Organisation zu.

Die Fortschritte der Physiologie in Rücksicht auf die nähere Erkenntniß der inneren, feinsten Organstructur lassen uns jetzt auch die organisirten, geformten Theile des Körpers in Vergleichung setzen, mit den in ihm be= findlichen Flüssigkeiten. Wir finden hier keine absolute Trennungslinie mehr.

Das Mikroskop lehrte uns die Zusammensetzung der höheren animalen und pflanzlichen Organismen aus Zellen. Die Zelle ist die letzte Organisations= einheit der lebenden Bildungen. Aber es springt so= gleich in die Augen, daß diese mikroskopischen Zellen im physikalischen Sinne noch außerordentlich complicirte Bil= dungen sind.

In den Zellen beider Reiche finden sich Einschlüsse; in den Pflanzenzellen: die Zellkerne, die Chlorophyllkörper, die Stärkemehlkörner, Zelltheile, welche aber noch alle Charaktere der lebenden Organisation an sich tragen. Das letztere läßt sich auch aussagen von jedem Theilpartikelchen des Zellenprotoplasmas oder der bei vielen Zellen sich findenden Zellmembran.

Wie an einer anderen Stelle schon angedeutet, war

die alte, von Haller adoptirte Lehre von den Urform-
bestandtheilen organisirter Körper in der Analyse weiter
gegangen als die Zellenlehre. Ihr war das letzte organische Formelement die „organische Faser", die man sich
von der Kleinheit physikalischer Atome dachte. Indem solche
Atom=Fasern sich reihenweis neben und an einander anlagern,
entstehen die mikroskopisch= und endlich die makroskopisch=
sichtbaren Fäserchen und Fasern, Plättchen und Platten,
welche in dem Bau der Organismen Anwendung finden.
Man dachte sich in der Faser ein einheitliches, gleichmäßiges,
letztes Formelement als Grundlage aller organischen Bil=
dungen.

Ganz anders gestalten sich unsere neuen Anschauungen.
Wir können keinen Augenblick daran zweifeln, daß das
Protoplasma, die Zellmembranen, die Zellkerne, überhaupt
alle organisirten Gebilde in ihrem natürlichen, lebens=
frischen Zustande an jedem Punkt, den wir mikroskopisch
noch wahrnehmen können, aus einem Gemenge flüssiger
und fester Substanzen bestehen. Nach Brücke's und Nägeli's
Forschungen haben wir uns ihren Molekularbau so vor=
zustellen, daß feste Massentheilchen umgeben von
einer von denselben angezogenen Wasserhülle die or=
ganisirten Gebilde zusammensetzen. Solche Massentheilchen
mit ihren Wasserhüllen sind in jedem kleinsten organisirten
Theile in großer Anzahl durch die Kraft der physikalischen
und chemischen Attraktion miteinander verbunden. Zwischen
ihnen bleiben Molekularinterstitien, welche ebenfalls
durch Wasser erfüllt werden. Die Moleküle haben wir
uns nach dem Sprachgebrauch der Physik so klein vor=
zustellen, daß wir sie mit den stärksten optischen Ver=
größerungsmitteln nicht mehr sichtbar machen können; aber
sie sind doch chemisch noch sehr zusammengesetzte Körper.

Es sind Eiweißmoleküle, Moleküle leimgebender Substanz oder solche von Fett, Salz ꝛc., Stoffe, welche die chemische Analyse aus größerer Anzahl von Elementen in mannigfaltiger Gruppirung zusammengesetzt erweist. Daraus, daß im Innern der organischen Bildungen die Molekularkräfte nach verschiedenen Richtungen hin verschiedene Intensität zeigen, ergibt sich, daß die Gestalt dieser festen Massentheilchen nicht kugelig oder ellipsoidisch, sondern nur polyedrisch, krystallinisch sein könne. Durch die Erscheinungen, welche organische Theile im polarisirten Lichte zeigen, wird diese Annahme noch weiter gestützt. Die organischen Moleküle sind optisch zweiaxig, doppelbrechend.

An jedem einzelnen Punkte des organisirten Gebildes liegen sehr verschiedenartige Moleküle getrennt durch ihre Wasserhüllen und das Wasser der Molekularinterstitien, alle durch die Kräfte chemischer und physikalischer Cohäsion und Attraktion einander genähert. Indem nun aber unter dem Einfluß des Stoffwechsels, der Stofferneuerung und Stoffabgabe die Moleküle sich beständig chemisch und physikalisch verändern, müssen fortwährend in den organisirten Bildungen Störungen in dem Molekulargleichgewichte, fortwährende Bewegungen zum Ausgleich dieser Störungen erfolgen. Das Gleichgewicht der Kräfte in den organisirten Körpern ist sonach ein dynamisches, labiles, wie in unserem einleitend gewählten Bilde (See) beständig gestört, beständig wieder hergestellt. Mit der wechselnden Massenzunahme oder Verkleinerung der organischen Moleküle muß auch ihre physikalische Anziehung gegen einander und ihre Wasserhüllen eine wechselnde werden. Die festen Moleküle werden sich mehr nähern oder sich weiter von einander entfernen. Zu noch reicheren Bewegungen müssen die chemischen Molekularveränderungen des Stoffwechsels führen, da sich mit ihm

die chemiſche Attraktion der Moleküle gegen einander ver=
ändert.

So iſt das Leben jedes kleinſten organiſirten Theilchens
wie des geſammten Organismus an eine fortwährende
Molekulararbeit geknüpft, zu welcher die Kräfte ebenſo
wie für die ſichtbaren mechaniſchen Bewegungen der Muskeln
und Knochen aus dem Stoffumſatz geliefert werden müſſen.
Es unterliegt keinem Zweifel, daß die hier zur Aufrecht=
haltung der organiſchen Form und Miſchung zur Ver=
wendung kommende Kraftſumme den größten Theil der dem
Organismus zu Gebote ſtehenden Spannkräfte zunächſt ver=
braucht, welche hiebei als Kraft der lebenden Organiſation
gleichſam aufgeſpeichert wird.

Von weſentlichem Einfluß iſt die Lehre von der Mole=
kularſtruktur auf die Anſchauungen über die Stoffaufnahme
und Abgabe, aber ebenſo über das Wachsthum organiſirter
Gebilde. Man hatte ſich früher das Wachsthum als eine
Anlagerung von Stoffpartikelchen an die wachſenden
Körper oder Häute von Innen oder Außen gedacht. Aber
damit ſtimmt die Beobachtung nicht überein, daß die ein=
fachſten organiſirten wachſenden Gebilde nach allen Rich=
tungen gleichzeitig an Maſſe zunehmen. Das läßt ſich jetzt
als Folge einer Stoffaufnahme zwiſchen die ſchon vor=
handenen Moleküle begreifen. In die Molekularzwiſchen=
räume, die Molekularinterſtitien können durch chemiſche
und phyſikaliſche Kräfte getrieben neue organiſche Moleküle
mit ihren Waſſerhüllen eintreten, wodurch nach allen
Richtungen eine Maſſenzunahme des wachſenden Körpers
erfolgen kann.

Was uns ein feſtes, feſtgebautes Organ erſchien, zeigt
ſich uns nach dieſen Betrachtungen im beſtändigen Wechſel

des Stoffes. Dem chemischen Kreislauf der Materie in
der gesammten belebten Natur reiht sich hier ein fort=
währender Kreislauf der chemischen Stoffe innerhalb des
lebenden Organismus an. Der Blutkreislauf erscheint für
die Thiere im Lichte dieser Erfahrungen nur als ein
unterstützendes Moment dieses Gesammt=Stoff=Kreislaufs.
Die organische Materie, welche die Organe und Organ=
theile bildet, ist innerhalb des Organismus in einem fort=
währenden Ortswechsel begriffen. Die Organe nehmen
aus den umgebenden Flüssigkeiten Stoffe in sich auf, welche
sich an ihrer Organisation eine Zeit lang mitbetheiligen.
Wir sehen sie hier, entweder unter den oxydirenden Ein=
flüssen zersetzt, mehr oder weniger verändert oder sie
treten unverändert wieder aus dem zeitweilig geknüpften
organischen Verbande aus. Im menschlichen Organismus
werden diese austretenden Stoffe in der L y m p h e dem
Blut wieder zugeführt und aus diesem neuerdings zur
Organernährung verwendet. Das Stofftheilchen, welches
im Gehirn die höchsten Processe des organischen Lebens
mitbedingt, kann im kommenden Momente aus seinem bis=
herigen Organisationsverbande austreten, zunächst wieder
Bestandtheil der Lymphe und des Blutes werden, um von
da aus in eine Verdauungsdrüse oder in eine Muskelfaser
einzutreten, um deren chemische und mechanische Leistungen
vermitteln zu helfen.

Eine Stabilität der Organisation, wie sie von der
Liebig'schen Theorie gefordert wird, besteht sonach nicht.
Und man kann nicht mehr das Eiweiß allein als den
organisirten Stoff ansprechen, da in unserem Sinne sich
alle anderen Stoffmoleküle mit an der Organisation be=
theiligen.

9) Die Liebig'sche Ernährungstheorie in ihrer neuen Fassung.

Liebig hatte zuerst als die zwei Ernährungsaufgaben: die Organbildung und die Wärmebildung aufgestellt. Die plastischen Nährstoffe, d. h. die Albuminate, sollten allein der ersteren, dagegen sollten die gesammten unter der Sauer= stoffwirkung sich zersetzenden, aus der Nahrung stammenden organischen Stoffe der letzteren Aufgabe vorstehen, vor allem aber die Kohlehydrate und Fette, welche er daher speciell als wärmeproducirende, respiratorische Nahrungs= mittel von den plastischen abtrennte.

In dieser exacten Unterscheidung der Ernährungs= funktionen, welche nach den Ergebnissen der historischen Forschung Liebig als wissenschaftliches Eigenthum zuge= schrieben werden muß, liegt der enorme Fortschritt, welchen die Ernährungslehre durch Liebig gemacht hat. Die Be= deutung der nicht (direkt) organbildenden, stickstofffreien Stoffe für die Gesammternährung, welche vorher fast vollkommen dunkel geblieben war, war damit für alle Zeiten erhellt. Denn auch wir müssen im Principe auch nach der Wandlung, welche unsere Anschauungen über das Wesen der physikali= schen Kräfte erlitten hat, an der Liebig'schen Unterscheidung der Ernährungsfunktionen für die beiden Hauptstoffgruppen der organischen Nährstoffe festhalten. Die mechanischen Leistungen des Muskel= und Nervensystemes dachte sich Liebig durch die Lebenskraft bedingt. Die lebenden Organe, deren Stoffgruppirung unter der Einwirkung der „Lebens= kraft" erfolgte, verlieren bei ihrer Thätigkeit theilweise ihre dem lebenden Zustande entsprechende Organisation. Die Kraft, welche diese Organisation bedingte, wird dadurch frei und findet zu den mechanischen Leistungen Verwendung.

Auch diese Anschauung Liebig's ist, obwohl wir jetzt von einer spezifischen „Lebenskraft" abzusehen gewohnt sind, durch die neuesten Fortschritte der Experimentalforschung wieder bis zu einem gewissen Grade in ihre Geltung eingesetzt worden. Wir können eine Betheiligung von mechanischen Kräften an der Thätigkeit des Muskels nachweisen, welche durch die bei der Thätigkeit eintretenden mechanischen Umänderung des Arbeitsinstrumentes, durch Veränderung in seiner lebendigen Organisation frei werden.

Nach den heutigen Anschauungen, an deren Ausbau Liebig selbst den thätigsten Antheil nahm, hat die Ernährung wie in der alten Liebig'schen Theorie zwei verschiedene Aufgaben, welche, wenn sie auch oft zusammenfallen, doch nicht immer zusammenfallen müssen:

Die eine Aufgabe ist:

　　Der Aufbau und die Erhaltung des
　　Körpers, des Organs, des Arbeits=
　　instrumentes;

die Andere:

　　Die Zufuhr und Verwendbarmachung
　　von Spannkräften zur Unterhaltung der
　　Kraftproduktionen des Gesammtkörpers
　　und seiner Organe, d. h. Erzeugung von
　　Wärme, Elektricität, mechanischer Arbeit.

Dem ersteren Zwecke stehen vor allem die Eiweiß= stoffe, als vorzugsweise plastische Nahrungsstoffe, vor.

An dem zweiten Zwecke: der Krafterzeugung betheiligen sich alle organischen Stoffe je nach der Summe der in ihnen enthaltenen, bei der Stoffumwandlung im Organismus frei werdenden Spannkräfte. Die stickstofffreien Stoffe, welche nur in untergeordneterer Weise am Organaufbau theilnehmen, dafür aber die größte Summe von verwend=

baren Spannkräften besitzen, betheiligen sich vorwiegend
an Erzeugung von lebendigen Kräften, als deren Haupt=
Repräsentant die animale Wärme auftritt.   Wir können
sie daher noch immer, obwohl wir nicht vergessen, daß auch
die Eiweißstoffe in diesem Sinne wirksam werden, als:
Wärme= oder besser krafterzeugende Nahrungs=
stoffe im relativen Gegensatz gegen die plastischen Nähr=
mittel bezeichnen.

Die Organbildung kann den Eiweißstoffen niemals
als Hauptfunktion abgesprochen werden; sie können darin
durch keinen anderen organisch=chemischen Stoff ersetzt
werden; das Thier und der Mensch muß aus Mangel der
Organerneuerung zu Grunde gehen, wenn die Eiweißstoffe
in der Nahrung fehlen. Nach unseren neueren Anschauungen
über den Molekularbau der Organe wissen wir aber, daß
sich an diesem in einem für das Leben, für die gesammten
physiologischen Aufgaben der Organe sehr wichtigen Grade
vor allem das Wasser, aber auch die Stoffgruppe der stick=
stofffreien organischen Substanzen: Fette, Kohlehydrate,
Alkaloide, Säuren, wie auch die anorganischen Stoffe mit
betheiligen.   Alle Moleküle, welche in dem kreisenden
Säftevorrath des Organismus auftreten, gelangen unter
Umständen auch in die geformten Organe und dienen
zeitweilig mit für den molekularen Organaufbau.   Von
einzelnen, wie z. B. von den organischen Säuren (Fleisch=
milchsäure), hat uns das Experiment direkt gelehrt, in wie
wesentlicher Weise die physiologischen Funktionen des Organs,
in welchem sie sich befinden, und vermöge ihrer physikalischen
und chemischen Kräfte thätig sind, durch sie umgestaltet
werden können. Der unersetzliche physiologische Werth des
Eiweißes für den Organbau beruht daher zum Theil auch
darauf, daß das Eiweiß alle Bedingungen zum organischen

Stoffersatz in sich vereinigt, daß es auch als Zersetzungs=
produkte diejenigen Stoffe aus der Gruppe der organi=
schen, stickstofffreien Substanzen zu bilden vermag, welche
zum Organbau und zur Organthätigkeit neben dem Eiweiß
noch erforderlich sind. In ganz analoger Weise, wie den
Zersetzungsprodukten der Albuminate, kommt natürlich den
in der Nahrung aufgenommenen, organischen, stickstofffreien,
jenen Zersetzungsprodukten physiologisch gleichartigen Stoffen,
ein relativer, organbildender Werth zu.

Wir können auf Grundlage unserer Betrachtungen
den Begriff des Nahrungsstoffes nun folgender=
maßen definiren:

Alle Stoffe, welche Spannkräfte enthalten,
die der Organismus für seine Kräfteproduk=
tion frei machen kann, sowie die, welche diese
Befreiung im Organismus ermöglichen, sind
Nahrungsstoffe.

Alle Stoffe, die sich an dem normalen
Organaufbau betheiligen, auch wenn sie dem
Organismus direkt keine verwendbaren Spann=
kräfte liefern sollten, müssen ebenfalls als
Nahrungsstoffe bezeichnet werden.

Unter diesen beiden Gesichtspunkten lassen sich alle
organischen und anorganischen Nährstoffe vereinigen. Der
Sauerstoff, als wesentliche Ursache der Befreiung der
Spannkräfte der oxydirten Körperstoffe; das Wasser, ohne
welches eine chemische Aktion überhaupt nicht eintritt, und
welches meist bis zu ³/₄ die Organmasse ausmacht; die
anorganischen Salze, welche wesentlich an der Flüssigkeits=
strömung im Organismus mitarbeiten und welche sich zum
Theil in sehr erheblicher Weise, wie z. B. bei den Knochen

am Organbau, betheiligen und auf die chemischen Aktionen
in den Geweben und Flüssigkeiten wesentlich bedingend ein=
wirken, erscheinen hier nach ihrem relativen Ernährungs=
werth ebenso eingeordnet, wie die organisch=chemischen
Nährsubstanzen, auf welche man früher fast ausschließlich
seine Blicke richtete. Die Liebig'sche Theorie zeigt sich, wie
wir sehen, elastisch genug, um die neueren Naturanschau=
ungen ungezwungen in sich aufzunehmen.

Capitel III.

Die Nahrungsmittel des Menschen.

Nahrungsstoff und Nahrungsmittel.

Die Nahrung des Menschen besteht aus organischen und anorganischen Stoffen.

Um das Leben zu erhalten, würde nach der bisherigen physiologisch=chemischen Theorie zur Ernährung Nichts weiter erforderlich sein, als die Zufuhr von: Wasser, anorganischen Salzen und Eiweiß. Analysiren wir die gewöhnlich vom Menschen als Nahrung aufgenommenen Substanzen, so finden wir aber außer dem stets in ihnen vertretenen Eiweiß in seinen verschiedenen Modifikationen auch immer noch einen oder mehrere andere organisch= chemische Stoffe, hauptsächlich aus der Gruppe der stick= stofffreien, besser: der eiweißfreien Substanzen.

Da das Fleisch der Hauptsache nach aus Eiweiß be= steht, so könnte man glauben, daß Fleischnahrung und Ernährung mit reinem Eiweiß ziemlich gleichbedeutend seien. Die nähere Beobachtung lehrt, daß das keineswegs der Fall ist. Das Fleisch enthält stets mehr oder weniger Fett, welches, wie wir wissen, zur Gruppe der stickstoff= freien, eiweißfreien, organisch=chemischen Substanzen gehört

und seines Reichthums an Kohlenstoff und Wasserstoff, und
relativen Mangels an Sauerstoff wegen die erste Stelle
unter diesen einnimmt, wenn wir sie nach ihrem physiologischen Ernährungswerthe gruppiren. Außerdem enthält
das Fleisch noch einen nicht unbeträchtlichen Antheil von
Bindegewebe, chemisch gesprochen: von leimgebender Substanz, welche in ihrem physiologischen Nahrungswerth,
obwohl sie einen reichen Stickstoffgehalt besitzt, sich, wie
wir gehört haben, sehr vollkommen an die stickstofffreien
Nährsubstanzen anreiht, d. h. zu den eiweißfreien Nährstoffen gerechnet werden muß.

Jn der vegetabilischen Nahrung konnten wir neben
Stärkemehl, Zucker und geringen Mengen von Fett auch
mehr oder weniger Eiweißsubstanzen nachweisen.

Beide, die Fleischnahrung und die Nahrung aus Vegetabilien, führen dem Körper außerdem noch Wasser und
in reicher Menge anorganische Salze zu, welche er zu
seinen physiologischen Zwecken bedarf.

Wasser, anorganische Salze, Eiweiß, (Leim und andere
analoge Stoffe), Kohlehydrate, Fette sind die wohlde-
finirten chemischen Stoffe, welche die Nahrung der Menschen
der Hauptsache nach zusammensetzen, wir bezeichnen sie als
N a h r u n g s s t o f f e. Sie werden nur in seltenen Fällen,
z. B. der Zucker, von dem Menschen rein und unvermischt
als Nahrung in den Körper eingeführt. Die Substanzen,
welche gewöhnlich zur Speise dienen: Fleisch, Vegetabilien 2c.
erweisen sich chemisch als Mischungen von verschiedenen
Nahrungsstoffen. Wir bezeichnen diese Mischungen zum Unterschiede von den einfachen Nahrungsstoffen als N a h r u n g s -
m i t t e l. Jn diesem Sinne muß auch das Quellwasser, das
wir als Getränk benützen, ein Nahrungsmittel genannt
werden, da es außer dem chemisch-reinen Wasser auch noch

anorganische Salze enthält, welche seinen Nahrungswerth wesentlich mit bestimmen.

Durch die Zubereitung werden die Nahrungsmittel zu Speisen.

Ehe wir unser Augenmerk den Ernährungsfragen näher zuwenden können, haben wir zunächst noch die hauptsächlichsten Nahrungsmittel im rohen und zubereiteten Zustande einer eingehenderen Untersuchung zu unterwerfen. Eine solche wird uns für unsere späteren Aufgaben die wichtigsten Fingerzeige geben.

Eine Gruppe zusammengesetzter, für die normale Er= nährung zum Theil unentbehrlicher Nahrungsmittel, welche Eiweiß, Fette und Kohlehydrate entweder nicht oder nur in Spuren, dafür aber Stoffe enthalten, die zum Theil nur einen geringen Nährwerth, dagegen eine energische physiologische Einwirkung auf die Lebenseigenschaften des Nervensystems besitzen: wie Wein, Bier, Thee, Kaffee, Fleischextrakt, Gewürze und andere, wird gewöhnlich als Genußmittel von den eigentlichen Nahrungsmitteln ab= getrennt. Wir werden finden, daß diese Trennung keine absolute ist; daß einerseits die eigentlichen Nahrungsmittel auch als Genußmittel wirken, andererseits auch den Genuß= mitteln ein relativer Nährwerth nicht abgesprochen werden kann.

I. Die anorganischen Nahrungsmittel.

1) Das Wasser.

Die chemischen und physikalischen Vorgänge im Körper der Thiere und der Menschen sind ohne Wasser unmöglich. Auch der Lebensproceß und die Entwicklung der Pflanze sind absolut an das Wasser geknüpft. In dieser Beziehung

7*

ist das Wasser neben dem Sauerstoff und der Wärme eine
Grundbedingung der Lebensäußerungen in beiden organischen
Reichen.   Sinkt das Wasser in animalen oder vegetabilen
Körpern unter eine bestimmte relative Menge herab, so
sehen wir die höhern Entwicklungsformen zu Grunde gehen,
verdursten, niedere Organismen, und namentlich Keime und
Samen sehen wir dagegen oft nur in einen scheintod=
ähnlichen Zustand eines latenten oder minimalsten Lebens
verfallen, aus welchem sie unter Umständen durch Neu=
zufuhr von Wasser wieder erweckt werden können.   In
den Mumiengräbern gefundene Getreidekörner haben in
der trockenen Luft einen Jahrtausende langen Schlafzustand
hingebracht, ohne daß ihr Leben vollkommen vernichtet
worden wäre.   Unter günstigen Lebensbedingungen in
feuchter Erde sehen wir sie keimen, und man hat nun
ganze Felder mit „Mumienwaizen" bestellt.   Auch in
Herkulanum und Pompeji verschütteter Same entwickelte sich
noch (?).   In dem Sonnenstaub der Luft, in dem Staub
der Dachrinnen, der eingetrockneten Wasserpfützen und
Gräben und an anderen Orten fristen eine Unzahl Keime
und Samen niederer Pflanzen und Thiere und solche
Organismen selbst ein aus Wassermangel latentes Leben.
Kommt dieser Staub auf eine feuchte Stelle, wird durch
Regen die Dachrinne wieder naß, die alte vertrocknete
Pfütze, der Wassergraben wieder mit Wasser gefüllt, so
entfaltet sich bei Wärme und Sonnenschein überall aus
diesen trockenen Keimen neues, vegetatives und animales
Leben.   Und zwar sind es nicht nur kleinste Lebeformen,
die sich hiebei entwickeln.   Man hatte früher, ehe man auf
das Vorkommen dieser Keime lebender Wesen an diesen
Stellen aufmerksam geworden war, ihre Entstehung und
Entwickelung einer „gleichartigen Zeugung", einer

„Generatio äquivoca" zugeſchrieben; man glaubte,
daß aus den Elementarſtoffen, welche den Organismus
zuſammenſetzen, oder aus Fäulnißſtoffen dieſe Pflanzen
und Thiere ſich neu gebildet hätten. Die Beobachtung
und das Experiment haben hier und auf anderen Gebieten,
auf denen man die Generatio äquivoca angenommen
hatte, dieſelbe widerlegt. Man fand im Dachrinnenſtaub
Thierchen von beſonderer Zählebigkeit auf. Die ganzen
Thierchen waren vertrocknet, im Zuſtande des Scheintodes.
Brachte man Waſſer hinzu, ſo lebten ſie wieder auf. Ein
bekannter Naturforſcher machte das Experiment immer von
Neuem mit derſelben Staubmenge, in welcher ein ſolches
Thierchen ſchlummerte, das er durch Waſſerzuſatz regel=
mäßig wieder zu neuem Leben erwecken konnte. Er nannte
es zu Ehren des berühmten Arztes Hufeland und ſeines
noch jetzt mit Recht vielgeleſenen Buches über Makrobiotik,
d. h. die Kunſt lang zu leben: Macrobiotus Hufelandii.

Die ältere Phyſiologie hatte dieſe belebende und das
Leben bedingende Wirkung des Waſſers mißverſtanden.
Man hatte die Beobachtung, daß ſich Pflanzen und Thiere
in Waſſer entwickeln können in der Weiſe deuten zu
dürfen geglaubt, daß aus reinem Waſſer Alles ent=
ſtünde und erzeugt werde. Waſſer ſollte ſich in Erde, in
Oel, Salz folglich in Alles verwandeln, was nach den vor
Lavoiſier'ſchen Anſchauungen als Bildungsſtoff für den
Körper der Pflanzen und Thiere ſowie des Menſchen er=
forderlich ſchien. Man berief ſich dabei, wie A. Haller
berichtet, auf den Weidenbaum von Helmont's, welcher in
reinem Waſſer gezogen um das Vierzigfache an Gewicht
zugenommen hatte. Man hatte Eichen und Rüben ebenſo
in Waſſer gezogen, von denen eine der letzteren eine Ge=
wichtszunahme um das Dreifache erkennen ließ. Schon

der berühmte Chemiker Boyle hatte derartige Versuche mit Ranunkeln und Münze angestellt, welche in Wasser vegetirend sich vollkommen zur Blüthe entwickelten und sogar ihre „gewürzhaften" Stoffe nicht vermissen ließen. Umgekehrt sollte sich Alles wieder in Wasser auflösen lassen.

Diese Experimente beweisen, wie wir oben sahen, daß die Pflanzen für die in ihnen entstehenden organischen Substanzen die einfachen gasförmigen Nahrungsstoffe aus der Atmosphäre beziehen, während das aus dem Boden stammende Wasser die zum Pflanzenaufbau nöthigen Mineralbestandtheile gelöst enthält.

Das Wasser besitzt die Fähigkeit, beinahe alle Stoffe aufzulösen. Indem das Quellwasser den humusfreien Boden durchsetzt, belädt es sich je nach ihrer Löslichkeit mit mehr oder weniger von dessen festen und gasförmigen Stoffen, auch aus der Luft nimmt es Bestandtheile in sich auf. Manche Quellwasser enthalten solche Beimischungen in so beträchtlicher Menge, daß sie dadurch den Charakter der Mineralquellen erhalten, von denen im folgenden Abschnitt näher die Rede sein wird. Auch im normalen Trinkwasser muß die Beimischung eine nicht zu kleine sein, wenn es schmackhaft und zuträglich sein soll. Der Ernährungsinstinkt hat dort, wo nur Regenwasser zur Verfügung steht, dem Menschen gelehrt, demselben anorganische Stoffe auf verschiedenen Wegen zuzuführen. Es geschieht das theils in der Weise, daß man das Regenwasser, ehe es in den Cisternenschacht eintreten kann, in Nachahmung natürlicher Quellen, durch Lagen von Sand und Geröll hindurchsickern läßt wie in Venedig, oder daß man wie in den wasserlosen Gegenden der schwäbischen Alp wenigstens

Kochsalz direkt zusetzt. Aber besonders sind es die Luft-
bestandtheile, welche das Wasser angenehm schmecken lassen.
Dem Gewichte nach finden sich im Durchschnitt in 100 Kubik-
fuß Wasser, welches mit Luft längere Zeit in freier Berührung war: 28,66 Grm. Sauerstoff, 50,71—52,3 Grm.
Stickstoff und 2,5—3 Grm. Kohlensäure absorbirt. Je
nach dem Zustand der Witterung (Temperatur) ist die auf-
genommene Gasmenge im Wasser natürlich verschieden.
Im Flußwasser schwankt die Luftmenge etwa zwischen
$^1/_{30}$ bis $^1/_{20}$ des Wasservolums. Bei Erwärmung des
Wassers, vollständig beim Kochen, aber auch beim Ge-
frieren, scheiden sich die absorbirten Gase aus dem Wasser
als Gasbläschen aus. Auf der Anwesenheit des Sauerstoffs im absorbirten Zustande beruht bekanntlich die Fähigkeit des Wassers, animalen Organismen, welche alle zur
Erhaltung ihres Lebens freien, chemisch unverbundenen
Sauerstoff bedürfen, z. B. Fischen, als Wohnort und Ath-
mungselement zu dienen. Indem das durch Absorption
aus der Luft sauerstoffhaltig gewordene Wasser durch die
Athembewegungen der Fische an ihren Athmungsorganen,
den Kiemen, vorübergeführt wird, nimmt das in den
zartwandigsten Kiemen-Gefäßen enthaltene Blut den absorbirten Sauerstoff ebenso begierig aus dem Wasser in
sich auf, wie das Blut der luftathmenden Thiere aus der
in die Lungen eingezogenen Luft. In der im Boden enthaltenen Luft ist die Sauerstoffmenge nur eine geringe,
dagegen enthält sie reichlich Kohlensäure. Daher rührt es,
daß das Wasser der Quellen an der Quelle selbst nur
einen sehr minimalen Sauerstoffgehalt zeigt, während sein
Kohlensäuregehalt verhältnißmäßig groß ist. Fische und
andere animale Organismen können sich daher in den
frischesten Quellen meist nicht halten, sie würden er-

sticken aus Sauerstoffmangel. Ein Forellenbach hat an
seinem Ursprung keine Fische; erst wenn das Wasser bei
längerem Laufe genügend lang mit der Luft in Berührung
war, wird es für Fische athembar.

Da uns das Wasser direkt aus der Quelle am besten
mundet und auch abgesehen von seiner Kälte am frischesten,
d. h. erfrischendsten, erscheint, so kann nach dem Ebengesagten
an dem Wohl=Geschmack des Wassers sich sein Sauerstoff=
gehalt nicht wesentlich mitbetheiligen. Der erfrischende
Geschmack des Wassers rührt vorzüglich von der dem Quell=
wasser aus dem Boden reichlich beigegebenen Kohlensäure
her, welche bei längerem Verweilen des Wassers an der freien
Luft, in welcher sie in relativ geringerer Menge als in
der Bodenluft enthalten ist, nach den Gesetzen der Gas=
diffusion aus dem Wasser entweicht. Der „abgestandene",
fade Geschmack des längere Zeit stehenden Wassers, des
frischen Regenwassers, des frischen destillirten Wassers
stammt zum großen Theil von dem relativen Mangel an
Kohlensäure her. Doch tragen auch die normalen anorganischen Salze des Trinkwassers nicht unwesentlich zu
seinem Wohlgeschmack bei. Künstliche kohlensaure Wasser
sind wohlschmeckender, wenn man zu ihrer Herstellung
nicht destillirtes, sondern Brunnenwasser verwendete.

Die anorganischen Bestandtheile des Trinkwassers sind
vorzüglich kohlensaure, schwefelsaure und Chlor=Verbin=
dungen namentlich von Erden und zwar meist vor allem
von Kalk; die Verbindungen der Alkalien treten dagegen
normal zurück. Die im Wasser enthaltene Kohlensäure
erhält die kohlensauren Erden in Lösung; beim Kochen,
wobei die Kohlensäure mit der übrigen Luft ausgetrieben
wird, setzen sich diese Erden als sogenannter Kesselstein
ab. Der berühmte landwirthschaftliche Chemiker Boussin-

gault berechnete, daß das Trinkwasser, welches er seinen
heranwachsenden Thieren gab, genügende Menge von Kalk
in sich enthalte, um ihnen alle zur Knochenbildung nöthige
Kalkerde zu liefern. Nach seiner Rechnung führte sein
Gutsbrunnen im Jahre dem Vieh 2000 Pfund Kalk,
Bittererde und Kochsalz zu. So gewaltige Kalkmengen
liefert aber nur ein kalkreicher Boden. In Gegenden, in
welchen der Boden der Hauptmasse nach aus Quarzsand
besteht, ist der Kalkgehalt des Brunnenwassers oft ein
minimaler.

Im Allgemeinen ergibt sich aber, daß der Gehalt des
Trinkwassers für die Zufuhr der Mehrzahl der dem
menschlichen Organismus nöthigen anorganischen Stoffe
schon allein hinreichend wäre. Diese Behauptung trifft aber
nicht vollkommen zu für die Alkalien, Kali und Natron,
für das Chlor und namentlich für die Phosphorsäure.
Diese Stoffe werden, wie sich ergeben wird der Haupt=
masse nach, theils als Aschenbestandtheile vegetabilischer
und animaler Nahrungsmittel, theils — das Kochsalz —
direkt aufgenommen.

Während die bisher aufgeführten, im Wasser ent=
haltenen Stoffe für das Leben der Menschen und der
Thiere große physiologische Bedeutung als Nährsubstanzen
besitzen, treten namentlich im Brunnenwasser, welches un=
mittelbar aus einem reichlich von Menschen und Thieren
bewohnten Boden entnommen wird, andere Bestandtheile
manchmal in bedeutender Menge auf, welche als Verun=
reinigungen des Trink=Wassers bezeichnet werden
müssen. Es sind das hauptsächlich organische Stoffe ver=
schiedenster Art, aber auch die Salpetersäure und ihre Salze,
namentlich salpetersaures Ammoniak, sogar ein größerer
Gehalt an Alkalien gehört in gewissem Sinne hier her.

Die organischen Beimischungen stammen der Hauptsache nach gewöhnlich daher, daß Flüssigkeiten aus Gossen, Bierbrauereien, Gerbereien, aber auch aus Kloaken ꝛc. in die Brunnen direkt hineinsickern. Man hat sichere Beobachtungen, daß derartige Verpestungen der Brunnen sehr schädliche Wirkungen auf die Gesundheit ausüben können, wenn man auch vielfältig die Gefahr, welche schlechtes Brunnenwasser namentlich bei Epidemien mit sich führen sollte, überschätzt haben mag. Quellwasserleitungen von entfernteren, nicht verunreinigten Orten in die größeren Städte sind derartigen Verunreinigungen in viel geringerem Grade ausgesetzt. Sie erscheinen als das einzige Mittel, um den städtischen Bevölkerungen sicher gesundes Trinkwasser zu liefern. Eine genügend wirkende Reinigungsmethode im Großen für verunreinigtes Wasser, um es zum Genuß für den Menschen tauglich zu machen, gibt es nicht; und man hat in Städten, wo, wie in London, gereinigtes Flußwasser ziemlich allgemein als Trinkwasser Verwendung findet, unter Umständen mit dem schlecht gereinigten Wasser die schlimmsten Erfahrungen in hygieinischer Beziehung gemacht.

Uebrigens sind, wenn keine stärkere Verunreinigung der Brunnen durch organische Stoffe, etwa durch direkte Communikation mit einer Kloake oder Gosse stattfindet, die Mengen der organischen Stoffe im Wasser meist nur gering. Der Grund dafür liegt vorzüglich darin, daß unter der Einwirkung des im Wasser enthaltenen, aus der Luft aufgenommenen Sauerstoffs die organischen Stoffe, namentlich im Boden rasch zerstört, oxydirt werden. Es entsteht hiebei, wie bei allen Verbrennungen organischer Körper, aus dem Kohlenstoff: Kohlensäure, aus dem Stickstoff: Salpetersäure und Ammoniak, welche sich theilweise

zu ſalpeterſaurem Ammoniak, theilweiſe mit den Alkalien
der verweſten Stoffe zu Salpeter verbinden. Endlich
ſcheint alles Ammoniak in Salpeterſäure übergeführt zu
werden, die ſich dann allein mit den Alkalien und Erden
des Waſſers vereinigt findet. Dieſe ſalpeterſauren Salze
ſind wenigſtens in den ſtets relativ geringen Mengen, in
denen ſie im Trinkwaſſer auftreten, an ſich phyſiologiſch
wie es ſcheint ganz unſchädlich, ſie ſind nur die chemiſchen
Zeugen davon, daß eine Verunreinigung mit ſtickſtoffhaltigen
organiſchen Stoffen ſtattgefunden hatte. Gerade verun=
reinigtes Waſſer kann, namentlich ſeines geſteigerten Kohlen=
ſäuregehalts wegen, aber wohl auch wegen der „kühlenden“
ſalpeterſauren Salze, unter Umſtänden einen beſonderen
Wohlgeſchmack beſitzen; und man findet es nicht ſelten,
daß ſolches Waſſer im Geruche beſonderer Güte und Ge=
ſundheit in der Nachbarſchaft ſteht. Sind die organiſchen
Stoffe vollkommen zerſtört, ſo kann das Waſſer auch
wirklich geſund ſein. Es iſt bekannt, daß man von dieſem
Selbſtreinigungsproceß des Waſſers für Seereiſen im
Großen Gebrauch gemacht hat. Das verunreinigte Waſſer,
welches in die Waſſerbehälter gefüllt wurde, macht hier
ſeinen Oxydationsproceß durch und wird in der Folge ge=
ſund und ſchmackhafter als rein eingefülltes, das von vorn
herein weniger Kohlenſäure enthält und von ſeinem Luft=
gehalt bei längerer Aufbewahrung noch verliert. Jetzt iſt
die Waſſerfrage für die Seefahrt keine ſo dringende mehr
wie früher, da man faſt überall auf größeren Schiffen
Deſtillationsapparate für Seewaſſer beſitzt. Dem durch
Deſtillation von den Seeſalzen befreiten Waſſer kann durch
Schütteln mit Luft und durch Zufügen einer geringen
Menge von Kochſalz der nöthige Wohlgeſchmack gegeben
werden.

Aus dem Gesagten geht die allgemeine Wichtigkeit des Wassers für die Ernährung hervor. Der Körper des Menschen, welcher zu 58 Prozent aus Wasser besteht, muß keinen Nahrungsstoff in größerer Menge aufnehmen als Wasser, welches im Haushalte des Menschenorganismus, auch abgesehen von der durch Wasser vermittelten Zufuhr anorganischer Nährstoffe, den verschiedensten Verrichtungen vorzustehen hat. Wenn auch nicht mehr im Sinne der alten Philosophie und Physiologie, welche im Wasser den Grundstoff für alle organischen Bildungen des Menschenleibes finden wollte, können auch wir uns noch dem bekannten Ausspruch des Alterthums anschließen: das Beste ist das Wasser.

2) Die festen anorganischen Nahrungsmittel.

Einen großen Theil der für die Erhaltung des animalen Lebens nothwendigen festen anorganischen Stoffe sehen wir gelöst und in einer dem Bedürfniß des Menschen und der Thiere entsprechenden Mischung im Trinkwasser zugeführt. Normal nehmen wir von anorganischen Stoffen in Substanz nur Kochsalz, NaCl, je nach seiner Zubereitung und Fundstätte mehr oder weniger chemisch rein als Nahrungsbestandtheil auf.

Unter den anderen nicht oder nur in geringster Menge im Trinkwasser enthaltenen anorganischen Nährstoffen steht die Phosphorsäure oben an, von der wir zur Bildung und Erhaltung unseres Knochensystemes eine sehr beträchtliche Menge bedürfen. Die Phosphorsäure liefert uns als phosphorsaure Salze die vegetabilische Nahrung sowohl wie die animalische. In den Samen der Getraide und Hülsenfrüchte, im Fleische und den als Nahrung genossenen anderen animalen Organen und Säften (Blut) finden sich

reichlich phosphorsaure Salze. Theilweise bilden sie sich,
wie wir gesehen haben, aber auch im Menschenkörper
selbst aus dem Phosphor seiner phosphorhaltigen organischen Bestandtheile.

Auch Kochsalz findet sich in geringen Spuren im
Trinkwasser, etwas reichlicher in der vegetabilischen und
animalen Nahrung. Der Verbrauch des Organismus an
Kochsalz, von dem beständig eine beträchtliche Menge in
den flüssigen Ausscheidungen den Körper verläßt, ist aber
so bedeutend, daß auf diesen Wegen für den Menschen
keine, seinem Wohlbefinden genügende Kochsalzmenge geliefert wird. Es wäre falsch zu glauben, daß wir das
Kochsalz lediglich des Wohlgeschmackes wegen der Nahrung
zusetzen. Seine vortrefflichen Wirkungen für die Ernährung
des Stallviehes, welchen man reichlich Kochsalz unter die
Nahrung mischt, sind bekannt. Auch die Thiere des Waldes
suchen begierig Kochsalz auf, und die Jäger legen K o c h =
s a l z l e c k e n für sie an, theils ihrer besseren Ernährung
wegen, theils um sie an bestimmte Orte im Wald hin-
zugewöhnen.

Der Mensch sucht sich wo er kann um jeden Preis
womöglich Kochsalz zu verschaffen. Centralafrikanische
Stämme, welche weit vom Meere wohnen und deren
Land keine Salzgruben enthält, verkaufen wohl ihre An-
gehörigen als Sclaven, um den Genuß des Salzes nicht
zu entbehren. Salpeter, welcher von den Thieren begierig
geleckt wird, ersetzt auch für den Menschen in etwas und
zeitweise das Kochsalz aber nicht auf die Dauer. Es ist
bekannt, daß Flüchtlinge, welche, in einsamen Gebirgs-
Gegenden sich herumtreibend, als Wildschützen von ihrer
Büchse lebten, wenn ihnen das Kochsalz ausgegangen war
das Wildpret eine Zeitlang mit Schießpulver „salzen" und

genießen konnten. Endlich aber überwog das Kochsalz=
bedürfniß die Furcht vor der drohenden Gefahr und
Strafe und sie stiegen in bewohnte Gegenden herab, um
sich Salz zu verschaffen.

Man hat unter Kriegsheeren, die an Salz Mangel
litten, epidemische Krankheiten ausbrechen sehen, die man
auf diesen Mangel zurückführte. Man behauptet, daß die
in den salzarmen inneren Gegenden Africa's bei den Ein=
gebornen so bedeutende Häufigkeit der Eingeweidewürmer
mit dem Salzmangel in einem gewissen ursächlichen Ver=
hältnisse stehe. Bei experimenteller, gänzlicher Enthaltung
von Salz traten beim Menschen die bedenklichsten Gesund=
heitsstörungen ein. Alles spricht dafür, daß der Kochsalz=
genuß einem allgemeinen physiologischen Bedürfnisse des
Menschen entspricht.

Diese Behauptung gilt nicht von anderen anorgani=
schen Substanzen, Erden, welche vom Menschen nur ge=
legentlich genossen werden.

In analogem Sinne, in welchem man früher dem
Wasser einen übertriebenen Werth beigelegt hatte, war
das freilich weniger allgemein auch für „die Erde" ge=
schehen, die nach Becher im weitesten Sinne ein allge=
meiner, wesentlichster Bestandtheil des Pflanzen= und
Thierkörpers sein sollte. Man behauptet, daß Thiere, wie
z. B. die Regenwürmer, von Erde leben; man verstand auch
so die Beobachtung, daß Hühnervögel, um dem Kalkbedürfniß
für die Bildung ihrer Eischalen zu genügen, Kalk in Sub=
stanz zu fressen pflegen. Von Muscheln und Schnecken,
z. B. den bekannten Bohrmuscheln, finden sich analoge Be=
hauptungen. Auch von wilden Völkerstämmen Afrikas und
Amerikas wurde von Reisenden berichtet, daß sie Erde, Sand
und Kreide als Nahrung verschlingen sollten. Humboldt hat

diese alte zuerst von Gumilla für die Ottomaken gemachte Angabe wenigstens bei Hungersnoth bestätigt.

Auch sonst finden in unerwarteter Weise diese alten Behauptungen durch neuere Beobachtungen Bestätigung. Theils aus krankhaftem Trieb, theils in Zeiten von Hungersnoth, aber auch eines gewissen Wohlgeschmacks wegen werden von Menschen hie und da erdige Substanzen genossen.

Im Orient wird von den Frauen der Harems Siegel= erde als Leckerei gegessen. In der Mongolei werden Trinkschalen aus einer wohlriechenden Erde geformt. Das Wasser nimmt beim Stehen in denselben den beliebten Geschmack und Geruch an, es wird getrunken und dann die Schale selbst zerbrochen und verzehrt. In Chile und sogar in Portugal finden sich Spuren ähnlicher Gelüste. Auch im alten Rom gehörte, wie uns Plinius berichtet, zu einer beliebten Speise der Schlemmer die Zuthat einer bestimmten Erdart.

Es ist nicht unmöglich, daß diese Geschmacksver= irrungen sich doch theilweise wenigstens auf physiologische aber schon an der Grenze des pathologischen stehende Ver= hältnisse zurückführen lassen. Unsere bleichsüchtigen, chloro= tischen Mädchen, bei denen die Absonderung der Magen= säure anormal relativ gesteigert scheint, sehen wir mit Begierde Kreide, Schieferstifte und Sand essen. Diese Stoffe erscheinen hier als instinktiv gewählte Mittel zur Herstellung der gestörten Verdauung und es ist wohl mög= lich, daß von dieser Seite aus auch der Genuß der Siegel= erde in den Harems, und die mitgetheilten analogen Erdgelüste ihre theilweise Erklärung finden. Uebrigens leitet diese Pica chlorotica über zu einer wahren Krankheit, der Geophagie, dem Erdefressen, welches man in

Afrika und Amerika namentlich an den Negersklaven in ihren entsetzlichen Wirkungen beobachtet hat. Aber schon aus älterer Zeit ist bekannt, daß auch unter den armen Kindern der durch relegiöse Intoleranz aus ihrer Heimath vertriebenen, nach Amerika ausgewanderten Salzburger dieser krankhafte Trieb nach Erdeessen sehr zahlreiche Opfer forderte: sie suchten zuerst ihren Hunger durch eine süßliche Mergelerde zu stillen. Auch andere Geophagen suchen zuerst die Erdart mit einer gewissen Sorgfalt zum Genusse aus, später verschlingen sie jede beliebige Erde und Thon, auch Holz und Papier. An den Folgen äußerster Blutarmuth, die sich zunächst in Herzklopfen, einem mürrischen, matten Wesen gepaart mit dem Hange zur Einsamkeit, endlich in allgemeinen Verdauungs- und Stoffwechselstörungen äußert, gehen die Leidenden endlich zu Grunde. Hiebei tritt bei den farbigen Rassen eine merkwürdige Hautverfärbung ein; die Neger werden olivenfarbig, Mulatten grau, Aethiopen weißgelblich. In Schweden, wo früher bei mangelnder Communikation öfters lokale Hungersnoth auftreten konnte, wurden in solchen Zeiten nach älteren glaubwürdigen Berichten verschiedene Erdarten unter das Brod gebacken, dasselbe erzählen die Chroniker von Pommern während der Schreckenszeit des 30 jährigen Krieges.

Manchen Erdarten kann übrigens ein gewisser, wahrhafter Ernährungswerth nicht ganz abgesprochen werden. Die sogenannte Infusorienerde, zum Theil aus ziemlich mächtigen Lagern noch lebender Organismen bestehend, besitzt in größerer oder geringerer Menge organisch-chemische Verbindungen, welche für die Ernährung des Menschen verwendbar sind. Auch aus den sogenannten versteinerten Knochen vorweltlicher Thiere läßt sich oft noch eine beträchtliche Menge von Leimgallerte ausziehen.

Es erscheint nicht selten nothwendig, daß eine größere Menge eines oder des anderen anorganischen Stoffs in der Nahrung zugeführt werden muß, um einer krankhaft gestörten Stoffmischung im Körper des Menschen abzuhelfen. Die Knochenschwäche der Kinder, welche sich vor allem bei der sogenannten künstlichen Kinderernährung ohne Muttermilch einzustellen pflegt, beruht zum Theil auf mangelnder Zufuhr der anorganischen, knochenbildenden Materien. Sie kann, wie die Aerzte wissen, durch genügende Zumischung von phosphorsaurem Kalk, Knochenerde zur Nahrung gehoben werden. Wir hörten, daß bei mangelndem Eisen in den Nahrungsstoffen der Pflanze sich der grüne, für die normalen Vegetationsprocesse der Pflanze unersetzliche Farbstoff, das Chlorophyll nicht bilden könne; die Pflanzen verfallen dann in den Zustand der „Bleichsucht". Es ist bekannt, daß eine medicamentöse Gabe von Eisen (Stahl) auch die Bleichsucht und Blutarmuth bei Menschen zu heilen vermag, indem sich unter seiner Einwirkung wieder eine reichlichere Menge des rothen, eisenhaltigen Blutfarbestoffs bildet. Die Wirksamkeit der „Stahlquellen" beruht auf diesem Momente. Das Eisen, welches durch das Stahlwasser in den Organismus eingeführt wird, wirkt hier ganz im Sinne eines Nahrungsstoffs, unter dessen Genuß sich das gestörte Allgemeinbefinden hebt.

Der Werth einer großen Zahl von Mineralquellen beruht dagegen auf anderen Verhältnissen, in der Mehrzahl der Fälle auf direkten Einwirkungen auf die Verdauungsorgane und deren physiologische Leistungen, wodurch erst indirekt die allgemeinen Stoffwechselvorgänge beeinflußt werden. Das Jod und das in neuerer Zeit in einigen besonders wirksamen Mineralquellen aufgefundene

Arsenik wirken dagegen in letzterer Richtung mehr direkt, und zwar wie es scheint in entgegengesetzter Weise. Während das Jod den Stoffumsatz namentlich in den Drüsen steigert und dadurch für die Drüsenerkrankungen ein souveränes Mittel ist, wird durch kleine Dosen von Arsen der Stoffwechsel, wenn nicht im Allgemeinen herabgesetzt, so doch die Fettbildung im Organismus und die physiologische Thätigkeit der Haut begünstigt. Nach der letzteren Richtung besitzt der Arsen eine alte Berühmtheit bei Aerzten als Mittel bei eingerosteten Hautkrankheiten. Auch den Thierzüchtern, namentlich den Pferdezüchtern war seine günstige Wirkung bekannt, um den Thieren ein glattes Aussehen, den Pferden auch Schäumen im Gebiß zu verursachen. In neuerer Zeit ist man aber auch auf die erstere Wirkung des Arsen's näher aufmerksam geworden. In Franken ist es ein noch hie und da geübter alter Gebrauch, den Mastschweinen etwas arsenikhaltigen Spießglanz unter das Futter zu mischen. In Steiermark ist das Arsenessen unter der Landbevölkerung selbst verbreitet. Es soll den Mädchen frische Hautfarbe und ein volles Aussehen verleihen; auch das Athmen beim Bergsteigen soll es erleichtern. Schon aus dem Alterthum ist es bekannt, daß sich der Mensch an steigende Dosen von Arsenik nach und nach gewöhnen könne. Von Arbeitern in den Arsenikwerken soll davon, um zufälligen Vergiftungen vorzubeugen, Gebrauch gemacht werden. Immerhin bleibt das Experiment gewagt, und es waren gerade unabsichtliche Vergiftungsfälle, welche bei „Arsenikessern" eintraten, wodurch die Aufmerksamkeit auf diese Unsitte, den Arsenik als Genußmittel zu benützen, gelenkt wurde. Was in der Hand des Arztes ein Heilmittel ist, wird in der Hand des Laien zu einem Gifte. Die Arsenmenge, welche man in Mineralwässern, fand, ist zum Theil nicht ganz gering. Im Absatz der Heilquellen von Cannstadt fand man 0,8 Procent, im Sprudelstein von Karlsbad 0,38. Die Mineralwässer von Wiesbaden, Ems, Kissingen, Pyrmont sind nicht frei davon. —

So nothwendig und unentbehrlich die anorganischen Nährstoffe für die Erhaltung des Menschen sind, so dienen sie ihm doch nicht als primäre Kraftquellen für die Hervorbringung seiner physiologischen Leistungen. Sie können sich unter den oxidirenden Einflüssen im lebenden Organismus nicht weiter mit Sauerstoff verbinden; sie entwickeln keine lebendigen Kräfte durch Oxydation, welche wir als die letzte Kraftquelle der lebenden Wesen kennen gelernt haben. Ihre indirekte Betheiligung an dem allgemeinen Kraftwechsel durch Neutralisation, Lösung, Imbibition tritt gegen die direkten Leistungen der organisch-chemischen verbrennlichen Stoffe in den Hintergrund. Doch dürfen nicht vergessen, daß ohne Wasser physiologische Stoffvorgänge überhaupt unmöglich sind und daß auch die mechanischen Leistungen des Muskelsystems des Menschen in ihrer Hauptsache nur durch die auf anorganischen Stoffen beruhende Festigkeit ihrer Skelettstützen ermöglicht werden.

II. Die organischen Nahrungsmittel.

A. Animale Nahrungsmittel.

3) Die Milch.

Die Natur liefert dem Menschengeschlechte eine Anzahl von Nahrungsmitteln, welches jedes für sich zur vollkommenen Ernährung, abgesehen vom Trinkwasser, ausreichen. Noch heute leben nomadisirende Hirtenstämme

8 *

der Hauptsache nach von Milch; Jäger vom Fleische der
Jagdthiere; landbauende Bevölkerungen südlicher Climaten
vorzugsweise, wenn nicht ausschließlich von Feldfrüchten.

Man hat solche Nahrungsmittel, welche dem Menschen
alle organischen Stoffe zum Aufbau und zur Erhaltung
seines Körpers in richtiger, relativer Quantität und Mischung liefern, wie Milch, fettreiches Fleisch, Cerealien zc. als
vollständige Nahrungsmittel bezeichnet. Unter
diesen stand besonders seit den ältesten Zeiten die Milch
in hohem Ansehen. Da die Natur selbst den Menschen,
wenigstens in der ersten Zeit seines Lebens auf dieses
Nahrungsmittel allein als auf das ihm Zuträglichste an-
weist, hat man wohl geglaubt, die Milch als den Typus
aller wohlgemischten menschlichen Nahrungsmittel ansprechen zu dürfen.

Es ist keine Frage, daß auch der Erwachsene sich mit
Milch und den aus ihr gewonnenen Produkten: Butter,
Käse zc. allein normal zu ernähren vermag. In Fällen
schwerer Krankheit, wo sonst keine andere Nahrung vertragen wird, kehrt der Mensch, oft mit dem besten Erfolg,
zu der reinen Milchnahrung, seiner primitivsten Ernährungs-
art zurück. Aber es ist im Allgemeinen doch nicht richtig,
wenn man die Zusammensetzung der Milch als den Grund-
typus aller Nahrungsmischung aufstellen will.

Die Milch besteht aus einer Mischung von Albuminaten, Fetten, Zucker, Salzen in annähernd bestimmten
Gewichtsverhältnissen.

Für das erste Kindesalter kann die Muttermilch kaum
durch ein anderes künstliches Nahrungsgemisch mit demselben günstigen Erfolg ersetzt werden. Für andere Lebensalter, andere Lebensbedingungen behält das aber nicht

seine absolute Geltung. Wir werden im Gegentheil er=
fahren, daß jedes Alter, jeder Beruf, jeder Körperzustand
seine eigene ihm besonders zuträgliche Nahrungsmischung
verlangt. Eine Mengung der Nahrungsstoffe wie in der
Muttermilch, wo neben Albuminaten reichlich Fette und
Kohlenhydrate neben den zum Organaufbau nöthigen an=
organischen Stoffen: Alkalien, Kalk, Phosphorsäure ver=
treten sind, eignet sich vorzüglich, um bei einem wenig
muskelthätigen Organismus einen reichlichen Stoffansatz
(Organwachsthum) hervorzurufen.

Die reife Milch ist eine Fett=Emulsion. Sie besteht
aus einer Milchflüssigkeit, dem Milchplasma, in welcher
in reichlichster Menge mikroscopische, kleine und größere,
das Licht stark brechende Kügelchen, die Milchkügelchen
schwimmen, welche der Hauptmasse nach aus dem Butter=
fett bestehen und der Milch ihre weiße Farbe ertheilen.
Man behauptet, daß diese Fettkügelchen mit einer zarten
Hülle (Haptogenmembran) eines Eiweißstoffes umgeben
seien. Die Milchflüssigkeit enthält außer den genannten
anorganischen Salzen, Milchzucker und zwei etwas ver=
schiedene Eiweißstoffe: Käsestoff oder Caseïn und Albumin,
letzteres normal nur in geringerer Menge. Die Butter=
fette der Kuhmilch sind genau untersucht; sie sind eine
Mischung sehr verschiedener fester und flüssiger Fette, welche
auch sonst in der organischen Natur vorkommen. Der
Geschmack ist bei der Milch verschiedener Thiere sehr ver=
schieden, obwohl die qualitative Stoffmischung keine wesent=
lichen Unterschiede zeigt. Es mischen sich der Milch der
Haussäugethiere die verschiedenen specifisch riechenden Stoffe
der Hautabsonderung bei, welche abgesehen von dem quanti=
tativen Vorwiegen des einen oder anderen wesentlichsten
Milchbestandtheiles wie des Fettes, des Zuckers, der Milch

ihren verschiedenen Geruch und Geschmack ertheilen und,
z. B. die Ziegenmilch, für viele Menschen ungenießbar
machen.

Ein Kilogramm (1000 Grmm.) normaler Ammenmilch
enthält im Durchschnitt etwa 885,66 Grmm., d. h. weitaus
die Hauptmasse Wasser; feste Stoffe enthält sie im Ganzen
nur 114,34 Grmm. Davon beansprucht der Milchzucker
den Hauptantheil für sich 48,14 Grmm.; dann folgt die
Butter mit 35,64, dann die beiden Eiweißstoffe: Caseïn
und Albumin zusammen mit etwa 28,11 Grmm. Salze
(und eine sehr geringe Menge theilweise noch unbestimmter
sogenannter Extractivstoffe) enthält die Frauenmilch im
Kilogramm nur 2,42 Grmm. Kuhmilch und Ziegenmilch
enthalten fast die doppelte Menge an Albuminaten und
etwa ⅓ mehr Fette als die Frauenmilch dagegen erscheint
die Zuckermenge nicht wesentlich verschieden. Am ähn=
lichsten ist die Eselsmilch der Muttermilch, sie ist etwas
ärmer an Eiweißsubstanzen dagegen etwas zuckerreicher.
Am zuckerreichsten hat man die Stutenmilch gefunden,
welche doppelt soviel Zucker wie die Kuhmilch enthalten soll.

Diese analytischen Ergebnisse über die verschiedene
Zusammensetzung der gebräuchlichen Milchsorten zeigen,
und die Erfahrung bestätigt das, daß die Muttermilch
nicht so ohne weiteres durch eine andere Milchsorte bei
der Kinderernährung ersetzt werden kann, was wir in der
Folge noch näher zu untersuchen haben. Verschiedene
Momente haben Einfluß auf die quantitative Milchzu=
sammensetzung der Thiere und der Frauen.

Die unreife Milch, das Kolostrum, welches vor
dem Eintritt des Säugers von den für ihre Thätigkeit
sich vorbereitenden Milchdrüsen abgesondert wird, enthält
neben den einzelnen Fettkügelchen, solche auch noch in

größeren, kugeligen Conglomeraten. Es sind das die so=
genannten Kolostrumkörperchen. Das Kolostrum ist fünfmal
reicher an Käsestoff als die reife Milch.

Es unterliegt keinem Zweifel, daß die quantitative
Milchzusammensetzung, ihr relativer Reichthum an Fett
und Käsestoff, von der Qualität und Quantität der ge=
reichten Nahrung bis zu einem gewissen Grade abhängt.
Nach den Untersuchungen Lehmann's zeigen aber schon die
verschiedenen Rinderrassen in dieser Beziehung sehr be=
deutende Verschiedenheiten bei gleicher Fütterung und
Pflege, so daß die einen absolut mehr Butter (Shorthorns),
die anderen (Holländer) mehr Käsestoff, Milchzucker und
Salze liefern. Dasselbe wird von den Menschenrassen be=
hauptet. Doch auch innerhalb der gleichen Rasse finden
sich zum Theil nicht unbedeutende individuelle Schwan=
kungen. Ja sogar bei der jedesmaligen Entleerung der
Milchdrüsen zeigen sich die erst entleerten Milchportionen
anders zusammengesetzt als die später entzogenen. Bei
Kühen kann der Fettgehalt in den letzten Portionen mehr
als dreimal soviel betragen als in der erst entleerten.

Durch die Nahrung und die allgemeinen Lebensver=
hältnisse (Pflege) wird aber mehr als die Zusammensetzung,
die Menge der abgesonderten Milch beeinflußt Bei ge=
steigerter Nahrungsmenge, namentlich wenn diese viel
Eiweißstoffe enthält, nimmt die Milch zu; noch mehr,
wenn der säugende Organismus gleichzeitig viel Flüssigkeit
erhält. In letzterer Beziehung ist vor allem der günstige
Erfolg des reichlichen Biergenusses für stillende Mütter
und Ammen bekannt. Mit dem Bier wird auch eine
größere Menge von Salzen dem Körper einverleibt, und
man weiß, daß man durch Vermehrung des Kochsalzes in
der Nahrung ebenfalls die Milchmenge zu vermehren ver=

mag. Dagegen sinkt bei verminderter fester und flüssiger
Nahrung, bei übermäßig fetter Nahrung und namentlich
durch körperliche Anstrengung die Milchproduktion
sehr beträchtlich, auch die Milchzusammensetzung wird da=
durch nicht unwesentlich beeinflußt.

Die Milchmenge des menschlichen Weibes schwankt in
24 Stunden etwa zwischen 500—1500 Cubikcentimeter.

Wenn die Milch eine Zeit lang bei gewöhnlicher
Zimmertemperatur steht, so wird sie sauer, frisch aus
der Milchdrüse entleert reagirte sie normal schwach alkalisch.
Unter der Einwirkung eines Gährungsvorgangs zerfällt
der Milchzucker der Milch ziemlich rasch in Milchsäure.
Häuft sich diese in größerer Menge an, so wird endlich
die Milch auch für den Geschmack sauer und der Käsestoff
gerinnt freiwillig, er scheidet sich fest aus der Milch aus.
Ist die Säuremenge noch weniger beträchtlich, so tritt die
Gerinnung erst bei dem Kochen der Milch ein, die Milch
läuft, wie die Hausfrauen sagen, zusammen.

Die chemische Ursache der Gerinnung liegt darin, daß
der Käsestoff in der Milch in Verbindung mit Natron
gelöst ist. Nach der Anschauung vieler Chemiker und
Physiologen ist ·der Käsestoff der Milch Nichts anderes
als eine Verbindung von Eiweiß (Albumin) mit Natron
(Natronalbuminat). Unter der Einwirkung der Säure
tritt eine Zersetzung dieser Verbindung nach dem Gesetze
der chemischen Wahlverwandtschaften ein; das Natron ver=
einigt sich mit der Milchsäure (zu milchsaurem Natron)
und das Eiweiß scheidet sich im geronnenen Zustande aus.
Ganz analog ist das Verhalten wenn man der frischen
Milch, anstatt der sich freiwillig bildenden Milchsäure, eine
andere Säure in genügender Menge zusetzt, auch hier
erfolgt Gerinnung des Käsestoffs.

Der Gährungsvorgang, welcher schließlich zur Gerin=
nung der Milch führt, kann durch Kälte abgehalten, durch
mäßige Wärme beschleunigt werden, durch Kochhitze wird er,
wie alle analogen physiologischen Processe, für einige Zeit
gänzlich unterdrückt. Sehr geringe Verunreinigung mit
einer Milch, welche schon Fortschritte in der Gährung ge=
macht hat, bewirkt eine rasche Gährungsentwickelung auch
in frischer Milch. Daher erfordern die Milchgefäße, in
welchen man Milch frisch aufbewahren will, aber nament=
lich die Trinkgefäße und Trinkapparate der Säuglinge die
sorgfältigste Reinigung. Auch andere Gährung erregende
Stoffe, wie z. B. das bei der Käse= und Molken=Bereitung
verwendete Laab (getrockneter Kälbermagen) bewirken eine
rasche Milchgerinnung.

Läßt man Milch längere Zeit stehen, so sammelt sich zu=
nächst auf der Oberfläche derselben, seiner geringeren speci=
fischen Schwere wegen, die Hauptmasse des Butterfettes als
Rahm an. Dann tritt die Gerinnung ein, welche auch
das Fett mit einschließt. Die aus dem Gerinnsel aus=
tretende Flüssigkeit ist die Molke, welche man durch Ab=
seihen von Fett und Käsestoff befreien kann. Sie besitzt
außer den in der Milch enthaltenen geringen Mengen
eigentlichen Eiweißes, welches erst beim Kochen gerinnt,
noch den unzersetzten Theil des Milchzuckers, dann milch=
saures -Natron und den größten Theil der Milchsalze,
soweit sie bei dem Gerinnen des Käsestoffs sich nicht an
diesen angehängt haben. Die Molke hat sonach noch einen
gewissen Nahrungswerth, aber es scheinen vorzüglich ihre
(phosphorsaueren) Salze zu sein, auf welchen ihre günstige
Wirkung als Heilnahrungsmittel beruht (cfr. Fleischextract).

Die Buttermilch unterscheidet sich von der Molke
dadurch, daß sie außer etwas restirendem Butterfett, auch

noch bie gesammte Menge der Milch an Albuminaten
(Käsestoff und Albumin) besitzt, ihr Nährwerth ist dem
entsprechend größer. Sie wird meist als Viehfutter,
namentlich für Schweinemast verwendet. In vielen Gegenden, vielleicht am ausgedehntesten in Irland, wird sie
aber auch vom Menschen als ein gesundes Nahrungsmittel benützt.

Die aus der Milch gewonnenen künstlichen Nahrungsstoffe: Butter, Käse, Milchzucker sind von hohem
Ernährungswerth. Alles was wir von den physiologischen
Wirkungen des Fettes bei der Ernährung gesagt haben,
findet auf die Butter fast direkte Anwendung. Die süddeutsche Butter besitzt meist noch einen unbedeutenden Gehalt an Milch, d. h. an Wasser, (6—15%) und Käsestoff
(1--1,5%). Darauf beruht der Wohlgeschmack frischer
Alpenbutter, welche aus süßem Rahm gemacht wird; aber
auch die bekannte Zersetzung der aufbewahrten Butter,
das Ranzigwerden wird von der Beimischung des
leicht faulenden Käsestoffs hervorgerufen. In Norddeutsch-
land wird, um letzteres zu vermeiden, die Butter stärker
gewaschen und gesalzen. Bei dem Schmelzen der Butter,
wie es namentlich in Bayern und Franken gebräuchlich
ist, wird der Käsestoff und die übrigen Milchreste von der
Milch vollkommen getrennt, sie werden als Schaum abgeschöpft, wodurch die geschmolzene Butter — Schmalz —
große Dauerhaftigkeit erhält.

In südlichen Ländern ersetzt das Olivenöl die nordische Butter. In arktischen der Thran; der Leberthran, aus den Lebern verschiedener Schellfischarten
dargestellt, wird als Heilnahrungsmittel zur Verbesserung
der Allgemeinernährung namentlich bei Kindern mit dem
besten Erfolge benützt. Er gilt den Aerzten als ein

Specificum bei der als S k r o p h u l o s e bezeichneten Form
der Ernährungsstörung der Kinder. Er enthält geringe
Mengen von Jod und Brom, denen man eine Mitwirkung
bei der unstreitigen günstigen Wirkung dieses Fettes zu=
schreibt. Das F e t t d e r S ä u g e t h i e r e kann ebenfalls
die Butter ersetzen, worauf wir bei der Besprechung des
Fleisches als Nahrungsmittel noch näher einzugehen haben.

Der K ä s e ist ein Nahrungsmittel, durch welches dem
Körper Eiweißstoffe in sehr concentrirter Form zugeführt
werden können. Ein gleiches Gewicht Käse enthält bei
etwa 39 Proc. Wasser um die Hälfte mehr Eiweißstoffe
als rohes Fleisch, welches in 100 Theilen 75 Theile
Wasser enthält. Es kommt übrigens bei der Entscheidung
der Frage des Nährwerthes einer Substanz, wie wir
wissen, nicht allein auf die chemische Zusammensetzung des=
selben an, sondern vor allem auch auf ihre Verdaulichkeit.
Es fragt sich, ob der Organismus im Stande ist, die ihm
dargebotenen Nahrungsstoffe in der gereichten Form zu
verwerthen. Die gesunden, kräftigen Verdauungsorgane
namentlich unserer Gebirgsbevölkerung, vermögen in reich=
lichen Quantitäten Käse zu verarbeiten, so daß für sie der
Käse als ein sehr wichtiges Nahrungsmittel erscheint. Für
geschwächte Verdauungsorgane ist dagegen der Käse oft
unzuträglich und er verläßt dann unverdaut, in Substanz
den Organismus in den Ausscheidungen wieder. Seine
Milchsäure, sein Salzgehalt, die in ihm enthaltenen stark
schmeckenden Zersetzungsprodukte der Butter und der Ei=
weißstoffe wirken bei normaler Verdauung, im Sinne von
Gewürzen oder Genußmitteln, anregend auf die Nerven
der Verdauungsorgane. Die durch ihn eingeführten Säuren
betheiligen sich auch direkt mit an der chemischen Lösung
der Speisen im Magen, woraus sich der Gebrauch erklären

mag, Käse zum Schluß der Mahlzeit in geringen Quantitäten zu genießen. Man unterscheidet fetten und mageren
Käse, von welchem der erstere die gesammten Butterfette
der Milch einschließt, während diese bei der Herstellung
des mageren Käses aus der gerinnenden Milch entfernt
und zu Butter verwerthet werden.

Die Milch erscheint im Ganzen als ein außerordentlich
wichtiger Bestandtheil des der Menschheit zur Verfügung
stehenden Nährmaterials. Die Meinung der älteren Physiologie, welche in der Milch das Normalnahrungsmittel sah,
beruhte zum Theil auf der Annahme, daß die Milch Nichts
anderes sei, als der aus der Verdauung der aufgenommenen
Nährstoffe entstehende „Milchsaft" Chylus, welcher bei den
säugenden Thieren und Müttern zu einem beträchtlichen
Antheil, anstatt zur Ernährung des mütterlichen Körpers
selbst Verwendung zu finden, durch die Milchdrüsen direkt
zum Nutzen des kindlichen Körpers entleert werden sollte.
Man glaubte, daß durch die Wirkung der Verdauungsorgane die genossene Nahrung bei Mensch und Thier stets
in „Milch" (Chylus) verwandelt werde, so daß auch der
Erwachsene im Grunde ebenso von Milch lebe, wie das
saugende Kind, welches in der Milch der Mutter, die von
dieser genossenen Nahrungsstoffe schon verdaut, in einem
Zustand, in welchem sie direkt Körperbestandtheil des Kindes
werden können, zugeführt erhält. Die neuere Physiologie
hat diese Meinung als irrig erwiesen. Die Milch ist nicht
mit dem Chylus, dem Milchsaft identisch; und ihre Verdauung beansprucht in dem Magen des Kindes und Erwachsenen nicht unbeträchtliche Verdauungskräfte, bis sie
wirklich in Chylus in „Milchsaft" umgewandelt, dem Blut
und den Organen zur Ernährung zugeführt werden kann.
Die Eiweißkörper der Milch gerinnen zunächst im Magen,

um dann erst eine Lösung zu erfahren. Es ist bekannt, daß daher für manche Erwachsene die Milch sogar ein schwerer zu vertragendes Nahrungsmittel ist.

4) Das Fleisch.

Die Vorfahren der indogermanischen Völkerfamilie weideten als Hirten ihre Rinderherden am Fuß des Himaleia. Ihre Nahrung bestand aus dem Ertrag der Herden: Milch und junges, zur Aufzucht unnöthiges Vieh. Es unterliegt aber keinem Zweifel, daß der Fleischgenuß anfänglich ein seltener war, daß sich erst nach und nach das Menschengeschlecht an diese Ernährungsweise, welche wie eine Grausamkeit erschien, gewöhnen konnte. Noch haben wir Urkunden alter Gesetze (Porphyrius), welche dem Allgemeinwerden des neuen Gebrauches steuern sollten. Pithagoras suchte die alte Einfalt der Sitten in diesem Punkte vergeblich wieder zurückzuführen; wenigstens das zur Arbeit verwendete Hausthier, das wie ein Genosse des Menschen erschien, „der Ochse im Pflug" sollte nicht der Begierde seines Herren nach der blutigen Nahrung erliegen. Der jugendlichen Menschheit erschien es wie ein Mord, die Thiere, mit denen und für die sie lebte, zu tödten, wie ein Kind von dem Lämmchen nicht essen will, welches bisher sein lustiger Spielgefährte gewesen war. Noch Homer schildert uns das natürliche Grauen vor dem Genuß der nach dem Schlachten noch zuckenden Glieder.

Die Naivetät des verflossenen Jahrhunderts suchte nach Erklärungsgründen, welche das Menschengeschlecht zu diesem grausamen Gebrauche zwingen konnten. Nach der „Sündfluth" sollte er aufgekommen sein „da die frucht= tragenden Bäume noch nicht wieder so zugenommen hatten, daß man Speise genug von ihnen erhalten konnte".

Uns interessirt heute vielmehr die Frage, wie es kam, daß man von verschiedenen Thierarten das Fleisch nicht genießt, daß man ein Grauen vor ihm besitzt, welches durch physiologische Gründe kaum gerechtfertigt erscheint. Bei Hippokrates finden wir unter den Speisen noch das Fleisch junger Hunde aufgezählt; unter den „Küchenabfällen" der dänischen Urbevölkerung hat man Knochen von Hunden, einer kleinen dem Wachtelhund verwandten Rasse, ebenso abgenagt und angebrannt, aufgeschlagen und ausgesaugt aufgefunden wie die Knochen anderer Thiere und noch heute gilt Katze und Hund bei den Zigeunern, letzterer auch bei den Chinesen als Leckerbissen. Auch in einige arme Landgemeinden, deren männliche Bevölkerung herum= ziehend, hausirend den körperlichen Lebensunterhalt suchen muß, hat sich diese Liebhaberei eingeschlichen, welche ihnen die Verachtung der umwohnenden wohlhabenderen Be= völkerung zugezogen hat. Nur Hungersnoth kann den civilisirten Europäer zu dieser ekelhaft erscheinenden Speise zwingen und wir erinnern uns an jenen englischen Be= richterstatter über die Zustände des belagerten Paris, der seine Erfahrung, daß ein nach der Kunst der französischen Küche zubereiteter Hund in der Schüssel auf der Mittags= tafel „das rechte Ding am rechten Ort sei", als einen Gewinn jener traurigen Zeit ansprach. Analog ist das Verhältniß mit dem Genuß des Pferdefleisches in Europa.

Der letzte Grund dieses Widerwillens ist, uns jetzt unbewußt, ein religiöser. Die Opfermahlzeiten waren einst die wichtigsten Gelegenheiten zu reichlichem Fleischgenuß, an welchem das Menschengeschlecht bald so großen Ge= fallen fand. Um die Anhänger seines religiösen Systemes von den Bekennern eines anderen Glaubens sicher zu trennen, verbot der jüdische Gesetzgeber den Genuß des

Schweinefleisches, des sonst gebräuchlichsten Opferthieres. Das Schwein sollte unrein sein, sein Genuß erschien eckelhaft. Ebenso eiferten die Lehrer des Christenthums gegen den Genuß des Fleisches von Pferden, der altgermanischen Opferthiere, und wir finden den heiligen Pferdeschädel unserer Vorfahren bald als Kopf der Gespenster, als Ausstattung der Höhlen der Zauberer und Hexen, in deren grauenhaftem Kessel zur Bereitung des Zaubertrankes das Fleisch von Hunden und Katzen neben dem vom Igel und Wolf prodelte, Thiere, welche nach dem feststehenden Zeugniß der Küchenabfälle die Ureinwohner Europas als Speise nicht verschmähten.

Physiologisch und chemisch ist das Fleisch verschiedener Thierarten nicht wesentlich verschieden; wir werden sehen, daß der eigentliche Nahrungswerth der verschiedenen Fleischsorten im Allgemeinen nur geringe Differenzen zeigt. Doch ist das Fleisch älterer Raubthiere härter und zäher. Es besitzt auch das Fleisch, ähnlich wie die Milch, einen Geschmack nach den Hautsekreten der Thiere. Wie die Ziegenmilch dadurch für Viele ungenießbar wird, daß sie nach diesen Sekreten schmeckt, so ist das auch z. B. mit dem Fleisch der im Gebirge vielfach geschlachteten und als Leckerei genossenen Ziegenböcke der Fall. Wer in den einsameren Thälern Tyrols gereist ist, wird sich an den specifischen Geruch und Geschmack des als Gems= oder Rehbraten aufgetragenen Bockfleisches erinnern, dem man hie und da auch in den feineren Hotels vielbesuchter Gebirgsstädte als „Schöpsenbraten" begegnet.

Das Fleisch der Haussäugethiere, Vögel und Fische, wie es in die Küchen zur Bereitung der Fleischspeisen gelangt, ist eine hochzusammengesetzte Substanz.

Mikroskopisch besteht es, wenn wir von den Knochen

absehen, aus eigentlichen Muskelfasern, welche die Haupt=
masse des Fleisches darstellen, aus gröberem und feinerem
Bindegewebe, Sehnen mit elastischen Gewebselementen, und
oft sehr reichlich Fett, aus Blutgefäßen, Lymphgefäß=
anfängen und Nerven.

Die chemische Zusammensetzung weist ebenso sehr com=
plicirte Verhältnisse nach. Drei Viertel der Masse besteht
aus reinem Wasser. Die anorganischen Salze betragen
1,3 Procent. Die mikroskopischen, lebenden Muskelfasern
besitzen eine Hülle, aus einer dem elastischen Gewebe nah=
stehenden Substanz, das Sarkolemma; ihre Inhaltsmasse
besteht vorzüglich aus einer Anzahl von nicht geronnenen
Eiweißstoffen, unter denen das Myosin, der Muskel=
eiweißstoff für die Muskelphysiologie die größte Bedeutung
besitzt. Das Bindegewebe besteht, wie wir schon wissen,
in der Hauptsache aus sogenannter leimgebender Sub=
stanz, welche durch Erhitzen namentlich leicht unter der
Mitwirkung von Säuren in Leim umgewandelt werden
kann. In dem Bindegewebe ist das Fett angehäuft,
welches chemisch aus verschiedenen festen und flüssigen
Fettsorten gemischt ist. Dazu kommen noch die zahlreichen
chemischen Bestandtheile des in den Blutgefäßen zurück=
gebliebenen Blutes, und die Stoffe der Nervenstämme und
Nervenfasern, sowie ihrer in den Muskelfasern liegenden
Endapparate.

Namentlich seit den Untersuchungen Liebig's über das
Fleisch hat eine Stoffgruppe, welche sich außerdem noch
im Fleische findet, die allgemeinste Aufmerksamkeit auf
sich gelenkt, die sogenannten Extractivstoffe des Fleisches,
welche als Fleischextrakt beim Kochen des Fleisches
zum großen Theil in die Fleischbrühe übergehen. Es
sind neben stickstoffhaltigen Basen, namentlich phosphor=

saure Salze und einige andere chemische Stoffe, mit welchen
wir bei der näheren Besprechung des Fleischextraktes be=
kannt werden müssen.

Nach den besten Bestimmungen bestehen 100 Theile
Ochsenfleisch, wie wir es vom Fleischer in die Küche er=
erhalten, im Durchschnitt aus 72 Theilen reinem Fleisch
(Muskelfaser mit feinerem Bindegewebe 2c.), 8 Theilen
Fett und 20 Theilen Knochen (mit Knorpel, Sehnen 2c.).

Der Nährwerth des Fleisches wird sonach durchaus
nicht allein durch die im Fleische enthaltenen Eiweiß=
substanzen bestimmt. Hier wirkt bei gemästetem Fleisch
das Fett in wesentlichster Weise mit, ebenso das leim=
gebende Gewebe, welchem analog wie dem Fett und den
Kohlehydraten eine sehr wichtige Rolle bei der Gesammt=
ernährung zufällt.

Qualitativ sind die Unterschiede zwischen den ver=
schiedenen in den Haushaltungen benützten Fleischsorten
ziemlich verschwindend. Dagegen sind die quantitativen
Verhältnisse, in welchen die Fleischbestandtheile im frischen
Fleische verschiedener Thiere sowie im Fleische derselben
Thierart je nach dem Stand seines Alters und seiner
Mästung vorkommen, in weiten Grenzen schwankend.

Der Wassergehalt des Fleisches der Säugethiere
wechselt nach dem Alter und dem Fettreichthum. Das Fleisch
jüngerer Thiere ist wasserreicher als das älterer. Kalbfleisch
hat um etwa 3% mehr Wasser, und dem entsprechend
weniger feste, den Ernährungswerth bestimmende Bestand=
theile: Eiweiß, Fett, leimgebende Substanz 2c. als das Fleisch
magerer Ochsen. Fettes Mastochsenfleisch hat bis zu 10%
weniger Wasser als das Fleisch ungemästeter Rinder,
ersteres ist daher für die Ernährung wenigstens um $1/10$
mehr werth als letzteres. Ganz analog stellen sich die

Verhältnisse zwischen fettem Hammelfleisch, Schaffleisch und
Lammfleisch, von denen das letztere am wasserreichsten ist.
Unter allen Fleischsorten ist das gemästete Schweinefleisch
am wasserärmsten, sein Wassergehalt sinkt bis auf 60%
gegenüber den 75% Wasser, welche mageres Rindfleisch
enthält. Das Fleisch von Wildpret, Hühnern, Tauben
hat etwa 77%, das Fleisch fetter Enten nur 72% Wasser.
Im Allgemeinen ist das Fleisch der Fische wasserreicher
als das der bisher genannten Thiere. Das Fleisch der
Karpfen hat nahezu 80% Wasser, was den Ernährungs=
werth entsprechend herabdrückt. Doch finden sich auch
unter den Fischen beträchtliche Verschiedenheiten. Das
Fleisch größerer Hechte ist kaum wasserreicher als das der
Hühner. Das Lachsfleisch hat den Wassergehalt des
mageren Rindfleisches.

Der Fettgehalt der Fleischsorten zeigt ebenfalls
Schwankungen in analogen Grenzen. Bei magerem Rind=
fleisch, Kalbfleisch, Schaffleisch sinkt der Fettgehalt auf
1—1,5%. Etwa die gleiche Fettmenge enthalten das Fleisch
des Wildprets, der Hühner, Tauben, des Karpfen, des
Hechtes. Entenfleisch hat dagegen schon 2, 3; Lachs bei=
nahe 5; fettes Kalbfleisch 6; Hammelfleisch 9; Mastochsen=
fleisch bester Sorte 14,5 und fettes Schweinefleisch bis
24 Procent Fett.

Aus den Schwankungen an Fett und Wasser er=
geben sich selbstverständlich Unterschiede der Fleischsorten
im Eiweißgehalt. Am ärmsten an Eiweiß ist daher
im Allgemeinen das Fleisch der Fische. Karpfen und Lachs
haben 13, dagegen große Hechte etwa 15% Eiweiß. Fettes
Kalbfleisch, Hammelfleisch, Schweinefleisch schließen sich nun
in ihrem Eiweißgehalt zunächst (13—15%) an, dann fettes
Ochsenfleisch mit etwa 16; Wildpret mit 17: Hühnerfleisch

mit 17,5; Taubenfleisch mit 18,5; Entenfleisch mit 20; mageres Rindfleisch mit im Maximum beinahe 22% Eiweiß.

Für den Gehalt an verdaulicher, leimgebender Substanz liegen noch keine eingehenderen Bestimmungen vor. Ein Theil desselben wurde bei den bisherigen chemischen Bestimmungen geradezu als Eiweiß mit gerechnet, natürlich mit Unrecht, da der Ernährungswerth des Eiweißes und der leimgebenden Substanz principiell verschieden ist. Nach Moleschott geben das Fleisch der Vögel nur 14%; das Fleisch der Säugethiere 31,59; das der Fische aber sogar 43,88% Leim. Am verdaulichsten erscheint das leimgebende oder richtiger Bindegewebe im Fischfleisch, im Fleische junger Vögel und Säugethiere, während es bei den älteren Thieren in größerer Ausdehnung in sogenannte elastische Substanz umgewandelt ist, welche den chemischen Lösungsmitteln ebenso energisch wie den menschlichen Verdauungssäften widersteht. Es fehlen uns auch bisher Bestimmungen über die restirende Blutmenge und den Antheil, welchen der Nervensubstanz mit ihren phosphorhaltigen organischen Stoffen (z. B. Lecithin) an dem Ernährungswerth der Fleischsorten zugehört.

Schon aus diesen Angaben, welche noch von den wichtigen Bestandtheilen des Fleischextraktes absehen, geht hervor, daß den verschiedenen Fleischsorten ebenso ein verschiedener Werth in dem Haushalt des Organismus zukommt, wie in unseren bürgerlichen Haushaltungen. Doch haben einige Fleischsorten: Wildpret, Geflügel, im Binnenlande meist auch Fische Luxuspreise, welche mit ihrem realen Ernährungswerthe nicht in einem normalen Verhältnisse stehen. Das gilt besonders auch von dem Fleisch niederer Thiere: Krebse, Schnecken, Muscheln, von denen

9 *

die letzteren den Bewohnern der Meeresküsten eine gesunde,
eiweißreiche Nahrung liefern, welche sich wie das Fleisch
aller niederen Thiere von den gebräuchlichen Fleischsorten
vor allem nur durch ihren größeren Wasserreichthum unterscheiden.   In den Austern findet sich reichlich ein leichtverdauliches Kohlehydrat: Glycogen. —

Wir haben bei der Milch die freiwilligen Veränderungen besprochen, welche sich nach der Trennung vom
lebenden Organismus einstellen. Sie bestanden vornehmlich
in der Bildung von Milchsäure aus in der frischen Milch
vorhandenen Kohlehydraten und in der durch das Auftreten
der Säure veranlaßten Gerinnung des Milch-Eiweißstoffes,
des Käsestoffs. Das Fleisch macht nach dem Schlachten ganz
entsprechende chemische Veränderungen durch. Während das
vollkommen frische Fleisch neutral reagirt, beginnt sofort
nach dem Tode sich die Reaction in eine saure umzuwandeln.
Es entsteht auch im Fleisch aus Kohlehydraten, welche sich
im Fleischextrakt finden (Glycogen) eine Milchsäure: Fleisch-
milchsäure, das Fleisch wird stärker und stärker sauer, bis
es, und zwar früher bei mäßiger Wärme, sein Säuremaximum erreicht hat. Dabei tritt ebenfalls eine Gerinnung
des Muskel-Eiweißstoffes ein, das Myosin scheidet sich in
der Muskelfaser als Gerinnsel aus. Das lebend weiche und
elastische Fleisch wird dadurch fester, starrer, es tritt die
sogenannte Muskelstarre (Todenstarre) ein, welche erst
durch Fäulniß wieder gelöst wird. Das Auftreten der
Säure hat eine sehr große Bedeutung für die schmackhafte
Zubereitung des Fleisches. Je säurereicher das Fleisch ist,
desto mürber wird es beim Kochen und Braten, da unter
der Einwirkung der Säure die Häute des leimgebenden
Gewebes rascher und vollkommener in Leim umgewandelt
werden, so daß sie dem Zerkleinern durch die Zähne keinen

wesentlichen Widerstand mehr entgegensetzen können. Aber auch schmackhafter wird das Fleisch durch die normal auftretende Säure. Den Fleischspeisen aus Fleisch junger Thiere (Kälber) oder vieler Fische, welches überhaupt weniger Milchsäure liefert, pflegt man daher durch Citronensäure einen hervorstechenderen Geschmack zu ertheilen. Der fade Geschmack, welchen frisch geschlachtetes und zubereitetes Fleisch neben seiner Zähigkeit zeigt, wird durch das in den Schlachthäusern und Küchen gebräuchliche Hängenlassen des Fleisches beseitigt, wobei das Fleisch sein Säuremaximum erreicht. Dasselbe bewirkt noch rascher und vollkommener Hacken und Klopfen. Feingehacktes, auch frisches Fleisch zeigt sich stets stark sauer, ebenso stark und längere Zeit geklopftes. Erhält man frisches Fleisch einige Zeit lang auf der Temperatur von etwa $40-45^0$ C, so bildet es ebenfalls seine Säure aus, während das rasch gekochte Fleisch frischgeschlachteter Thiere meist noch neutral reagirt, wenigstens in seinen inneren Partien. Besonders für die Ernährung der Truppen im Feld beansprucht die Frage der Fleischsäuerung eine hohe Wichtigkeit. Das Hammelfleisch, welches unsere Truppen in Frankreich frisch geschlachtet meist sofort zubereiten und genießen mußten, bildete den Gegenstand allgemeiner Klage, wegen seiner Geschmacklosigkeit und Zähigkeit, welcher man nach dem eben Gesagten leicht hätte abhelfen können. Die Gewohnheit, das zähere Wildpret in Säuren (Essig, saure Milch) für längere Zeit vor der Zubereitung zu legen, erklärt sich aus ganz analogen Bedingungen. Die Tartaren pflegten ihr rohes Fleisch unter den Sattel zu legen, eine nationale Methode, um das Klopfen des Fleisches zu ersetzen. Auch durch starke Ermüdung wird vorübergehend das Muskelfleisch sauer. A. v. Haller und Liebig berichten daß man in gewissen Gegenden des südlichen Amerikas, die Hühner vor dem Schlachten eine Zeit lang herumjagt und hetzt, um ihr Fleisch für die sofortige Zubereitung zarter und schmackhafter zu machen.

Die Drüsen und Eingeweide: Herz, Leber, Nieren, Gehirn ꝛc., welche an Stelle des Fleisches vielfach als eiweißreiche Nahrungsmittel Verwendung finden, schließen sich in ihren chemischen Bestandtheilen sehr vollkommen den Fleischsorten an; ihre Zusammensetzung kommt im wesentlichen der des Fleisches sehr nahe, abgesehen von den specifischen in ihnen enthaltenen Extraktivstoffen und phosphorhaltigen Substanzen. Dasselbe gilt von den Hühnereiern. Die Leber der Wirbelthiere hat nach Moleschott etwa 13% Eiweißstoffe, 37% Leim und 3,5% Fett bei einem Wassergehalt von 72%. Ihre Extraktivstoffe betragen 6%. Die Hühnereier enthalten etwa 74% Wasser, 13% Eiweißstoffe neben 10% Fett. —

Wir haben zunächst noch einige Worte über die Zubereitung des Fleisches anzuschließen. Zum frischen Gebrauch wird das Fleisch in Wasser oder Dampf gekocht und gebraten. Um es für längere Zeit zum Gebrauch aufbewahren zu können wird das Fleisch verschiedenen Conservirungsmethoden unterworfen.

Der Genuß des rohen Fleisches ist in civilisirten Ländern sehr eingeschränkt. In Gegenden in welchen der Genuß von sogenannten „rohen Beefsteaks" oder von feinem Gehäck aus Schweinefleisch nationale Sitte war, ist diese wenigstens für das Schweinefleisch in den letzten Jahrzehnten durch die berechtigte Furcht vor Trichinen und Finnen, den Larven der Bandwürmer, ziemlich vollständig beseitigt worden. Fein gehacktes rohes Fleisch ist gut verdaulich, während gröbere Fleischstücken schon von

Erbsengröße den Verdauungssäften größeren Widerstand entgegensetzen als von zubereitetem Fleische, in welches der Magensaft leichter einzudringen vermag. Schwächlichen Kindern hat man in den ersten Lebensmonaten, wenn sie die Milch nicht vertragen können, fein geschabtes rohes Rindfleisch mit gutem Erfolg als Nahrungsmittel gegeben; ebenso erwachsenen Kranken. Man darf hiebei aber nicht unberücksichtigt lassen, daß eine vollständige Ernährung mit fettlosem Fleisch allein ohne Zuthat von Kohlehybraten und Fetten für den Menschen so gut wie unmöglich ist (cf. Ernährung mit Fleisch). Austern gelten mit Recht roh als ein leichtverdaulicher Ersatz für Fleischnahrung.

Das Kochen, Dämpfen und Braten des Fleisches hat den Erfolg, daß durch die angewendete Hitze alle Eiweiß= körper des Fleisches gerinnen und das Bindegewebe mehr oder weniger vollkommen in leichter zu verdauenden Leim umgewandelt wird. Beim Kochen geht ein beträchtlicher Antheil der Salze und Extraktivstoffe in die Brühe. Er= wärmt man sein gehacktes Fleisch langsam mit Wasser, so wird endlich alles lösliche als Extrakt ausgelaugt und es bleiben die geronnenen Eiweißkörper mit den unlöslichen Salzen und dem ungelösten Binde= und Elastischem=Gewebe als eine sandartige, getrocknet hornartige, geschmacklose Masse zurück. Die auf diese Weise gewonnene F l e i s c h b r ü h e ist dann möglichst kräftig. Die bei der F l e i s c h e x t r a k t = b e r e i t u n g zurückbleibende Masse fester, unter den an= gewendeten Methoden ungelöst bleibender Fleischstoffe, hat in neuester Zeit als ein billiger, eiweißreicher Futterzusatz namentlich bei der Mast von Schweinen mit Erfolg An= wendung gefunden. Bei dem Sieden des Fleisches, wie es in Haushaltungen gebräuchlich ist, wird der Auslau= gungsproceß nie annähernd so weit getrieben und nur die

äußersten Partien des Fleisches verlieren ihre löslichen
Salze und Extraktivstoffe mehr oder weniger vollständig.

Bei dem Braten des Fleisches bleibt die Hauptmasse der
löslichen Fleischbestandtheile dem Fleische erhalten, worauf
zum Theil seine Schmackhaftigkeit beruht. In der deutschen
Küche wird das Erhitzen des Bratens weiter getrieben
als namentlich in der englischen. Es entstehen dadurch an
der Außenseite des gebratenen Fleisches stark schmeckende
und riechende Zersetzungsprodukte, welche im Sinne der
Gewürze eine lebhafte physiologische Einwirkung auf die
Verdauungsnerven ausüben, und den Verdauungsvorgang
dadurch in seiner Intensität zu steigern vermögen. Das
Kochen des Fleisches in Dampf steht zwischen der Methode
des Bratens und Siebens mitten inne.

Der Nutzen der Erhitzung des Fleisches ist zum Theil
bekanntlich noch ein mehr indirecter. Es werden dadurch
die im Fleische befindlichen Parasiten: Trichinen und Finnen
getödtet, auch andere bei äußerlicher, beginnender Fäulniß
namentlich bei Wildpret entstehende Organismen und
Stoffe der Fäulniß werden durch genügend lang fortge-
setztes Erhitzen über den Siedepunkt des Wassers zerstört
und unschädlich gemacht. Diese Organismen sind es, welche
namentlich bei Köchinen durch Uebertragung vom rohen
Fleisch in kleine Hautrisse und Wunden so häufig Veranlassung zu den sogenannten „schlimmen Fingern" geben,
welche der Mehrzahl nach aus solchen „Infectionen" hervorgehen durch Fleisch hervorgerufen, welches gekocht oder
gebraten vollkommen unschädlich und zuträglich ist.

Die gebräuchlichen Conservirungsmethoden des
Fleisches suchen einerseits dem Fleisch Stoffe zuzusetzen,
welche die Fäulniß hindern namentlich Kochsalz und die
Produkte der Holzdestillation im Räucherproceß. Anderer-

seits suchen sie einen größeren oder geringeren Antheil an
Wasser dem Fleische zu entziehen, wodurch seine Widerstandsfähigkeit gegen Fäulniß ebenfalls sehr bedeutend zu=
nimmt. Die letztere Methode tritt uns am einfachsten im
Trocknen an freier Luft entgegen, wie es in Amerika zur
Herstellung des „Pemmikan" aus dem meist in Streifen
geschnittenen Fleisch der Säugethiere Anwendung findet,
oder in Norwegen bei dem Trocknen der Seefische, z. B.
Stockfische. Hiebei ist ein oberflächlicher Fäulnißproceß
niemals ganz auszuschließen, welcher aber das Produkt für
den Genuß noch nicht schädlich macht, namentlich wenn es
einer sorgfältigen Zubereitung unterworfen wird. Durch
Räuchern und Salzen verliert das Fleisch ebenfalls beträchtlich an Wasser, sein Wassergehalt sinkt von 75 auf
einige 40%; bei Stockfisch auf 47, bei Salzhäring auf
49%. Auch beim Kochen und Braten findet ein beträcht=
licher Wasserverlust des Fleisches statt; 100 Grmm. frisches
Fleisch wiegen gesotten nur noch 60 Grmm. Der Gehalt
an festen, eigentlichen Nährstoffen nimmt natürlich dem
Wasserverlust entsprechend zu. Bei dem Einsalzen geht
wie beim Kochen die Hauptmasse der löslichen, phosphorsauren Fleischsalze und Extractivstoffe in die Salzlake über,
wodurch auf der anderen Seite der Ernährungswerth
wieder herabgesetzt wird. Im Allgemeinen wird durch
diesen Verlust auch die Zuträglichkeit solcher Fleischspeisen
eine geringere, namentlich dann, wenn, wie früher auf
Seereisen, nur derartiges conservirtes, salz= und extrakt=
armes Fleisch zur Verfügung stand. Man will den bei
längeren Seereisen unter der Schiffsmannschaft aufge=
tretenen Scorbut auf diese Ernährungsursache zurück=
führen, da die Krankheit durch den Genuß frischen Fleisches
und frischer Gemüse gehoben werden konnte. Wenn dem

menschlichen Organismus sonst reichlich die nöthigen „Ge=
nußmittel und Salze" zugeführt werden, so beobachtet man
jedoch von solchen schädlichen Wirkungen des Salzfleisches
Nichts, und es ist bekannt, daß Reconvalescenten oft früher
und besser ein feines Stückchen rohen Schinkens vertragen
können als anders zubereitetes Fleisch. In neuerer Zeit hat
man gelernt, das frische Fleisch in hermetisch=verschlossenen
Blechgefässen der Siedehitze auszusetzen und dadurch für
eine ziemlich unbegrenzt lange Zeit zu erhalten, was für
die Proviantirung von Schiffen und Festungen von der
weittragendsten hygieinischen Bedeutung ist.

Das Fett des Fleisches, welchem als Nahrungs=
stoff eine so hohe Bedeutung zukommt, läßt sich viel leichter
conserviren als die Eiweißstoffe. Es widersteht, wenn es
durch Ausschmelzen von dem Eiweiß und Bindegewebe
vollkommen befreit ist, der Zersetzung lange und energisch.
Dasselbe gilt von geräuchertem Speck. Das Fett des
Menschenkörpers, welches durch das Fett der Thiere zu=
nächst ersetzt werden soll, besteht aus einem Gemisch der
Fette der Stearinsäure, Palmitinsäure und Oelsäure. Das
Rindsfett, wie das Hammelfett sind qualitativ ebenso ge=
mischt, es überwiegt hier aber das feste Fett der Stearin=
säure das flüssige der Oelsäure. Bei dem Schweinefett
findet das entgegengesetzte Verhältniß statt. Das Gänsefett
steht dem Fett des Menschen in der chemischen Zusammen=
setzung am nächsten. Der Leberthran besteht der Hauptmasse
nach aus dem flüssigen Fett der Oelsäure. Guter geräucherter
Speck enthält bis zu 94% reines Fett, sein Wassergehalt
kann unter 4% sinken.

Von der Conservirung der Fleischalbuminate
in dem getrockneten Rückstand der Fleischextraktbereitung
haben wir schon gesprochen. Als Krankennahrung hat

man die Albuminate auch in flüssiger Form zu gewinnen versucht. Mit einer sehr verdünnten Salzsäure (1 Theil Salzsäure in 1000 Theilen Flüssigkeit) hat Liebig die Eiweiß=stoffe aus frischem gehacktem Fleisch theilweise ausgezogen: Infusum carnis: Fleischinfus im Gegensatz zu Fleisch=extrakt, welches letztere keine Eiweißstoffe enthält. Der Eiweißgehalt dieser Flüssigkeit steigt etwa auf 3%, bei nicht sorgfältiger Bereitung kann er aber unter 1%, herab=sinken! Die Eiweißmenge des Fleischinfus ist daher stets eine nur sehr unbedeutende. C. Voit gewinnt durch Aus=pressen des frischen Fleisches einen eiweißreicheren Fleisch=saft. Mehr noch erreicht man mit feingeschabtem rohem Fleisch (Rindfleisch). Die physiologische Bedeutung des Fleischextraktes findet neben den Genußmitteln ihre naturgemäßeste Besprechung.

Die römische Kirche gestattet bei ihren Fasten, bei welchen der Genuß des Fleisches im Allgemeinen unter=sagt ist, das Fleisch der Fische. Aus den bisherigen Mittheilungen ergibt es sich, daß das Fischfleisch sich von dem Fleisch der Säugethiere und Geflügel nicht wesentlich unterscheidet. Es ist das aber erst eine neuere Erkenntniß, während die ältere Medicin und Physiologie wesentliche Differenzen auffinden wollte. Noch der berühmte Physiologe A. Haller nannte „das Wesen der Fische ein Mittelding zwischen Pflanzen und Thieren." Seiner subjectiven Be=obachtung nach „ernähren die Fische in der That weniger, machen weniger rothes Blut und geben weniger Stärke, als das Fleisch". Es ist das in dieser absoluten Weise ausge=sprochen unrichtig, wie die kräftigen Bevölkerungen der nordischen Seeküsten und Inseln die Fischer im Bruch der Neumark, welche als animale Kost fast ausschließlich Fisch=fleisch genießen, zur Genüge beweisen. Es kann durch

Fischfleisch ebensowohl dem Körper die genügende Eiweiß=
menge in der Nahrung zugeführt werden wie durch das
Fleisch der Säugethiere und Geflügel. Stets kommt es
zuletzt auf die Menge an, in welche ein bestimmtes
Nahrungsmittel als Speise aufgenommen wird.

Umgekehrt schreibt die allgemeine Volksmeinung den
Eiern einen das Fleisch der Säugethiere weit über=
ragenden Nährwerth zu. Aus ihrem Gehalt an Eiweiß
und Fett ist diese Meinung nicht zu rechtfertigen wie
wir eben sahen. Brücke macht aber mit Recht darauf
aufmerksam, daß die Eier im Dotter eine beträchtliche
Menge von Lecithin enthalten, einem jener hoch zu=
sammengesetzten phosphorhaltigen Stoffe, welche wir im
Nervenmark finden. Da es nicht festgestellt ist, ob der
animale Organismus Lecithin zu bilden vermag oder ob
es in der Nahrung (also aus dem Pflanzenreiche) zuge=
führt werden muß, so könnte wirklich unter Umständen
dieser Stoff für die Ernährung eine äußerst wichtige Stelle
einnehmen. Bei der Ernährung der Kranken spielt be=
kanntlich auch das lecithin=reiche Gehirn eine nicht un=
wichtige Rolle. Außer dem Nervensystem betheiligt sich das
Lecithin auch vorzüglich an der Bildung der Blutkörperchen,
in geringen Mengen findet es sich in allen animalen
Organen, doch könnte es hier als Bestandtheil der überall
vorhandenen Nervenfasern angesprochen werden. Lecithin
findet sich auch in der Milch und anderen thierischen
Säften.

Da, wie eben gesagt, das Lecithin auch ein Bestand=
theil der Blutkörperchen ist, so gilt das eben von den
Eiern gesagte in dieser Hinsicht auch vom Blute, welches
als Blutwurst ein Nahrungsmittel namentlich der ärmeren
Bevölkerungsklassen ist. Uebrigens enthält das Blut alle

zum Organaufbau erforderlichen Substanzen in analoger
Weise wie die Milch, so daß ein hoher Nahrungswerth
ihm nicht abgesprochen werden kann. Wir erinnerten schon
an den Ausspruch Liebigs, welcher das Blut „flüssiges
Fleisch" nannte. Es enthält die Blutflüssigkeit auch das
für die Ernährung so wichtige Kochsalz in nicht unbeträchtlicher Menge. Der Wassergehalt des Blutes ist nur
um einige Procente größer als der des Fleisches desselben
Thieres. Es enthält etwa 79°/₀ Wasser, 19,4°/₀ Eiweiß,
dagegen nur 0,2°/₀ Fett, wodurch der gebräuchliche Fett-
zusatz (Speck) zu den Blutwürsten nothwendig wird.

B. Vegetabilische Nahrungsmittel.

Die Vegetarianer.

Es ist eine uralte, zum Theil auf religiösen Vorurtheilen beruhende Lehre, daß die normale Nahrung des
Menschen die vegetabilische sei. Auch in neuester Zeit hat
diese Behauptung von Seite der sogenannten „Vegetarianer" unter uns lebhafte Vertretung gefunden.

Die Vegetarianer selbst scheiden sich in zwei wesentlich
verschiedene Gruppen. Die eine Gruppe genießt wirklich
nur Speisen, welche direkt aus dem Pflanzenreiche stammen,
während die andere nur den Genuß des Fleisches selbst
verbietet, dagegen Milch, Käse, Butter, Eier, d. h. Stoffe,
welche ohne das Schlachten der Thiere aus dem animalen
Reiche gewonnen werden, neben den Vegetabilien erlaubt.

Es ist keine Frage, daß sich der Mensch mit den
Nahrungsstoffen der zweiten Gruppe der Vegetarianer
vollkommen zu ernähren und vollkommen arbeitskräftig zu
erhalten vermag. Es beweist das unsere ländliche Ge-

birgsbevölkerung, welche ihre sogenannte Schmalzkost,
die nur an den höchsten Festtagen durch Fleischgenuß unterbrochen wird, und in der übrigen Zeit aus fetten Mehlspeisen und Vegetabilien (Sauerkraut, getrocknetes Obst ꝛc.)
besteht, der Fleischkost der Städter in Geschmack und in
ihrem Erfolg für die Befähigung zur Arbeit noch immer
vorzieht. Ihr Spruch lautet:

„A habernes Roß und an g'schmalzenen Mann,
      Die zwoa reißt koa Teufl zam."

Schulze berichtet in seinem Buche über die Athleten,
daß vor Pythagoras die alten Fechter ihren Unterhalt
blos von Weizen und Käse gesucht haben, erst später
wurde von ihnen eine fast ausschließliche Fleischkost gewählt.

Etwas anders gestaltet sich die Frage bei wirklich rein
vegetabilischer Nahrung. Die pflanzenfressenden Thiere
haben einen weit längeren und höher entwickelteren Verdauungskanal als die fleischfressenden. Ein fleischfressendes
Thier wäre unter keinen Umständen im Stande, sich mit
Gras oder Heu zu erhalten, da ihm für diese schwerzer-
setzliche und besonders voluminöse Nahrung die Verdauungseinrichtungen mangeln, welche der Wiederkäuer in
seinem langen Verdauungskanal, in seinen drei Magen, in
seiner Fähigkeit des Wiederkäuens ꝛc. besitzt. Der Mensch
steht in Beziehung auf die Ausbildung seiner Verdauungsorgane zwischen Pflanzen- und Fleischfresser. Auch dem
Menschen geht die Fähigkeit ab, die normalen Nahrungsmittel der Rinder in genügender Weise zur Ernährung zu
verwerthen. Besonders die große, für eine vollkommene
Ernährung gewöhnlich erforderliche Menge vegetabilischer
Nahrungsstoffe, kann der menschliche Magen nicht oder
nur schwer und in seltenen Fällen in sich aufnehmen und
verarbeiten. Daher stammen die schlechten Erfolge einer

Ernährung, bei welcher die Kartoffel die Hauptrolle spielt, da ein Mensch kaum im Stande ist, die erstaunlichen Quantitäten zu genießen und zu verdauen, welche er bedarf, um alle Ausgaben seines Organismus mit dieser Pflanzenkost zu bestreiten. Analog verhält es sich mit einer Ernährung durch Reis oder auch nur mit Brod.

Doch dürfen wir nicht verkennen, daß bei geschickter Auswahl der zur Ernährung verwendeten Pflanzenstoffe, auch durch solche in genügend compendiöser Form dem Menschen die nöthige Nahrungsmenge zugeführt werden kann.

Die zur Ernährung verwendeten Pflanzenstoffe enthalten wie die animalischen Nahrungsmittel Eiweiß, Fette, Kohlehydrate, und es fragt sich also nur, ob und im Bejahungsfalle wie wir diese Stoffe mischen sollen, um in möglichst kleinem Gewicht, dem Organismus die erforderlichen verdaulichen Nahrungsstoffe zu liefern. Die Hülsenfrüchte enthalten eine reichliche Menge von verwendbarem Eiweiß, welches bei den trockenen Linsen etwa 30 % erreicht, eine Menge, welche der im geräuchertem Schinken gleich ist, und welche unter den animalischen Nahrungsmitteln nur vom Käse (32—43 % Eiweiß) übertroffen wird. In den Hülsenfrüchten haben wir daher ein eiweißreiches Nahrungsmittel, welches sich in gewisser Hinsicht und bei richtiger Zubereitung mit dem Fleische direkt messen kann. Die Ernährungsresultate mit dem Mehle der Linsen: Revalenta arabica und die Erbswurst sind bekannt und werden in der Folge noch weitere Erwähnung finden. Die Chinesen bereiten aus dem Eiweiß der frischen Erbsen einen wahren Käse: Toa-foo Pflanzenkäse. Das Olivenöl ersetzt in den wärmeren Gegenden Europas das thierische Fett der Butter vollkommen. Es erscheint daher wohl

möglich, aus rein vegetabilischen Stoffen eine Nahrung
zusammenzustellen, welche allen Anforderungen für die
Ernährung des Körpers des Menschen und für sein Kräftig-
halten zur Arbeit Genüge leistet. Doch wollen wir noch
einmal direkt darauf hinweisen, daß die vegetabilische Ernährungsweise, wie sie aus Armuth namentlich bei kar-
toffelessender Bevölkerung geübt wird, den rationellen Anforderungen an eine Ernährungsweise des Volkes keineswegs entspricht.

Im Allgemeinen will man die Beobachtung gemacht
haben, daß bei rein vegetabiler Nahrung der animale
Organismus weniger Kraft, weniger Munterkeit entwickelt
als bei animalischer oder gemischter Kost. Unzweckmäßige,
namentlich zu voluminöse Pflanzennahrung erfordert für
die innere Arbeit der Verdauung eine bedeutende Kraftsumme, welche, da dem animalen Organismus für die zu
leistende Arbeit nur ein bestimmtes Kraftquantum zur
Verfügung steht, von der für äußere Arbeit disponiblen
Kraftsumme in Abzug kommt. Unsere von „Schmalzkost"
lebende Bevölkerung des Gebirges ist dagegen wegen ihrer
Lebhaftigkeit und gelegentlichen Rauflust berühmt.

5) Die Getreidefrüchte.

Der Wilde ist im Stande als Jäger von Fleisch und
thierischem Fette allein zu leben. Die höhere Gesittung
der Menschheit ist an die Kenntniß des Getreidebaues geknüpft. Durch den letzteren wird es möglich, daß auf
einen verhältnißmäßig kleinen Raum zusammengedrängt
eine bedeutende Anzahl gesellig lebender Bewohner ihren
Lebensunterhalt zu finden vermag, während der Jäger
jeden neuen Eindringling, der das Jagdgebiet betritt, von
welchem er mit den Seinen seine mühselig erkämpfte oft

spärliche Nahrung zieht, als seinen natürlichen Feind betrachten muß. Die Civilisation ist an den geselligen Zustand geknüpft, dessen Möglichkeit in der vergleichsweise
mühelosen Art wurzelt, mit welcher der Ackermann, der
Nährstand, im Verhältniß zum Jäger nicht nur Nahrung
für sich sondern auch für Andere, welche nicht selbst auf
dem Felde arbeiten, zu gewinnen vermag.

Die Körner= und Hülsenfrüchte enthalten, eingeschlossen
in eine ungenießbare Hülle, eine Mischung von Nahrungs=
stoffen, welche der Milch und dem Fleische sehr ähnlich ist.
Wir finden die Salze des Blutes, vorwiegend Kali und
Phosphorsäure, verbunden mit organischen Stoffen, welche
den chemischen Gruppen der **Albuminate**, der **Kohlen=
hydrate**, namentlich Stärkemehl und Zucker, und der
Fette angehören. In den erwähnten Früchten finden
sich die letzteren meist jedoch nur in geringerer Menge.

Der Gehalt des Mehles der verschiedenen Getreide=
arten an Eiweißstoffen, Stärkemehl und Fett ist ziemlich
verschieden. In je 100 Theilen Mehles sind enthalten:

	Weizen:	Roggen:	Gerste:	Hafer:
Eiweißstoffe	12—13$_0$,$_0$	11—12$_0$,$_0$	5—10$_0$,$_0$	4—11$_0$,$_0$
Stärkemehl u. Zucker	73,5 „	71,9 „	73—83 „	68,5 „
Fett	1,2 „	1,6 „	2,0 „	2—6 „
Zellstoff	-·-	5 „	9,7 „	11,6 „

Unter den einheimischen Getreidefrüchten ist nach dieser kleinen Tabelle der Weizen am eiweißreichsten, der
Hafer am ärmsten an diesem nothwendigen Nahrungs=
bestandtheil. Seine relative Armuth an Kohlehydraten
wird dagegen durch eine reichlichere Fettmenge wieder aus=
geglichen.

Die **Eiweißstoffe im Pflanzenreiche** verhalten
sich ganz analog wie die animalischen Eiweißstoffe. In

den Pflanzen findet sich ein „lösliches Eiweiß", welches
dem Albumin (Serum-Albumin) der animalen Säfte und
Organe entspricht. Auch ein freiwillig gerinnendes Eiweiß
scheidet sich aus ausgepreßten Pflanzensäften ab, welches man
den freiwillig ausgeschiedenen thierischen Eiweißstoffen entsprechend als Fibrin, Pflanzenfibrin zu bezeichnen
pflegt. Außerdem findet sich namentlich in den Cerealien
noch ein dritter Eiweißkörper: der Kleber, welchen man
chemisch wieder in zwei Eiweißstoffe, in Pflanzen-
Glutin und Pflanzen-Casein, zerfällt. Der Kleber
bleibt beim Kneten des Mehls in einem Tuch unter
Wasser als eine zähe, klebrige Masse im Tuche zurück,
während das Stärkemehl durch die Zwischenräume des
Gewebes ausgepreßt wird. Der Kleber ist die Ursache
der Zähigkeit und des Zusammenhalts des Brodteigs,
Eigenschaften, welche der Teig für das Erzeugen eines
lockeren, porösen Brodes besitzen muß.

Das Stärkemehl der Getreidearten, welches die
Hauptmasse des Mehls ausmacht, ist mit dem Stärkemehl
anderer Früchte z. B. der Kartoffeln in der chemischen Zusammensetzung identisch. Das Kartoffelstärkemehl unterscheidet sich chemisch abgesehen von dem Quellungsvermögen
nicht von dem als Kindernahrungsstoff so berühmten Pfeil-
wurzelstärkemehl, dem Arrowroot, ebensowenig von der
Sago-Stärke aus dem Mark der Palmen. Die
Quellungsverhältnisse sind dagegen etwas wechselnd, sie
machen namentlich die eine Stärkemehlsorte vor der anderen als Nahrung beliebt. Es ist möglich, die verschiedenen Stärkesorten durch das Mikroskop an der Gestalt
der einzelnen Stärkekörnchen zu unterscheiden.

Die chemischen Bestandtheile des Mehles sind im Ge-
treidekorn nicht vollkommen gleichmäßig vertheilt. Die

äußeren Körnerschichten sind nicht unbedeutend eiweißreicher als die inneren, welche das feinste Mehl liefern.

Bei dem Zubereiten des Mehles zu Brod erleidet namentlich das Stärkemehl eine mehr oder weniger energische chemische Umgestaltung, auch die Eiweißstoffe werden an Masse etwas vermindert. Es hat das seinen Grund darin, daß auf ihre Kosten in dem feuchten Brodteige ein Gährungsvorgang des Zuckers eintritt, wodurch reichlich Kohlensäure gasförmig entwickelt wird. Ist der Teig kleberreich und dadurch zäh, so können die Gasblasen nicht entweichen, treiben in Blasen den Teig auf und machen ihn dadurch locker. Da das Roggenmehl kleberärmer als das Weizenmehl ist, so wird das Roggenbrod fester, weniger leicht als das Weizenbrod. Beim Backen des Brodes wird dasselbe soweit erhitzt, daß die Stärke zum Theil in Kleister übergeht. Namentlich in der Brodrinde, welche beim Backen einer bedeutenden Hitze (über 120⁰ C.) unterliegt, bleibt die Umwandlung der Stärke nicht auf dieser ersten Stufe stehen: es bilden sich außer den specifisch schmeckenden Stoffen der Rinde aus der Stärke Dextrin und Zucker, in Wasser lösliche Kohlehydrate, welche die Rinde leichter verdaulich machen als die Krume.

Im Norden Europas wird vorzugsweise Roggenbrod genossen, im Süden und Westen Weizenbrod, welches im Norden mehr als Luxusbrod auftritt. Seiner größeren Lockerheit wegen, worauf zum Theil seine größere Ausnützbarkeit bei der Verdauung beruht, ist das Weizenbrod dem Roggenbrod vorzuziehen, doch ist auch das letztere für einen Magen, der daran gewöhnt ist, vollkommen zuträglich. Im hohen Norden wird auch Gerste, namentlich in Schweden und Schottland auch Hafer dem Brode zugebacken, welche beide weit kleberärmer sind als der Roggen, das Brod

also noch fester werden lassen. Sonst finden Gerste und
Hafer meist als Grütze Verwendung.

Im hohen Norden, in dessen kurzen Sommern kaum
mehr Gerste oder Hafer zu reifen vermag, wird der Buch=
weizen oder das Heidenkorn angebaut, welches die
Hunnen, die „Heiden" nach Europa gebracht haben sollen.
Auch im südlicheren Europa, z. B. in Steiermark, wird es
vielfach als zweite Ernte, da es nur kurze Zeit zur Reife
bedarf, gezogen. Im Süden Europas, namentlich in Ita=
lien ist der Mais ein besonders wichtiges Volksnahrungs=
mittel, er enthält unter allen Mehlfrüchten die größte
Menge an Fett.   In Indien, überhaupt im südlichen
Asien dient als Nahrungsmittel des Volkes namentlich
der Reis, welcher unter den bishergenannten Ackerfrüch=
ten am ärmsten an Eiweiß ist. Die chemische Zusammen=
setzung der letztgenannten Früchte gibt in ihren Haupt=
zügen die folgende kleine Tabelle für je 100 Theile:

	Buchweizen:	Mais:	Reis:	Hirse:
Eiweißstoffe	3 — 9%	11,5%	5,8—7,5%	14,5%
Kohlehydrate . . .	55—76 „	67,6 „	80 „	66,5 „
Fett	1—1,5 „	6—7 „	— „	3 „

Der Hirse, welcher hier noch angereiht ist, besitzt
eine sehr beträchtliche Eiweißmenge, welche ihn neben sei=
nem relativen Reichthum an Kohlehydraten und Fett zu
einem werthvollen Nahrungsmittel gestaltet.

Die Samen der Hülsenfrüchte, die sogenannten
Leguminosen, der Erbsen, Bohnen, Linsen ver=
dienten als Volksnahrungsmittel viel weiter gehende Be=
achtung, als ihnen bis jetzt zu Theil wird. Sie sind die
eiweißreichsten Pflanzenprodukte und können daher am besten
für die animalischen Nahrungsmittel zum Theil als Ersatz die=

nen. Die Eiweißmodification, welche in ihnen vorkommt, wird als Legumin benannt; sie ist wahrscheinlich wie der Kleber eine Mischung mehrerer verschiedener Albuminate; Liebig bezeichnete sie als Pflanzenkaseïn. Zerquetscht man in lauem Wasser gequollene, frische Leguminosensaamen zu einem Brei und seiht denselben ab, so sondert sich derselbe in einen aus Stärkemehl bestehenden dickeren Bodensatz, über welchem eine milchähnliche Flüssigkeit steht. Durch Milchsäurebildung bekommt die letztere bei längerem Stehen wie die Milch eine starksaure Reaction, wodurch das Pflanzenkaseïn, wie das Milchkaseïn, in etwa 24 Stunden zur Gerinnung gebracht wird. Durch Kochen kann die Pflanzenmilch ebenso vor der freiwilligen Gerinnung geschützt werden, wie die Thiermilch. Auf diese Weise bereiten die Chinesen ihren Pflanzenkäse Toa-foo, welchen man häufig auf den Straßen von Canton zum Verkauf angeboten findet. Er enthält Stärkemehl an Stelle des Fettes im animalen Käse, ist aber sonst gesalzen und zubereitet wie dieser.

Die chemische Zusammensetzung der trockenen Leguminosensaamen gibt uns folgende kleine Tabelle; in je 100 Theilen sind:

	Erbsen:	Linsen:	Bohnen:	Saubohnen:
Eiweißstoffe	22%	26—29,7%	22,6—24,5%	25%
Stärkemehl	59 „	54 „	55,8 „	56 „
Fett	2,5 „	2 „	0,7—2 „	1,3 „

Die Leguminosen enthalten auch nicht ganz unbeträchtliche Mengen von Lecithin, jenes für die Bildung der Nervensubstanz unentbehrlichen phosphorhaltigen Stoffes, welcher auch in anderen Pflanzensaamen vorzukommen scheint, so daß die Möglichkeit, daß er im Allgemeinen aus dem Pflanzenreiche schon fertiggebildet in den animalen Organismus eingeführt wird, sehr wahrscheinlich ist (cf. S. 140.)

Die grünen, unreifen Zuckererbsen, welche durch einen reichlichen Zuckergehalt sich von den übrigen Leguminosen unterscheiden, schließen sich ihres großen Wassergehaltes wegen an die grünen Gemüse an, wo wir sie, übrigens an erster Stelle, finden werden.

Auf dem großen Eiweißreichthum der Leguminosen beruht vor allem ihr bedeutender Ernährungswerth. Es scheint, daß der menschliche Organismus die Eiweißstoffe, in der Form, in welcher sie ihm von diesen Samen geliefert werden, wohl zu verwerthen vermag. Man kann allein aus Leguminosen mit Zusatz von Fett eine genügende Nahrung für den Menschen zusammensetzen, es ist das die im Norden beliebte Volksspeise: Erbsen mit Speck, welche als „Erbswurst" im großen französischen Kriege bekanntlich auch zur Truppennahrung herbeigezogen wurde. Daß auch der Kindermagen die Nährstoffe der Leguminosen zu verarbeiten vermag, beweisen die vortrefflichen Ernährungs=Resultate, welche Bencke bei kleinen Kindern, von welchen eine andere Kost nicht mehr vertragen wurde, von dem Linsenmehl: Revalenta arabica, erhielt. Er beobachtete dabei auch keine gesteigerte Gasentwickelung in dem Verdauungskanal.

Am Schlusse der Betrachtung über die trockenen Mehlfrüchte haben wir noch die echte Kastanie zu erwähnen, welche durch einen reichlicheren Wassergehalt (53%) schon zu den Gemüsefrüchten überleitet. Die Kastanien besitzen 4,5% Eiweiß, 39,4% Kohlehydrate und nicht ganz 1% Fett. In Italien und Südtyrol spielen sie als Volksnahrungsmittel eine gewisse Rolle.

Die Olive, aus welcher das Olivenöl bereitet wird, ist für die Gegenden, in denen sie gedeiht, eine der wichtigsten Nahrungsfrüchte.

6) Gemüsefrüchte.

Den Getreidefrüchten stehen die Gemüsefrüchte gegenüber, von denen die letzteren durch einen sehr bedeutenden Wassergehalt sich auszeichnen. Obwohl sie also die gleichen zur Ernährung dienenden Stoffe: Albuminate, Kohlehydrate (Stärkemehl, Gummi, Zucker), Fette und die Blutsalze, namentlich Kali und Phosphorsäure, enthalten, wie die Getreidefrüchte, so ist ihr Ernährungswerth quantitativ und chemisch gesprochen doch weit geringer, da im gleichen Volum, des reichen Wassergehaltes wegen, viel weniger organische Nährstoffe enthalten sind als in jenen. So zuträglich und beinahe unentbehrlich daher auch ein Zusatz von Gemüsen zur Nahrung für die Erhaltung der Gesundheit ist, so wenig ließe sich eine Ernährung mit Gemüsen allein als eine rationelle bezeichnen. Das außerordentlich große Volum, welches zur Erhaltung des Körpers von diesen Substanzen erfordert wird, läßt alle jene Bedenken zur Geltung kommen, welche oben gegen die Lehre der reinen Vegetarianer vorgebracht wurden.

Die Gemüse können zweckmäßig nur als eine gesunde Beigabe zu der übrigen festen Nahrung dienen, wobei sie dann einen Theil der von letzteren geforderten Ernährungsaufgaben immerhin selbständig übernehmen können.

Diese Anschauung muß auch aufrecht erhalten werden bei der Beurtheilung der Kartoffel als Nahrungsmittel, welche in Deutschland und anderen europäischen Ländern namentlich in Irland zum Schaden der ärmeren Bevölkerung in großer Ausdehnung als fast einziger Ersatz

für Ernährung aus Getreidefrüchten ja auch für animale
Nahrung Verwendung findet. Im ganzen nördlichen
Europa gilt die Kartoffel wenigstens als die zweite Basis
der Volksernährung.

Während der Wassergehalt der reifen Getreide- und
Leguminosensamen nur etwa 14% beträgt, steigt der
Wassergehalt der Kartoffel bis zu 81%! Im Minimum,
bei den besten, mehlreichsten Kartoffelsorten fand man ihn
zu 74%. Der Gehalt an festen organischen Stoffen
schwankt also nur zwischen 19—26%, davon sind etwa
1—2% Eiweiß, 15—22% Stärkemehl und 0,3% Fett.

An sich ist die Kartoffel ein gesundes und wohl-
schmeckendes Nahrungsmittel, welches neben einer genügenden Menge eiweißreicher und fettreicher Stoffe als Volksnahrungsmittel seines relativ geringen Preises wegen die
vortrefflichsten Dienste leisten kann. Die Bevölkerung der
deutschen Ostsee- und Nordseeküsten, welcher neben der
Kartoffel noch reichlich Fische zur Verfügung stehen, erhalten sich bei dieser Nahrungsweise stark und vorzugsweise arbeitskräftig. Das letztere war im Allgemeinen
vor den Verheerungen, welche die Kartoffelkrankheit an-
richtete, auch bei den Irländern der Fall, welche namentlich Buttermilch zu den Kartoffeln zu genießen pflegen.
Doch wird hierbei das Volumen der zur Erhaltung nothwendigen Nahrungsquantität schon sehr beträchtlich. Noch
mehr ist es der Fall, wenn die instinktiv zur Kartoffel genossene eiweißreiche Nahrung, wie bei der armen Gebirgsbevölkerung des sächsischen Erzgebirges, bei welcher der
Salz-Häring sehr beliebt ist, mehr nur zur Rolle eines
geschmackverbessernden Speisezusatzes herabsinkt. Die erstaunlich großen Kartoffelmengen, welche hiebei schon zur
Erhaltung des kindlichen Organismus nöthig werden,

dehnen den Magen unverhältnißmäßig aus, so daß das Sättigungsgefühl bei von Jugend auf an Kartoffel= nahrung gewöhnten Individuen überhaupt erst bei einer viel größeren Nahrungsmenge eintritt, als bei Gewöhnung an eine consistentere Kost.

Wurzeln, Rüben, Kohl und Kraut, welche sonst noch als frische oder grüne Gemüse genossen werden, sind ebenfalls wenig concentrirte Nahrungsmittel; ihre Zu= sammensetzung lehren die folgenden Zahlen für je 100 Theile:

	Pflück= erbsen:	Schneide= bohnen:	Gelbe Rüben:	Möhren:	Salat u. Spinat:
Wasser	80%	91%	85%	87%	91%
Eiweiß	6 „	2 „	1,5 „	1,2 „	2 „
Kohlehydrate nament= lich Zucker	12,4 „	6,2 „	12,3 „	10,8 „	6 „

Das Sauerkraut, welches namentlich von unserer Landbevölkerung als ein wesentliches Nährmittel angesehen wird, enthält frisch 93% Wasser, nur 1% Eiweiß und 4,6% Kohlehydrate. Gekocht wird es etwas wasserärmer.

Bei den Gemüsen fällt, abgesehen davon, daß sie eine wohlthuende und für die normale Ernährung nothwendige Abwechselung in unseren täglichen Tisch bringen und Ge= schmacks=reizend wirken, vor allem ihr hoher Gehalt an Blutsalzen in die Augen, dessen Werth für die Erhaltung der Gesundheit, wie wir oben sahen, so bedeutend ist.

Das letztere gilt auch für das Obst, dessen Früchte neben aromatisch schmeckenden Substanzen, Pflanzensäuren, Zucker, Stärkemehl und sehr wenig (0,3—0,8%) Eiweiß etwa den Wassergehalt der grünen Gemüse besitzen (81—84,5%). Getrocknet steigt mit dem Wasserverlust ihr

Nährwerth sehr bedeutend an. Gedörrte Birnen enthalten 1,2% Eiweiß und 74,9% Kohlehydrate.

C. Die Genußmittel.

7) Die Erregung der Verdauungsnerven und die Gewürze.

Unter den diätetischen Vorschriften des großen Koi'schen Arztes finden wir die für alle Zeiten und Umstände zu beherzigende Mahnung, daß eine Nahrung, welche wir mit Vergnügen genießen uns zuträglicher sei als eine an sich vielleicht gesündere, welche uns Ekel einflößt. Hippokrates legt hier mit Recht auf die durch die vorgesetzten Speisen erregte natürliche Eßlust ein hohes Gewicht für ihre Ernährungserfolge.

Der vielseitig gerechtfertigte Vergleich des Menschenorganismus mit einer kalorischen Maschine hat schon manche und folgeschwere Irrthümer in die ärztliche Kunst eingeführt und gerade in Beziehung auf die der Menschengesammtheit so wichtigen Ernährungsfragen war das und ist das von jeher vielfältig der Fall. Ersatz der durch Abnützung verloren gegangenen Maschinentheile, Zufuhr von kraftlieferndem Brennmaterial sollen die wesentlichsten Aufgaben für die Erhaltung des Menschen durch die Nahrung ebenso wie für die Instandhaltung der arbeitenden Maschine sein. Man konnte auf den Gedanken kommen, es genüge für eine rationelle Ernährung der Rechnung nach ausreichende Mengen von Eiweiß, Kohlehydraten und Fett neben dem Wasser und den Blutsalzen in beliebiger Form darzubieten, der Organismus würde dann schon im Stande sein, die Stoffe aufzunehmen und zu verwerthen. Man hielt sich für wissenschaftlich berechtigt, ein Nahrungsmittel für das andere in der Nahrung ein= treten zu lassen, wenn nur in dem gereichten Nahrungs= gemisch dieselbe Eiweißmenge, dieselbe Menge von Fett und Kohlehydraten chemisch nachzuweisen war, welche man für eine ausreichende Nahrung postulirte.

Es ist das ein analoger Irrthum, wie er früher als längst überwundener Standpunkt auch in der Theorie der kalorischen Kraftmaschinen vorkommen konnte. Indem man nach chemischen Bestimmungen die Wärmemengen berech= nete, welche bei vollständiger Verbrennung ein Brenn= material zu liefern vermag, glaubte man die so gewonnenen Werthe direkt in der Praxis der Heizung der kalorischen Maschinen verwerthen zu können; man berechnete auf die= ser Basis wie viel von dem einen Brennmaterial oder wie viel von einem anderen in der Maschine verbrannt werden müsse, um dieselbe Arbeitsleistung zu erzielen. Gegen= wärtig weiß man, daß man aus solchen Rechnungen die Wahrheit kaum annähernd erfahren kann. Man kann den Werth des Brennmaterials nur direkt durch Verbrennung unter dem Dampfkessel für die bestehenden Heizeinrichtungen bestimmen; ein Brennmaterial, welches bei einer gegebenen Einrichtung eine Maximalleistung des Heizeffectes erzielt, gibt bei anderen Einrichtungen geringere und ungenügende Effecte. Bei einer Heizvorrichtung, welche z. B. für die Verbrennung von Holz hergestellt ist, kann man nicht ohne weiteres die viel schwerer verbrennlichen Steinkohlen als Heizmaterial substituiren.

Derselbe Gesichtspunkt gilt auch für die Beurtheilung der Ernährungsfragen. Auch hier kann nur durch das direkte Experiment an einem bestimmten zu ernährenden Organismus der Nährwerth der eingeführten Nährsub=

stanzen geprüft und festgestellt werden, während die Rech=
nung aus der chemischen Zusammensetzung oft nicht einmal
annähernd richtige Ergebnisse liefert.

Die verschiedenen animalen Organismen sind für die
Verwerthung bestimmter Nahrungssubstanzen physiologisch
eingerichtet, und wir können beim Hunde ebensowenig die
Nahrungsbedürfnisse durch die Stoffe zuführen, welche ein
Rind ernähren, wie wir bei einer Heizvorrichtung des Dampf=
kessels, welche für Holz vortrefflich ist, für das Holz ohne
Weiteres Coaks oder Steinkohlen substituiren können. Die
Verdauungsapparate des Pflanzenfressers vermögen die
schwer auszunützende Pflanzennahrung gut zu verarbeiten,
aus welcher der Fleischfresser seinen physiologischen Ein=
richtungen gemäß nur wenig und ungenügend aufzunehmen
vermag. An dieser Stelle müssen wir für den Menschen
noch einmal darauf aufmerksam machen, daß auch für ihn
namentlich der Unverdaulichkeit der Cellulosehüllen wegen,
welche die Pflanzennährstoffe in den Pflanzenzellen um=
schließen, und von denen er vermöge seiner Verdauungs=
einrichtungen nur die zartesten Formen, z. B. die der Kar=
toffel zu lösen vermag, die Pflanzenstoffe an Nährwerth
analog wie für den Fleischfresser verlieren. Es ist durch=
aus nicht gleichgültig, wie wir noch näher an Beispielen
kennen lernen werden, ob z. B. das Eiweiß in vegetabi=
lischer oder animaler Form in der Nahrung zugeführt
wird; letzteres kann der Mensch im Allgemeinen leichter
verdauen und resorbiren.

Aber nicht nur die verschiedenen beständigen phy=
siologischen Einrichtungen, wie sie sich zum Theil schon im
Bau der Verdauungsapparate aussprechen, bedingen die
Verdaulichkeit einer Substanz für den Menschen; wir
müssen, um ein sicheres Urtheil darüber zu gewinnen, uns

auch daran erinnern, daß alle Funktionen des lebenden
Organismus unter der Einwirkung des Nervensystems
stehen.   Je nach dem Zustande der Erregbarkeit und Er=
regung der betreffenden Nerven gehen die Funktionen des=
selben physiologischen Arbeitsapparates in gesteigerter oder
verminderter Intensität vor sich.   Es behält das auch
seine Geltung für die Nerven und Organe durch welche
die Verdauungsarbeit geleistet wird.

Die Bewegungen der Verdauungsorgane, die Abson=
derungen der die Speisen lösenden und chemisch umgestal=
tenden Verdauungssäfte: Speichel, Magensaft 2c. werden
durch Nerventhätigkeit hervorgerufen.   Die auf der Thätig=
keit der Nerven beruhende Funktionirung der Verdauungs=
organe wird, wie alle durch Nervenwirkung vermittelten
Bewegungen, durch sogenannte Nervenreize angeregt;
sie erfolgen nicht ohne eine genügend starke Reizung der
Verdauungsnerven.

Diese Reizungen sind nur zum Theil mechanischer
Natur.   Die mechanische Berührung der nervenreichen die
Mundhöhle mit der Zunge überkleidenden Mundschleimhaut
durch die Speisen, bringen ebenso wie die Kaubewegungen
schon normal einen geringen Reizzustand der Nerven der
Speicheldrüsen hervor, so daß eine Absonderung ihres für
die Lösung und Verdauung der in den Mund gebrachten
Nahrungsmittel so wichtigen Secretes, des Speichels er=
folgt.   Bei Menschen und Thieren, bei denen man durch
sogenannte Magenfisteln d. h. Oeffnungen durch die Bauch=
wand in den Mageninnenraum, wie sie durch schlecht=
geheilte Verletzungen beim Menschen in seltenen Fällen
beobachtet worden sind, und wie sie bei Thieren für die
physiologische Beobachtung absichtlich hergestellt werden
können, die innere Magenhaut beobachten kann, kann man

auf mechanische Reizung z. B. Reiben mit einem abge=
rundeten Stäbchen oder Verschlucken geschmackloser unver=
daulicher Stoffe eine Absonderung des flüssigen Ver=
dauungssekretes des Magens, des Magensaftes be=
obachten.

Aber diese mechanischen Nervenreize werden durch
chemische und physiologische an Intensität ihrer Wirkung
weit übertroffen. Einem Hungernden läuft schon bei der
Vorstellung einer stark und angenehm schmeckenden Sub=
stanz „das Wasser im Munde zusammen" und bei dem
Vorhalten z. B. eines Härings können wir bei einem sol=
chen den Speichel im starken Strahl aus dem geöffneten
Munde spritzen sehen. Noch weit energischer ist die Wir=
kung, wenn die die Geschmacksnerven stark erregenden
Stoffe direkt mit der Mundschleimhaut namentlich mit dem
Zungenrücken in Berührung gebracht werden. Der Ge=
schmackssinn ist nicht allein dadurch für die Gesundheit un=
entbehrlich, daß er uns vor schädlichen Stoffen durch die
unangenehme oder specifische Geschmacksempfindung warnt,
seine Wirksamkeit besteht fortwährend und bei jeder
Nahrungsaufnahme vor allem darin, daß er einen reizen=
den Einfluß auf die ihm direkt unterstellten Verdauungs=
nerven ausübt. Innerhalb weiter Grenzen steigt die
Energie unserer Verdauung mit der gesteigerten physio=
logischen Reizung des Geschmacksorganes.

Für längere Dauer können daher die menschlichen
Verdauungsorgane nur schwer eine vollkommene geschmack=
lose Nahrung bewältigen und ertragen. Aus Mangel an
dem physiologisch nothwendigen Nervenreize kann eine ge=
schmacklose Nahrung, welche an sich und für die sonstigen
speciellen Körperzustände eines Menschen vielleicht vorzüg=
lich geeignet erscheinen würde, nach einer gewissen Zeit

nicht mehr genossen werden. Bei Kranken hat man oft
Gelegenheit, diese Beobachtung zu machen. Es stellt sich
der Zustand der „Abgegessenheit" für die Speise ein, Ekel,
Erbrechen schließlich tiefere Störungen in der Funktionirung
der Verdauungsorgane und damit des Gesammtbefinden.

Aber nicht nur geschmacklose Speisen wirken endlich
in dieser schädlichen Weise. Da ein Nervenreiz bei gleich=
bleibender Stärke um so schwächer wirkt, je öfter er den
Nerven schon getroffen hat, so sehen wir schließlich den
Zustand der Abgegessenheit eintreten, wenn auch nicht
in dem gleich hohen Grade bei einer Nahrung deren
Geschmack zu monoton ist. Die gleiche Geschmacksempfin=
dung zu oft wiederholt, wirkt schließlich nur noch schwach
oder nicht mehr erregend auf die Verdauungsnerven ein,
die Eßluft schwindet. Ein neuer Geschmack bringt wieder
stärkere Erregung und damit neue Eßluft zurück.

Namentlich bei geschwächtem Appetit, bei kranken und
blutarmen Kindern und Frauen ist diese Bemerkung von
der größten Bedeutung. Während nach kräftiger Arbeit
ein hungriger Mann sehr geringe Geschmacksreize bedarf,
um seine Verdauungsorgane auf das richtige Maß ihrer
physiologischen Energie zu bringen, kann die genügende
Speisemenge bei jenen geschwächten Individuen meist nur
durch Abwechselung in den Geschmackseindrücken, z. B.
durch einen größeren Wechsel in den Speisen, zugeführt
werden; sie können von einer Speise allein im Ganzen
weniger genießen als von mehreren verschieden schmeckenden.

In diesen Erfahrungen spricht sich der Grund aus,
warum, wie die Menschheit seit den ältesten Zeiten weiß,
der Wechsel der Nahrungsmittel für die Erhaltung der
Gesundheit unumgänglich erforderlich ist. Auch bei dem

einfachsten Mahl der Armuth finden wir das Bestreben nach Abwechslung in den Geschmacksreizen realisirt.

Nun verstehen wir auch den heilsamen Erfolg für die Ernährung besser, welchen die verschiedenen minderwerthigen Nahrungsmitteln: die Gemüse, Obst ꝛc. besitzen, welcher sich nicht allein aus ihrem chemischen Ernährungswerth berechnen läßt. Sie bringen bei der Ernährung des Menschen die absolut erforderliche Abwechselung in den Geschmacksempfindungen hervor, was besonders für die aromatischen, Zucker und Säuren enthaltenden Früchte Geltung behauptet. Von diesem Gesichtspunkt wird uns auch das Kochsalzbedürfniß des Menschen verständlicher, welches größer ist, als es dem physiologisch nothwendigen Kochsalzverlust des Organismus entsprechen würde. Wie ein Centralafrikaner Weib und Kinder verkauft, um sich den ersehnten Genuß des Kochsalzes zu verschaffen, so würde, nach dem drastischen Ausdruck des Gefängnißdirektors Elvers, ein Zuchthaussträfling, heruntergekommen durch die meist zu reizlose Kost der Strafanstalt, seinen besten Freund verrathen um einen Häring, um eine saure Gurke.

Die Wirkung der Gewürze mit dem Kochsalz, dem Zucker, den Säuren beruht auf den dargestellten Verhältnissen. Namentlich am Zucker sehen wir, daß eine Substanz, welche einen sehr bedeutenden Nährwerth besitzt, doch unter die „Gewürze" zu rechnen ist, von denen man sich gewöhnlich die Vorstellung zu machen pflegt, daß sie zur Ernährung direkt nicht beitragen. Dasselbe gilt im geringerem Maße von den vegetabilischen Säuren, welche allein oder in ihrer Mischung mit Zucker, den Geschmackssinn so angenehm und energisch erregen. Auch sie finden im Organismus noch Verwendung als Nahrungsstoffe, sie werden zersetzt, oxydirt.

Gewürz ist also physiologisch jede Substanz, welche den Geschmacksinn in stärkerer Weise zu erregen vermag, gleichgiltig ob sie chemisch größeren oder kleineren oder keinen Nahrungswerth besitzt. Die stark schmeckenden, die Verdauungsnerven lebhaft afficirenden Stoffe, welche bei längerem Braten des Fleisches und beim Backen des Brodes, namentlich des Schwarzbrodes durch die gesteigerte Hitze in der Rinde entstehen, müssen wir in diesem Sinne unter die am stärksten wirkenden Gewürze rechnen; ebenso die chemischen Zersetzungsprodukte der Fette und Eiweiß= stoffe, welche dem Käse und den gesalzenen Fischen; oder die Produkte der Holzdestillation, welche dem geräucherten Fleische die den Geschmacksinn stark erregenden Eigen= schaften ertheilt.

Im Allgemeinen lieben das männliche Geschlecht und ältere Leute stark schmeckende Gewürze mehr als Kinder und Frauen. Es hängt das mit der zarteren Erregbarkeit des gesammten Nervensystems der letzteren zusammen. Die „gröberen" Nerven der Männer und die in ihrer Erreg= barkeit und Leistungsfähigkeit geschwächten Nerven der Alten bedürfen stärkerer Anstöße um eine Maximalleistung auszuüben. Die geringere Neigung für Gewürze erstreckt sich bei Frauen und Kindern gewöhnlich nicht auf den Zucker. Da der Zucker in gesteigerter Menge genossen, Veranlassung gibt zu abnormer, störender Säurebildung im Mund (wo sie die Zähne angreift), im Magen und dem ganzen Verdauungskanal, so ist schon aus diesem Grunde sein unbeschränkter Genuß nicht anzurathen. Dagegen erscheint die gesteigerte Neigung nach Kochsalz, welche man bei Kindern hie und da schon in zartem Alter bemerkt, vollkommen unbedenklich.

Was von der Erregung des Geschmacksinnes gesagt

wurde, gilt in etwas geringerem Grade auch von der Erregung des Geruchssinnes. Der Geruch einer ange-
nehmen Speise erregt die Verdauungsnerven und steigert
die Eßlust und damit die Verdauungsfähigkeit analog wie
der angenehme Geschmack. Darauf beruht es, daß Hippokrates räth Personen, welche eine schnelle Erholung nöthig
hätten, durch Geruch zu erquicken. Demokrit ging so weit,
den Gerüchen eine nährende Kraft zuzuschreiben. Man
liest, daß ihn seine Schwester während gebotenen Fastens
einige Tage mit dem Geruch des frischen Brodes erhalten habe.

8) Die eigentlichen Genußmittel: Alkoholische Getränke, Thee, Kaffee, Chocolade.

Während die Gewürze vornehmlich auf die eigentlichen Verdauungsnerven in physiologischer Weise erregend
wirken, sehen wir von dem Menschengeschlecht eine Anzahl
Nervenreizmittel zum Genusse verwendet, deren vorzüglich
wirksame Substanzen eine zunächst erregende Wirkung auf
das gesammte Nervensystem mit dem Gehirn ausüben.

Nach dem Vorgang von v. Bibra bezeichnen wir diese
Stoffe im Gegensatz gegen Nahrungsmittel und Gewürze
als eigentliche Genußmittel. Wir rechnen darunter die
alkoholischen, und die durch ihre organischen Alkaloide aus-
gezeichneten erregenden Getränke der civilisirten Nationen:
Thee, Kaffee, Chocolade. Die genannten Genußmittel sind
unter die allgemein zur Ernährung benützten Stoffe aufgenommen, sie vertreten· in den Augen des Publikums
zum Theil geradezu andere consistentere Nahrungsstoffe.
In Franken, vornehmlich aber in den ärmsten Gegenden
des sächsischen Erzgebirges besteht das Mittagsmahl oft

nur aus dünnem Kaffee, meist nur aus Surrogat gemacht, und Kartoffeln. Der Bayer hält das Bier für ein wichtiges Nahrungsmittel, das bei der Hauptmahlzeit nicht fehlen darf; und es erregte in München einen Sturm der Heiterkeit und der Entrüstung, als Liebig vom chemischen Standpunkte aus die Nahrhaftigkeit des bayrischen Bieres bestritt, dessen vortreffliche Ernährungsresultate so mancher Bayer an seinem Körper zur Schau trägt.

Der zwingende Grund, welcher außer dem Hunger=gefühl und dem mangelnden Gefühl des Wohlseins, den Armen nöthigt, Speise zu sich zu nehmen, ist der, daß er ohne Nahrung nicht zu arbeiten vermag. Der Hungernde ist schwach und kraftlos. Die Genußmittel reihen sich da=durch den wahren Speisen an, daß sie analog wie die Sättigung ein Gefühl des körperlichen Wohlbehagens hervorrufen und die Arbeitsfähigkeit des Individuums momentan steigern. Diesen Erfolg verdanken sie zunächst ihrem erregenden, die Erregbarkeit steigernden Einfluß auf das gesammte Nervensystem. Sie enthalten alle physio=logische Nervenreize, welche ein aus Arbeit oder Krankheit hervorgegangenes Schwächegefühl der Nerven und Muskeln zu vertreiben geeignet sind.

So sehen wir Bevölkerungen bei einer Nahrung der Hauptmasse nach aus Kartoffeln, welche an sich kaum zum Wiederersatz des durch Arbeit gesteigerten Stoffverbrauches genügen würde, durch Kaffeezusatz sich arbeitslustig erhalten.

Das Hunger= und Schwächegefühl durch unzureichende Nahrung wird durch Branntweingenuß vertrieben, so daß die Arbeit noch einige Zeit fortgesetzt zu werden vermag, welche sonst das Gefühl der Ermüdung unterbrechen würde.

Um sofort nach dem Essen, trotz des gesteigerten inneren Kraftverbrauches zur Verdauung der Nährmittel,

11*

wieder zur Arbeit geschickt zu sein[1], sehen wir Kaffee und
Wein, von dem Arbeiter Branntwein und Bier verwendet.

An sich ist der mäßige Genuß dieser nervenerregenden
Stoffe nicht schädlich. Er wird es erst dann, wenn der
durch sie ermöglichte, gesteigerte Kräfte- und Stoffverbrauch
durch eine wahrhaft genügende Nahrung nicht wieder ersetzt wird. Der Arme, welcher seine Arbeitsfähigkeit, ohne
entsprechenden Ersatz der verbrauchten Körperstoffe, durch
Branntwein steigert, ist in Wahrheit ein Hungernder. Die
Abmagerung und Kraftlosigkeit, welche letztere nur durch
Branntweingenuß für kurze Zeit gehoben werden kann:
jene unbehagliche, leidenschaftliche Stimmung der Armuth,
welche jede Staatsverwaltung als einen festen Factor in
ihre politischen Berechnungen einzuführen hat, sind Symptome des Hungers.

Abgesehen von ihrer Allgemeinwirkung auf das Nervensystem erklärt sich der Trieb des Menschengeschlechtes nach
Genußmitteln übrigens auch aus denselben Gesichtspunkten,
welche wir für die Anwendung der Gewürze geltend gemacht haben. Ein frischer Trunk Bier zur einfachsten
Nahrung macht diese wohlschmeckender. Wir finden in
allen oder wenigstens in der Mehrzahl der Genußmittel neben
den für die allgemeine Nervenerregung wirksamen Stoffen
(Alkohol, Theïn, Theobromin) noch Substanzen, welche als
Geschmacksreize wirken und die Absonderung der Verdauungssäfte steigern. Namentlich ist das bei dem Biere
der Fall, dessen angenehm schmeckender Bitterstoff als
Verdauung-beförderndes Mittel wirksam wird. Die günstige Wirkung des Bieres zur Verbesserung der Ernährung
bei Reconvalescenten und Geschwächten, welche meist die des
Weines weit übertrifft, beruht zum Theil auf diesem letzterwähnten Verhältnisse.

Doch ist auch den Genußmitteln aller reale Nähr=
werth nicht abzusprechen; bei Chocolade und Bier besitzt
er sogar eine durchaus nicht zu unterschätzende Größe.

Ihrer chemischen Zusammensetzung nach lassen sich
die Genußmittel in zwei verschiedene Gruppen
ordnen.

Die erste Gruppe ist durch die in ihren Repräsen=
tanten enthaltenen stickstoffhaltigen Basen ausge=
zeichnet. Hierher gehören die warmen Volksgetränke: die
Chocolade, der Kaffee, der Thee. Die beiden letzteren ent=
halten den gleichen wirksamen, krystallisirbaren Stoff,
Theïn oder Kaffeïn genannt. In der Cacaobohne,
welche zur Bereitung der Chocolade dient, findet sich der
dem Theïn chemisch und physiologisch sehr nah stehende
Stoff: Theobromin.

Die organischen Basen, zu deren Reihe die genannten
Stoffe gehören, sind fast alle durch einen größeren oder
geringeren Einfluß auf das Nervensystem, die Muskeln
und die Blutcirkulation ausgezeichnet. Ordnen wir sie
nach der Stärke ihrer physiologischen Wirkungen in eine
Reihe, so beginnt diese mit den in der Folge noch näher
zu besprechenden organischen Basen der Fleischbrühe; an
sie reiht sich das Theïn und Theobromin an. In der
Mitte etwa würde das Chinin als geschätzte Arzenei
stehen. Dann folgen die narkotischen Bestandtheile des
Opium's, von denen namentlich das Morphium dem
Publikum bekannt ist, in geringen Dosen die wirksamsten
Arzeneien, in größeren tödtliche Gifte. Auch der im Tabak
enthaltene wirksame Stoff ist eine, jedoch nicht krystalli=
sirende, organische Base, das Nicotin, welches in
concentrirtem Zustand überaus starke giftige Wirkungen
ausübt.

Im Aufguß des Thee's und Kaffee's finden sich reichlich wichtige anorganische Stoffe, Blutsalze. Der
Theeaufguß enthält in relativ nicht unbeträchtlicher Menge
gelöste Eisen- und Mangansalze, welche Liebig für das
Eisenbedürfniß des Menschen von Wichtigkeit erschienen.
In der Theeasche finden sich mehr Natron-, in der Kaffee-
asche mehr Kalisalze.

Die genannten Genußmittel, an welche sich in seinen
Wirkungen zunächst der Tabak anschließt, haben auf
unserem Kontinent erst in verhältnißmäßig neuer Zeit
allgemeine Verbreitung erreicht. Uralt ist dagegen die
Benützung, der alkoholischen gegohrenen Getränke, der
Genußmittel der zweiten Gruppe: Wein, Bier,
Branntwein.

In allen dreien vornehmlich aber im Branntwein
spielt als Nervenreizmittel der Alkohol die Hauptrolle.
Der Branntwein wird abgesehen von dieser Wirkung
von dem Armen als ein Nahrungsmittel betrachtet. Der
Hungernde friert. Wenn er sich in der schlechten Jahreszeit genügende Mengen Eßmaterial, Heizung und Kleidung
nicht zu verschaffen vermag, um sein Kältegefühl zu vertreiben, so greift er zu einem Glas Branntwein, der ihn
erwärmt. Aber dieses subjective Wärmegefühl, wie es
durch Branntwein hervorgerufen wird, ist von dem Wärmegefühl eines reichlich genährten Menschen himmelweit verschieden. Bei reichlicher Nahrungsaufnahme wird durch
die in Folge davon gesteigerte organische Verbrennung
die Wärmeproduktion des menschlichen Körpers
sehr bedeutend gesteigert. Wir können, nach den oben
mitgetheilten von Frankland gewonnenen Zahlenwerthen
der Verbrennungswärme der im Körper oxydirten Substanzen, aus dem Stoffverbrauch während 24 Stunden

die Wärmemengen bestimmen, welche ein wohlgenährter
Mensch in einem Tage producirt und sie mit der von
demselben Organismus im Hungerzustande allein durch die
organische Oxydation seiner Körperstoffe erzeugten Wärmemenge vergleichen. Der Verfasser hat an sich selbst eine
Anzahl solcher Versuche bei verschiedenen Ernährungsweisen
ausgeführt. Es ergab sich als Mittel der Wärmeproduktion
im Tage für den erwachsenen kräftigen Mann 2300 Wärmeeinheiten. Bei reichlicher Fleischkost steigt die Wärmeproduktion auf 2800 W. E. Bei einer Ernährung mit
nur stickstofffreien Substanzen, welche dem Kohlenstoffbedürfniß für den Tag genügten, fiel sie dagegen auf
2060 W. E.; in den zweiten 24 Stunden nach der letzten
Nahrungsaufnahme also im Hungerzustande betrug
sie nur 2013 W. E.

Es ergiebt sich aus diesen Zahlen mit aller Sicherheit, daß die Wärmeproduktion des Menschen durch die
schlechtere und mangelnde Nahrung sehr bedeutend herabgesetzt wird, und wir dürfen noch viel schlagendere Beweise
dieses Satzes bei der Untersuchung herabgekommener Individuen und nach längerem theilweisen oder vollkommenen
Hunger erwarten. Der Hungernde friert also schon darum,
weil er wirklich viel weniger animale Wärme producirt
als der reichlich Genährte.

Der Branntwein führt ihm objectiv so gut wie keine
Wärme zu. Der Alkohol unterliegt im Organismus nur zum
Theil den oxydirenden Einflüssen, er wird in der Athmung
unverändert wieder ausgeschieden. Das subjective Wärmegefühl, welches er erzeugt, beruht darauf, daß er die Blutvertheilung des Organismus verändert. Nach Branntweingenuß tritt relativ mehr Blut in die peripherischen Körper-
theile, in die Haut; die Haut wird dadurch wärmer; an

dem gerötheten Gesicht des Trinkers wird diese stärkere
Füllung der Hautblutgefäße direkt dem Auge sichtbar.
Unser subjectives Wärmegefühl beruht vorzüglich auf der
wechselnden Blutmenge der Haut. Im Fieber z. B. wo=
bei die Temperatur des kranken Körpers absolut erhöht
ist, stellen sich die stärksten Frostanfälle ein: Fieberfrost,
hervorgerufen durch eine krampfhafte Zusammenziehung
und dadurch Entleerung der Blutgefäße der Haut. Das
Thermometer zeigt dann im Gegensatz gegen das subjective
Befinden des Patienten eine über die Norm gesteigerte
Temperatur. Umgekehrt fühlen wir uns warm, wenn wie
nach Branntweingenuß oder dem Genuß warmer Getränke,
oder durch stärkere Körperbewegung, eine reichliche warme
Blutmenge unsere erweiterten Hautgefäße durchströmt. Je
größer die Wärmedifferenz zwischen Haut und umgebender
Luft ist, desto rascher ist nun aber, nach den allgemein
gültigen Gesetzen der Wärmeausgleichung, der Wärme=
abfluß aus unserem Körper. Wir verlieren also an die
kalte Athmosphäre absolut um so mehr Wärme, je wärmer
unsere ungeschützte Körperoberfläche ist. Der Wohlhabende
kann im Winter durch warme Kleidung, durch Heizung
der Zimmer, durch Nahrungsaufnahme, seine Wärmeabgabe
dem Wohlbefinden gemäß reguliren. Der Arme, dem diese
Mittel abgehen, kann zwar momentan durch Branntwein
sein subjectives Wärmegefühl steigern, er steigert aber da=
mit nothwendig auch seinen Wärmeverlust. Er zehrt von
dem für die Erhaltung seines Körpers nothwendigen Wärme=
kapital. Die bei strengem Frost im Winter Erfrierenden
sind theils Kinder und alte Leute, zum großen Theil aber
schlecht gekleidete Betrunkene. A. Walther hat
die gesteigerte Wärmeabgabe nach Alkoholgenuß und ge=
steigerter Muskelarbeit experimentell constatirt. Der Al=

kohol vermag also nur warmgekleidete, gut genährte In=
dividuen dauernd zu erwärmen. Dem Armen entzieht er
unter dem schmeichelnden Schein der subjectiven Erwärmung
die in seinem Körper vorhandene Wärme übermäßig rasch,
um so rascher, wenn er sich noch zu körperlicher Arbeit
zwingen muß. Wir sehen daher den Armen unter Brannt=
weingenuß außerordentlich schnell in seinen allgemeinen
Körperverhältnissen herabkommen. Zum großen Theil rührt
das aber auch daher, daß der Branntwein in größeren
Quantitäten die Eßluft unterdrückt und schließlich zu be=
deutenden Störungen in den Verdauungsorganen und
zwar zuerst im Magen führt, woraus sich endlich die
schwersten allgemeinen krankhaften Störungen herausbilden.

Der Branntwein wird daher für die ärmere Bevöl=
kerung namentlich in Zeiten des Mangels zu einem wahren
Gift und wir müssen es mit Freude begrüßen, wenn sein
Verbrauch durch die Fortschritte des Biergenusses einge=
schränkt wird. Wie bei den Ernährungsfragen über=
haupt, so handelt es sich auch bei der Beurtheilung
der schädlichen Wirkungen des Branntweins zunächst um
das Quantum, in welchem es genossen wird.

Im Uebermaße genossen wirken auch Wein und
Bier schädlich, obwohl sie bei vernünftigem Gebrauch ge=
radezu die Wirkung sehr werthvoller Medicamente besitzen.
Bei Bier und Wein kommt, außer dem in relativ geringen
Mengen in ihnen enthaltenen Alkohol (Branntwein hat
$50^0/_0$; Wein $6^0/_0$; Bier $3^0/_0$ Alkohol), noch ihr reicher
Gehalt an Blutsalzen namentlich an p h o s p h o r s a u r e m
K a l i in Betracht. Das Bier enthält außer diesen Salzen
und Alkohol und Kohlensäure, noch wahre organische Nähr=
substanzen, namentlich Zucker und Gummi, Dextrin, auch
einen kleinen Rest von Kleberbestandtheilen dann Fett und

Milchsäure, und die bitteren und aromatischen Stoffe
des Hopfens. Im Ganzen betragen die festen Stoffe im
Biere aber nur 5—6%, 94% der Biere ist Wasser.
Zum Ersatz der im Stoffwechsel zu Verlust gegangenen
Körperbestandtheile trägt in bedeutenderer Menge das
Bier nur bei, wenn es in so enormen Quantitäten ge-
trunken wird, wie das von einigen Bevölkerungsklassen
Süddeutschlands geschieht. Bei der Beurtheilung der
Nährerfolge des Bieres müssen wir aber auch berücksich-
tigen, daß nach Liebig's Zusammenstellungen, die stärksten
Biertrinker auch sehr starke Esser zu sein pflegen.

Aus den Untersuchungen von Victor Hehn zur Geschichte des Biertrinkens geht hervor, daß der
Biergenuß in älteren Zeiten namentlich auf unserem Continent weit verbreiteter war als jetzt. Im heutigen Ungarn,
in Illyrien und Thracien, d. h. in der größeren nördlichen
Hälfte der türkisch-griechischen Halbinsel, in Phrygien, Armenien und Aegypten, in Portugal und Spanien bis an
die Grenze der Genuesischen Küste war nach den Zeug-
nissen des Alterthums das heute in jenen Ländern bei
der Masse der Bevölkerung fast unbekannte Bier ehemals
ein allgemeines Getränke des Volks. Die Völker Mittel-
und Nordeuropas von indoeuropäischem Blute, die Kelten,
Germanen, Litauen und Slaven hatten gegohrene Getränke: Bier und Meth in allgemeinem Gebrauch. Virgil
und Tacitus schildern uns den Winter der Nordvölker (der
Scythen), die Pelzbekleidung, die Wohnungen unter der
Erde, erhellt und erwärmt durch das Feuer ganzer Baum-
stämme, und ihre gegohrenen Getränke, an denen
sie sich statt des Weines berauschten. Bei den Kelten des
mittleren Frankreich war nach dem Zeugniß des Posidonius
um die Mitte des ersten Jahrhunderts unserer Zeitrech-

nung das Bier das eigentliche Volksgetränk. Es erhielt sich als solches in Nordfrankreich, Belgien, den brittischen Inseln während des römischen Kaiserreichs bis zum Mittel= alter und von da bis auf den heutigen Tag. Wie tief der Genuß des Bieres in der Sitte der brittischen Kelten gewurzelt war, beweist uns unter anderem auch ein Zug aus der Lebensgeschichte der heiligen Brigitta. Sie wieder= holte das Wunder von Cana, doch so, daß sie, den Durst der Bedürftigen zu stillen, Wasser in Bier verwandelte.

Tacitus kennt die Germanen als dem berauschenden Gerstensafte ergeben. Cäsar und Plinius wissen davon nichts. Es scheint, daß die Germanen erst dann als sie sich dem seßhaften Leben und dem Ackerbau mehr zu= wendeten, von der keltischen Bevölkerung Deutschlands und Galliens den Biergenuß überkamen, den sie in ihren früheren Sitzen wohl nicht gekannt hatten. Von allem Ausländischen nehmen Barbaren überall nichts so gern und willig an als Berauschungsmittel. Mit größter Wahr= scheinlichkeit dürfen wir annehmen, daß so lange die ger= manischen Stämme noch nicht wirklich seßhaft geworden waren, sie wie ihre nächsten Nachbarn die Preußen zu Wulfstans und König Aelfreds Zeit nur Meth aus dem mit Wasser verdünnten Honig der wilden „in Felsen und Eichen wohnenden" Bienen und gegohrene Pferdemilch tranken, wie die Bewohner der asiatischen Steppen noch heute. Der Meth scheint das Urgetränk der nach Europa einwandernden Indogermanen gewesen zu sein; auch in der ältesten Zeit Griechenlands treffen wir auf seine Spuren.

In späterer Zeit wurde das Bier durch den Wein auch aus Gegenden verdrängt, welche heute als die Stamm= sitze des Biergenusses erscheinen. So war im weiteren

Verlaufe des Mittelalters in Süddeutschland das Bier
ganz oder fast ganz aus dem Gebrauche gekommen und
anolog wie Süd= und Mittelfrankreich war auch Bayern
durchgängig ein Weinland geworden. Erst in verhältniß=
mäßig neuerer Zeit hat das norddeutsche Bier, unterstützt
durch die Kunst, es haltbarer zu machen und durch Wohl=
feilheit des Preises das alte Terrain mehr und mehr
wieder erobert und wir sehen es heute seinen Siegeszug
gegen Wein und namentlich Branntwein weiter und weiter
ausdehnen.

9) Fleischbrühe und Fleischextrakt.

Die tausendjährige Erfahrung der Gesunden und
Kranken legt einer guten Fleischbrühe einen hohen
Werth bei. Der Deutsche verlangt als Vorbereitung auf
sein einfaches Mahl eine kräftige Fleischsuppe. Eine gute
Suppe „weckt Todte auf". Nach Anstrengung und Er=
müdung gibt kaum etwas Anderes so rasch und sicher das
Gefühl des Wohlbehagens und der Kraft zurück. Bei ge=
sundem Appetit steigert die Suppe die Eßlust. Auch bei
krankhaften Schwächezuständen gibt sie das Gefühl der
Kräftigung und Stärkung und erhöht die Leistungsfähigkeit.

Nach dieser physiologischen Wirkung reiht sich die
Fleischbrühe vollkommen den Genußmitteln der ersten
Gruppe z. B. dem Kaffee an, welcher bei Gesunden und
Kranken ebenfalls das fehlende Kraftgefühl zurückbringt
und die Widerstandsfähigkeit steigert. Die Fleischbrühe
ist ein wichtiges Nervenreizmittel, welches die Natur dem
Menschen in seiner normalen Nahrung zubereitet.

Auch bei der Fleischbrühe beruht der belebende Ein=
fluß auf organischen und anorganischen Stoffen, denen

ganz analog, welchen wir in jenen Genußmitteln die Wirkung auf das Nervensystem zu schreiben mußten.

Bei längerem Kochen des Fleisches in Wasser trennen
wir zum Theil die löslichen Bestandtheile desselben von
den in heißem Wasser unlöslichen. Die ersteren gehen in
die Fleischbrühe über. Es sind vor allem anorganische
Stoffe, unter denen das phosphorsaure Kali die Hauptrolle spielt, und die sogenannten Extractivstoffe des Fleisches.
Die wichtigsten der letzteren sind die stickstoffhaltigen organischen Basen, den Alkaloiden nahestehend, welche sich im
Kaffee, Thee und der Chokolade finden. Ihre Namen be-
deuten auf deutsch Fleischstoff: Kreatin und Kreatinin,
Sarkin und das erst in neuester Zeit aufgefundene Carnin,
welches chemisch dem Theobromin der Cacaobohne nächst
verwandt ist (Oxytheobromin). Außerdem finden wir etwas
Fleisch-Milchsäure, Spuren von Zucker und zuckerbildender
(glycogener) Substanz. Bei längerem Kochen verwandelt
sich, namentlich im Fleisch junger Thiere das Bindegewebe
in Leim, welcher sich der Brühe zumischt. Dagegen gerinnen die Eiweißkörper und zwar auch die, welche das
kalte · Wasser aus dem rohen Fleisch zuerst ausgelaugt
hatte. Sie werden nach dem Gerinnen als „Schaum"
abgeschöpft. Die Brühe enthält also gewöhnlich keine Eiweißkörper; erst nach sehr lange fortgesetztem Kochen
namentlich unter erhöhtem Druck z. B. im Papin'schen
Topf lösen sich die in der Hitze geronnenen Eiweißkörper
zum Theil wieder auf.

Die Schmackhaftigkeit, die sogenannte „Stärke" der
Fleischbrühe wird von der relativen Menge der wie beim
Braten so auch, wenn auch in geringerem Grade beim
Kochen entstehenden stark riechenden und schmeckenden Zer-
setzungsprodukten des Fleisches bedingt. Dazu verlangen

wir von einer „starken Fleischbrühe" noch einen reichlichen
Geschmack nach Kochsalz und eine leicht bräunliche Färbung.

Es geht aus dem Gesagten hervor, daß die in der
Fleischbrühe befindlichen schmeckenden und riechenden Stoffe
zunächst im Sinne von Gewürzen (S. 157) verdauungan-
regend wirksam werden. Die für die allgemeine Anregung
des Nervensystems wichtigen Stoffe, auf denen die allgemein belebende Wirkung der Fleischbrühe beruht, und
welche diese zu einem wahren Genußmittel machen: Kreatinin, Milchsäure, phosphorsaures Kali ꝛc. betheiligen sich
nicht oder nur in geringerem Grade an dem Geschmack
der Fleischbrühe. Wir haben experimentell feststellen
können, daß diesen Stoffen in mäßigen Dosen eine allgemein
nervenbelebende Wirkung zukommt. In übermäßig großen
Dosen kann die Wirkung der Extractivstoffe der Fleischbrühe aber sogar eine toxische werden. Wie es scheint
wirkt nach dieser Richtung vor allem neben dem Kreatinin
das phosphorsaure Kali, welches in geringen Dosen die
Nervenerregbarkeit erhöht, in größeren sie dagegen herabsetzt, ermüdet, und schließlich vernichtet. Kaninchen hat
man mit großen Gaben Fleischextract getödtet. Der Genuß der Fleischbrühe bei geschwächten Kranken ist oft mit
stärkerer Erregung verknüpft als bei Gesunden. Wir sehen
nach dem Genuß starker Fleischbrühe die Haut geröthet,
die Augen glänzend, den Herzschlag beschleunigt, die Temperatur etwas erhöht. Es folgt dann auf das Stadium
der Erregung ein Stadium der Ermüdung, welches wie
das erstere vornehmlich als Folge der Wirkung reichlich
in das Blut gelangten Kreatinins und Kalisalzes anzusprechen ist.

Wir haben schon oftmals bei der Besprechung der
Nahrungsmittel des in ihnen vorkommenden phosphor-

saueren Kali's Erwähnung thun müssen. Es gewinnt dieses Vorkommen durch die letzterwähnten physiologischen Erfahrungen über die Wirkung der Kalisalze auf das Nervensystem eine gesteigerte Bedeutung.

Unter den Genußmitteln enthält namentlich das Bier reichlich phosphorsaures Kali, welches die in geringen Gaben belebende in größeren so entschieden ermüdende, schläfrigmachende Wirkung des Bieres erklärt.

Nach den schon erwähnten Resultaten der Fütterungsversuche, geht bei Thieren auch der Fleischansatz und das allgemeine Körperwachsthum unter der Mitwirkung reichlicher Mengen phosphorsauren Kali's in gesteigertem Maße vor sich. Das Kalisalz scheint die Fähigkeit des Organismus zum Stoffansatz im Allgemeinen zu erhöhen. Auch diese Wirkung theilt das Bier mit der Fleischbrühe. Auch bei einer Anzahl anderer Nahrungsmittel: bei der Molke, bei Gemüsen und Früchten, bei Kräutersäften dürfen wir für die Beurtheilung ihres Nährwerthes, ihres Werthes für das subjective Wohlbefinden und die objective Gesundheit die in ihnen enthaltenen Kalisalze nicht zu niedrig anschlagen.

Was über die Fleischbrühe gesagt wurde, gilt im Allgemeinen auch für das namentlich durch Liebig's Bemühungen aus den Rinder-reichen Gegenden Südamerikas in den Handel eingeführte Liebig'sche Fleischextrakt. In der auf dem gebräuchlichen Wege bereiteten Fleischbrühe fehlen im gewöhnlichen Sinne nahrhafte Substanzen nicht ganz. Sie enthält namentlich etwas Leim und Fett aber auch Spuren von gelöstem Eiweiß und Kohlehydraten doch immer so wenig, daß die Fleischbrühe für den Ersatz des Körper-Verlustes an den eben aufgeführten Stoffen

so gut wie keine Bedeutung besitzt. In dem Liebig=
schen Fleischextrakt fehlen Fett, Leim und Ei=
weiß principiell vollkommen. Darauf beruht die
Haltbarkeit des Präparates, das sich jahrelang an der
Luft stehend nicht verändert, und nur durch Wasseran=
ziehung aus der Luft etwas flüssiger wird. Es beruht
auf diesem Mangel aber auch der Kaufwerth des Extrakts.
Während Fett und Eiweiß, namentlich aber Leim relativ
sehr wohlfeile Stoffe sind, haben die eigentlichen Extraktiv=
stoffe des Fleisches, da sie im Fleisch nur in geringen
Mengen vorkommen, einen sehr hohen Kaufwerth. Es ist
also eine „Verfälschung" des Fleischextrakts, wenn ihm wie
in einigen concurrirenden Präparaten Leim in größeren
Mengen beigemischt wird; ein gleiches Gewicht Leim hat
kaum den Werth einiger Pfennige, wenn dasselbe Gewicht
Fleischextract einen Thaler kostet.

Die sogenannten Bouillontafeln bestehen vorzugsweise
aus Leim. Es sind eingedickte Gallertsuppen durch langes
Auskochen von Knochen im Papin'schen Topf unter erhöhter
Dampffpannung hergestellt. Der Leim wird als Nah=
rungsstoff sonst meist nur als Gelatine aus Kalbsfüßen
oder Hausenblase genossen. Die Bouillontafeln haben kaum
einen größeren Werth als diese letztgenannten Stoffe.

Von Laien und Aerzten wird oft noch heute der
Werth der „lauteren" Fleischbrühe und des Fleischextraktes
als Nahrungsmittel in vollkommen ungerechtfertigter Weise
überschätzt. Da der Fleischsuppe die organischen Nährstoffe,
Eiweiß, Fett, Kohlehydrate, so gut wie vollkommen ab=
gehen, so kann sie nicht wesentlich zum Ersatz der im
Stoffwechsel verlorenen organischen Körperstoffe dienen.
Wenn man also, wie namentlich die alte Medizin, Kranken

nur „lautere Fleischsuppe" erlaubte, so reichte man ihnen damit keine ihren Stoffverlust ersetzende Nahrung, sondern nur ein Genußmittel etwa von dem Werth des schwarzen Kaffee's. Das Regime der „lauteren Suppen" ist ein Hungersystem, in welchem das Hungergefühl durch An= füllung des Magens mit lauem Wasser und durch eine allgemeine Anregung des Nervensystems etwas zum Schweigen gebracht wird. Wir haben uns also bei Kranken und Schwachen, bei welchen die Aufnahme wahrer, con= sistenter Nahrung erforderlich ist, gegen das herr= schende günstige Vorurtheil für Suppenessen energisch zu verwahren. Durch Zusatz von Eiern, gehacktem Fleisch Suppengemüse und Brod kann natürlich der Suppe eben= so größere Nahrhaftigkeit gegeben werden, wie dem Kaffee und Thee durch Zusatz von Milch und Zucker, zu welchen bei der Chocolade noch reichlich Mehl und Fett hinzu= kommt.

Bei der Ernährung schwächlicher Säuglinge pflegt man hie und da die Kuhmilch anstatt mit Wasser mit Fleisch= (Kalbs=) Brühe zu verdünnen, oft mit gutem Erfolg für die Verdauung. Man hat aber, wenn wie nicht selten die Milch den künstlich genährten Säuglingen unstillbare Diarrhöen veranlaßt, die Milch selbst durch Fleischbrühe ersetzen wollen. Da die Fleischbrühe im Verhältniß zu ihrem Wasser= und Salzgehalt zu wenig eigentlich nährende Substanzen enthält, so ist es selbstverständlich, daß ein solcher Ehrnährungsversuch zu einem jähen Verfall des in Wahrheit verhungernden Kindes führen muß.

Das Extract enthält also nicht, wie man oft sagen hört, das eigentlich Nahrhafte, den Nahrungswerth des Fleisches. Als Nahrungsmittel im gebräuchlichen Sinn des Wortes, im Vergleich mit Fleisch, Milch, Mehl ist

der Werth des Extraktes und der Fleischbrühe fast verschwindend klein; ihre große beinahe unersetzliche Bedeutung für die Ernährung besitzen sie vorzüglich als Genußmittel, unter denen das Fleischextrakt als das normalste
und auch als eines der wirksamsten bezeichnet werden
muß, deren absolute Nothwendigkeit für eine normale
Ernährung wir oben energisch betont haben.

Capitel IV.

Die Ernährungsversuche.

1) Was sollen wir essen, was sollen wir trinken?

Jeder Baum, jeder Strauch, jede kleinste unscheinbare
Pflanze dient während der warmen Jahreszeit einer
großen Zahl animaler Wesen zum Aufenthalt und zur
Nahrung. Wer hätte sich an einem schwülen Sommertag,
unter dem Laubbach eines Baumes im Schatten liegend,
nicht an dem Schwirren und Summen, an dem Kriechen
und Springen kleiner und großer Gäste um die reich be=
setzte grüne Tafel gefreut; und je näher wir zusehen, je
mehr wir unsern Blick schärfen, auf die kleinsten Lebe=
formen zu achten, desto größer wird die Zahl der fröhlichen
Wesen, für welche der Tisch gedeckt ist. Wenn wir einen
Pilz zerbrechen, wenn wir ein Moos aufheben, wenn wir
ein Stückchen Rinde an dem modernden Baumstumpf ab=
lösen, stets finden wir reiches animales Leben, welches
sich von den frischen oder abgestorbenen Pflanzen und
Pflanzentheilen nährt, um selbst wieder anderen animalen
Organismen zur Nahrung zu dienen.

12*

Die Betrachtung der Nahrungsstoffe, welche von der erhaltenden Natur dem Menschen dargeboten werden, lehrt uns, wie vielfältig sie auch für den Herren ihrer Schöpfungen gesorgt hat. In den Samen und Knollen der Gräser und Blattpflanzen, in den Früchten und dem Mark der Bäume und Sträucher finden wir die Nährstoffe, welche der Mensch zur Erhaltung seines Lebens und Wohlbefindens bedarf. Aus dem ganzen Reiche der animalen Wesen hat er gelernt, sich Nahrung zu bereiten; aus dem Boden gräbt er sich das Salz.

Der behäbige Landmann, welcher sich und seine Familie vom Ertrage seines Ackers und Gartens, seines Stalles und seines Geflügelhofes nährt, befindet sich in einem beinahe analogen Verhältnisse wie die zahllosen animalen Organismen, welche, ohne zu fragen, das mit Fröhlichkeit genießen, was ihnen die Natur zur Nahrung bereitet.

Die Bedingungen werden aber ganz andere bei den in Städten und Fabrikplätzen, in Kasernen und Anstalten nach den Forderungen unserer modernen Civilisation, unseres modernen Staatslebens sich in steigender Progression anhäufenden Menschenmassen, welche sich nicht selbst an der Erzeugung der ihnen nöthigen Nährstoffe betheiligen können. Wer die Nahrung für sich und die Seinen kaufen muß, an den treten die Fragen: was sollen wir essen, was sollen wir trinken? als die Hauptfragen des Lebens in ihrer ganzen Härte heran.

Zum Schaden des Individuums und zum Schaden des Gemeinwohles werden leider im Einzelnen wie in der Masse des Volkes diese Fragen nur zu oft falsch beantwortet. Eine große Zahl von Krankheiten, welche den Menschen dahinraffen, haben entweder in einer unzweck=

mäßigen Nahrungswahl ihre direkte Ursache oder es wird
ihnen dadurch der Boden bereitet, auf dem sie sich auszubreiten
und ihre Verheerungen zu veranlassen vermögen. In Irland
und in den östlichen Provinzen Norddeutschlands haben
wir die verheerenden Züge des Hungertyphus beob=
achtet, welchem der Weg gebahnt war durch eine un=
zweckmäßige, ungenügende Ernährung des Volkes. Es ist
das der Fluch, welcher auf der Ernährung der Massen
mit Kartoffeln liegt. Alle Lebensverhältnisse: Bevölkerungs=
zahl, Arbeitslohn werden nach dem Preise dieses billigsten
Nährmittels geregelt. Die Kartoffelkrankheit, welche die
Ernten der mehligen Knollen zerstört, nimmt der auf die
Kartoffel fast ausschließlich angewiesenen Bevölkerung die
Ernährungsmöglichkeit, da Fleisch und Cerealien für sie
ihres relativ hohen Preises wegen unerschwinglich sind.
Unter der armen, schlecht und ungenügend genährten Be=
völkerung der Städte und Fabrikorte, namentlich unter den
dem Mangel am meisten ausgesetzten Kindern, Frauen und
Greisen sahen wir die asiatische Cholera ihre zahlreichsten
Opfer fordern. Die Krankheiten der Civilisation, welche
das Staatsleben zu untergraben drohen: Scrophulose der
Kinder und Tuberkulose der Erwachsenen haben ihren
letzten Grund in Hunger und unzureichender Nahrung.

Unserer Wissenschaft fällt die erhabene Aufgabe zu,
diesen Grundübeln des Menschengeschlechtes durch Rath
und Aufklärung zu steuern; durch exakte Beobachtung die
Mittel und Wege zu finden und zu lehren, um die Ge=
sundheit des Einzelnen und der Völker im Kampfe mit
den sich täglich steigernden Anforderungen der Civilisation
zu kräftigen und zu erhalten.

Veranlaßt durch den relativ im Verhältniß zu dem
Arbeitslohne, dem Gehalte der niederen und mittleren

Beamtencategorien zu hohen Preis der Nahrungsmittel
ist namentlich das Volk in den Städten dahin gekommen,
die zwei normal gemeinsamen Hauptaufgaben der Ernährung, die Erhaltung und Herstellung eines arbeitskräftigen Körpers und das durch entsprechende Nahrung
erzeugte körperliche Wohlbehagen von einander zu trennen.
Der kleinste Arbeitslohn wird nach kärglicher Bestreitung
der Ausgaben für Wohnung und Kleidung in zwei Theile
getrennt, von denen der eine zur wirklichen Ernährung,
der andere zur Anschaffung jener Genußmittel verwendet
wird, welche nur ein subjectives Wohlbefinden, eine Steigerung des Kraftgefühles ohne Zufuhr wahrhaft kraft-
liefernder Stoffe, eine allgemeine Nervenreizung hervorrufen. Der Arbeitslohn, welcher zu einer vollkommenen,
rationellen Ernährung vielleicht ausreichen würde, wird
durch diesen Abzug dazu ungenügend, und der Mangel,
der daraus entsteht, fällt in den Familien vor allem auf
Weib und Kinder, auf das heranwachsende Geschlecht, weil
der Mann seinen Arbeitslohn in der Schenke in Bier
oder Branntwein und das Fleisch und Brod, welches er
mit seiner Familie zu theilen hätte, dort allein verzehrt.
Da namentlich der Branntwein das subjective Nahrungsbedürfniß herabsetzt, so wird die behagliche, sorgenlose
Stimmung, das durch ihn veranlaßte trügerische Wärme-
und Kraftgefühl, nur zu oft Veranlassung; die Sorge für
ausreichende, die Gesundheit allein erhaltende Nahrung,
für Heizung und Kleidung mehr und mehr zu vergessen
und in einem immer steigenden Verhältniß die wahre
Nahrung durch die Scheinnahrung des Alkohols, durch
dieses Geschenk der Hölle an die Armuth zu ersetzen.
Auch den Kaffegenuß, wenn er neben der Kartoffel an
Stelle wirklicher Nahrung tritt, wie in den ärmsten, durch

körperliche Verkommenheit und daraus sich ergebender Un=
tüchtigkeit zum Kriegsdienst ihrer Bevölkerung bekannten
Bergdistrikten Sachsens, treffen ziemlich dieselben Anklagen.

Noch immer wendet die staatliche und gemeindliche
Gesundheitspflege ihr Augenmerk und ihre Sorgfalt nicht
genügend den wichtigen Ernährungsfragen des Volkes zu.
Meist erst in Zeiten der Gefahr, namentlich bei für an=
steckend geltenden Epidemien, bei welchen durch die wach=
sende Zahl der Erkrankungen die Erkrankungsgefahr für
jeden Einzelnen, auch für die an der Spitze der Verwal=
tung Stehenden, gesteigert erscheint, sehen wir im erhöhten
Muße, z. B. durch Einrichtung von öffentlichen Speise=
anstalten, den Anforderungen der Wissenschaft Rechnung
getragen, welche lehrt, daß die Erkrankungsgefahr für den
Einzelnen und damit für die Gesammtheit geringer wird
mit einer durch bessere Nahrung gekräftigten Constitution.

Für den Staat hat die Ernährungslehre durch die
nothwendige Erhaltung der Heere und der Marine in
Krieg und Frieden, durch die gleichzeitige Ernährung einer
größeren Anzahl von Individuen in Erziehungs = und
Correktionsanstalten, noch eine ganz spezielle Bedeutung.

Bei Kranken stößt die Wahl der Nahrung auf
neue, vorher nicht geahnte Schwierigkeiten. Wie sollen
wir Kranke ernähren, bei welchen wir auf einen absoluten
Mangel an Appetit, sogar auf einen subjectiven Wider=
willen gegen die Mehrzahl der Nahrungsmittel stoßen;
oder bei denen eine Unfähigkeit eingetreten ist, für die
Ernährung besonders wichtig erscheinende Nahrungsmittel
zu verdauen und zu assimiliren? wenn wir bemerken,
daß durch Nahrungsaufnahme die Krankheitserscheinungen
noch gesteigert werden? Es ist kein Geheimniß und an
leidenden Kindern und Altersschwachen sehen wir Aerzte

es zu unserer Betrübniß täglich vor Augen, daß nicht wenige Kranke in Folge ungenügender Nahrung sterben. Umgekehrt beobachten wir bei vielen Leiden, z. B. bei den vom Herzen ausgehenden, mit einer allgemeinen Kräftigung der Muskulatur und des Gesammtkörpers durch zweckmäßige Nahrung die krankhaften Symptome, trotzdem daß das unheilbare Leiden fortbesteht, zurücktreten. Der schlecht ernährte, schlaffe Herzmuskel ist nicht im Stande, die durch das Herzleiden gesetzten Hindernisse im Mechanismus des Blutkreislaufs zu überwinden, während es constatirt ist, daß das kraftvolle Herz muskelstarker Personen durch gesteigerte Thätigkeit diese Störungen mehr oder weniger vollkommen auszugleichen vermag, so daß von ihnen Herzfehler ohne Störung des Allgemeinbefindens ertragen werden können. Ein durch Säftemangel und allgemeine Muskelschwäche mitgeschwächtes Herz kann dagegen, ohne jegliche weitere pathologische Störung alle Zeichen eines Herzleidens hervorrufen. In Krankheit kann nur eine vollkommen exakte Kenntniß der Ernährungsgesetze des Menschen eine sichere Richtschnur für die Nahrungsdarreichung abgeben. Davon hängt es ab, ob wir im Stande sind, auch unter diesen schwierigen Verhältnissen das durch die Krankheit und den Nahrungsmangel in gleicher Weise schwer bedrohte Leben zu erhalten.

Wir werden durch diese Betrachtungen zunächst zu der Grundfrage gedrängt: was ist nahrhaft?

Da wo durch Mangel und sociales Elend der Volksinstinkt nicht getrübt ist, trifft er bei der praktischen Beantwortung dieser Frage, durch die ewige Erfahrung des Menschengeschlechtes geleitet, in überraschender Weise die richtige Antwort. Wir werden erstaunen, wenn wir bei der Betrachtung: „was das Volk ist“, bemerken, in wie mannigfachen Combinationen die Ernährungsgesetze der Wissenschaft in der Volksnahrung von je her zur Anwendung gelangen. Für den Wohlhabenden und Reichen in Stadt und Land ist für Zeiten der Gesundheit die praktische Lösung der Frage ebenso längst gelungen. Die Wissenschaft hat hier sogar oft von der Praxis zu lernen, und es kann nicht geleugnet werden, daß sie, z. B. auf den Werth, welchen die in vernünftigen Quantitäten der Nahrung beigegebenen Genußmittel und Gewürze für eine rationelle Ernährung beanspruchen, durch die tägliche Praxis der wohlhabenderen Stände aufmerksam geworden ist.

Die Erfahrungen der Küche sind zu einer Kunst ausgebildet, welche in einer den betheiligten Sinnen schmeichelnden Weise allen Ernährungsaufgaben genügt. Die Kochkunst versteht es, den Appetit und die Verdauungsnerven anzuregen; durch die wechselnden Geschmacksreize der verschiedenen Gerichte unterstützt bietet sie dem Körper die zur Erhaltung nöthigen Stoffe in entsprechenden Quantitäten dar und erleichtert das Verdauungsgeschäft durch die zum Schluß der Mahlzeit gereichten Beigaben.

Schon Liebig hat in dieser Beziehung auf die Bedeutung des Käses aufmerksam gemacht, der namentlich durch die in ihm enthaltene Milchsäure sich mit an der Verdauung betheiligt.

Trotzdem daß wir der Praxis im Allgemeinen ein so richtiges Verständniß für die Aufgaben der Ernährung zugestehen müssen, gehen die Anschauungen auch der Gebildeten in kaum einer andern Frage so weit auseinander als in unserer Grundfrage, was ist nahrhaft?

Wenn wir diese Frage stellen, so bekommen wir von der Mehrzahl der Gefragten eine Antwort, in welcher

uns eine Anzahl von Nahrungsmitteln zusammen genannt
wird.

Wir würden zu hören bekommen, daß das Fleisch sehr
nahrhaft, wohl der nahrhafteste Stoff überhaupt sei, daß
aber für kräftige Magen auch Brod namentlich Schwarzbrod und Kartoffeln in dieser Richtung nicht zu verachten
wären. Für kleine Kinder ·gäbe es kaum etwas Nähr-
hafteres als das Stärkemehl der Pfeilwurzel, das Arrowroot, doch sei auch Rothwein oder Bier namentlich Malzextrakt anzurathen, ebenso Leberthran. Für Kranke und
Schwache sei das wichtigste Nahrungsmittel die Fleischbrühe
oder der Fleischextrakt, welche die concentrirte Nahrhaftigkeit
des Fleisches in sich enthalten. Für Kranke sei aber auch
Chinin und der nach Liebig's oder Voit's Vorschrift be-
reitete Fleischsaft unter die nahrhaftesten Stoffe zu rechnen.

Es klingt vielleicht paradox aber es ist wahr, wenn
wir dagegen die Behauptung vertreten, daß alle diese
Stoffe an sich nicht nahrhaft sind.

Oder dürfen wir einen Stoff nahrhaft nennen, von
dem wir wie von fettlosem Fleisch 4 Pfund in 24 Stunden
aufnehmen müssen, um unseren Körper während dieser
Zeit zu erhalten? eine Menge die kein Menschenmagen
ohne Störung zu verdauen, kein Appetit ohne den un-
überwindlichsten Ekel öfter als einmal zu verzehren vermag. Um den Menschen einen Tag vollkommen zu ernähren,
würden wir ein ähnliches Gewicht Roggenbrod (3 Pfund)
bedürfen; von Kartoffeln würden erst 12 Pfund, vom
Fleischsaft etwa 9 Pfund genügen! Noch schlimmer steht
es mit den anderen Nährmitteln. Die Wissenschaft weist
nach, daß ein mit den allgerühmten Nahrungsstoffen:
Arrow-root und Leberthran allein genährter Organismus
mit Nothwendigkeit dem langsamen Hungertode verfallen

würde noch rascher, wenn er nur Bier oder Malzextrakt
erhielte. Was soll nun aber erst gegen den Rest der auf=
gezählten Substanzen gesagt werden? Fleischbrühe und
Fleischextrakt, ebenso Wein und wohl auch Chinin steigern
allein genossen den Stoffverbrauch des hungernden Or=
ganismus, anstatt demselben die Stoffverluste zu ersetzen.

Schon bei der Besprechung der Entwickelung der Er=
nährungslehre und bei der Lehre von den Nahrungs=
mitteln des Menschen wurde auf den Grund hingewiesen,
warum wir uns mit solcher Entschiedenheit gegen die ge=
läufige Annahme über „nahrhaft" auszusprechen haben.
An sich ist für den Menschen kein einzelner Nahrungs=
stoff, wie wir sehen werden auch nicht das vielgerühmte
Eiweiß, selbst das Fleisch nicht, zur Ernährung hinreichend.
Der Mensch bedarf zu seiner vollkommenen
Ernährung eine Mischung von Eiweißstoffen
und eiweißfreien Bestandtheilen und zwar
Kohlehydrate und Fette in einem bestimmten
Gewichtsverhältniß, welches für die einzelnen Nähr=
stoffe innerhalb gewisser Grenzen nach aufwärts und ab=
wärts nicht überschritten werden darf. Diese gemischte
Nahrung muß in einer Quantität genossen
werden, welche die täglichen Stoffverluste zu
decken vermag.

Gerade in letzterer Beziehung sehen wir von Seite
des Publikums die gröbsten Fehler gemacht. Wenn eine
Nahrungsmischung, welche zwar, etwa wie die Milch, in rich=
tigen Verhältnissen die Nährsubstanzen einschließt, im Ganzen
in zu geringen Quantitäten genossen wird, kann sie den An=
forderungen des Körpers nicht genügen. Weiter kommt
es darauf an, daß die in genügender Qualität und Quan=
tität genossene Nahrung auch wirklich assimilirt

wird und nicht ungenützt den Körper wieder
verläßt. In dieser Beziehung spielte, wie wir gesehen
haben, die Zubereitung der Speisen, spielen die Gewürze
und Genußmittel eine Hauptrolle, welche die Eßlust und
die Energie der Verdauungsorgane steigern.

Es fällt weiter sofort in die Augen, daß die zur
täglichen Erhaltung des Körpers nothwendige
Nahrungsmenge für verschiedene Individuen
je nach Lebensalter, Geschlecht und Beruf,
nach Gesundheit und Krankheit sehr wechselnde
sind. Ein muskelkräftiger, den Tag über angestrengter
Arbeiter bedarf nach allgemeiner Erfahrung weit mehr
Nahrungsstoffe als ein zartes weibliches Wesen, welches
seine Tage im Schaukelstuhl bei Romanlectüre verträumt.
Bei Kranken und Alten sehen wir das Nahrungsbedürfniß
oft in Erstaunen erregender Weise herabgesetzt, während
es bei Kindern im Verhältniß zu ihrem Körpergewichte
verglichen mit dem Bedürfniß Erwachsener ziemlich viel
bedeutender erscheint.

Im Allgemeinen gilt der Erfahrungssatz, daß der
menschliche Organismus absolut um so mehr
Körperstoffe verbraucht, je organreicher er
ist. Da die Nahrung in den meisten Fällen den Körper
auf seiner Organzusammensetzung zu erhalten hat, so be=
darf ein organreicherer, kräftigerer Organismus auch mehr
Nahrungsstoffe, um seinen größeren Verbrauch zu decken,
als ein organärmerer, schwächlicher. Namentlich bei Kindern
hat die Nahrung überdieß noch die Aufgabe, der Organ=
vermehrung, dem Wachsthum zu genügen. Da=
raus erklärt sich z. Theil ihr relativ gesteigertes Nahrungsbe=
dürfniß, im Verhältniß zu Erwachsenen. Es tritt das Be=
dürfniß des Organwachsthums unter Umständen auch bei dem

Erwachsenen sehr energisch auf. Ein Mensch, dessen Muskel=
und Knochensystem durch gesteigerte mechanische Thätigkeit
dieser Apparate, in Folge von Turnen oder analogen
körperlichen Uebungen, durch geregelte Muskelthätigkeit
bei mechanischer Arbeit an Ausbildung zunimmt, wächst,
bedarf für die Massenzunahme dieser Organgruppen eine
entsprechend gesteigerte Nahrungsmenge.

Ehe wir uns dazu wenden können, die speciellen Er=
fordernisse der Nahrung in qualitativer und quantitativer
Hinsicht darzulegen, haben wir zuerst noch einen Blick zu=
werfen, auf die Methoden der Ernährungsversuche am
Menschen.

2) Die Methoden der Ernährungsversuche am Menschen.

Die Glaubwürdigkeit und das Vertrauen, in die ge=
wonnenen Resultate, welche eine naturwissenschaftliche Un=
tersuchung zu beanspruchen hat, hängt zuförderst ab von
der Genauigkeit und Sicherheit der angewendeten Unter=
suchungsmethoden. Die Methode der Untersuchung der
Ernährungsvorgänge bei Menschen und Thieren ist durch
Liebig und nach seinem Vorgang namentlich durch
v. Bischoff, v. Pettenkofer und C. Voit zu einer Exact=
heit ausgebildet, welche sich der bewundertsten Unter=
suchungsmethode der organischen Chemie, auf welcher die
wesentlichsten Fortschritte dieser Naturwissenschaft beruhen,
Liebig's chemischer Elementaranalyse an die
Seite stellen darf. Um ein Urtheil über den Werth der
gewonnenen Resultate zu ermöglichen, erscheint es wünschens=
werth, die Untersuchungsmethoden, durch welche jene Re=
sultate gefunden wurden, nach hier darzulegen.

Wir haben schon mehrmals darauf hingewiesen, daß
es vorzüglich Liebig war, welcher die Gesichtspunkte und
Methoden für die Untersuchung der Ernährungsvorgänge
beim Menschen wie bei Thieren zuerst feststellte.

Es gilt bei solchen Beobachtungen vor allem, zu entscheiden, ob in einer bestimmten Ernährungsperiode ein
Mensch mit der von ihm genossenen Nahrung seine Er-
nährungs-Bedürfnisse wirklich bestritten hat; oder ob die
Nahrung reichlicher war, als seinem Stoffverbrauch ent-
sprach d. h. ob in der Nahrung eine größere Quantität
von den nöthigen Elementarstoffen eingeführt wurde, als
sie in den Ausscheidungen den Körper während der gewählten Ernährungsperiode verließ, wodurch der Körper
an Gewicht zunehmen muß. Die dritte Möglichkeit ist
schließlich die, daß umgekehrt mehr Stoffe den Körper in
den Ausscheidungen verlassen, als die Nahrung zurücker-
stattete, daß der Körper also an Gewicht abnahm.

Wir wollen aber durch Ernährungsversuche nicht nur
im Allgemeinen Etwas erfahren über Stoffansatz
oder Stoffabgabe, wir wollen auch Aufschluß darüber
erlangen, in welcher Weise sich hiebei die einzelnen
Stoffe, welche den Körper zusammensetzen, verhalten. Ob
bei einer gewählten Ernährungsweise, der Körper an
Fleisch oder Fett zu oder abgenommen hat; ob er reicher
oder ärmer an Wasser oder anorganischen Stoffen geworden ist. Diese Versuche müssen zunächst für den gesunden, ruhenden Erwachsenen, aber auch für die verschiedenen Körperzustände, bei welchen die Größe des
Stoffverbrauches wechselt, ausgeführt werden. Nur dann,
wenn wir wissen, wie durch eine bestimmte Nahrung sowohl im Allgemeinen wie im Einzelnen unter verschiedenen Bedingungen die Körperzusammensetzung beeinflußt

wird, können wir für bestimmte Fälle, wenn wir z. B. einen Ansatz von Fleisch, Knochensubstanz oder eine Abnahme des Körperfettes oder des krankhaft gesteigerten Körperwassergehaltes anstreben, mit Sicherheit die passende Nahrung wählen.

Die moderne Untersuchungsmethode besteht nun im Allgemeinen darin, daß wir während einer Ernährungsperiode, welche wenigstens 24 Stunden umfassen muß, alle die chemischen Stoffe, welche den Körper in allen Excreten verlassen auf das genaueste der Substanz und dem Gewichte nach bestimmen und damit die ebenso genau chemisch untersuchten und gewogenen Stoffe vergleichen, welche in der Nahrung genossen wurden. Die 24stündigen Untersuchungsperioden werden darum gewählt, weil die am Tage aufgenommenen Nahrungsstoffe, während der Tagesstunden und der darauf folgenden Nacht bei normalen Körperverhältnissen verdaut und ihre unverdaulichen Reste meist wieder beseitigt sind. Beim Menschen fand ich es am Zweckmäßigsten, etwa von Morgens 9 Uhr bis zum folgenden Morgen um dieselbe Stunde zu untersuchen.

Die flüssigen und festen Excrete, welche zu einer Ernährungsperiode gehören, zu sammeln, zu wiegen und chemisch zu bestimmen, ist nach den von Liebig gegebenen Anleitungen beim Menschen nicht schwer. Die Bestimmung der insensiblen Körperausscheidung, welche den Ernährungsversuchen am Menschen erst ihre vollkommene Exaktheit gab, verdanken wir von Pettenkofer. Es kann die insensible Ausscheidung der Stoffe durch Haut und Lunge beim Menschen nur durch großartige und kostspielige Apparate mit genügender Schärfe qualitativ und quantitativ untersucht werden. Man bezeichnet derartige Apparate zur Bestimmung der Haut- und Lungenathmung

als Respirationsapparate. Der Respirations=
Apparat von Pettenkofer's entspricht den Anfor=
derungen der Wissenschaft in sehr vollkommener Weise.

Er ist für die Untersuchung am Menschen direkt ge=
baut, welcher sich während der Beobachtung in bequemster
Weise in einem aus Eisenblech construirten Salon aufhält,
dessen Einrichtung die Möglichkeit darbietet, die durch die
Athmung gesetzte Luftveränderung auf das Genaueste zu
kontroliren. Durch eine mächtige Dampfpumpe wird fort=
während Luft in den Salon ein und wieder aus ihm her=
ausgepumpt. Die durch den Salon gepumpte Luftmenge
wird ihrer ganzen Menge nach durch eine Gasuhr ge=
messen. Die in den Salon einströmende Luft wird chemisch
untersucht, ebenso die aus dem Salon ausströmende Luft,
welche mit den gasförmigen Ausscheidungsprodukten des
untersuchten Individuums beladen ist. Die Differenz
beider Untersuchungsresultate gibt qualitativ und quantitativ
die Stoffe an, welche der Mensch in der Untersuchungs=
periode durch insensible Stoffabgabe durch Haut und
Lungen verloren hat.

Dadurch sind wir in den Stand gesetzt, die gesammte
feste, flüßige und gasförmige Stoffabgabe des Menschen
in einer Untersuchungsperiode mit der größten wissen=
schaftlichen Genauigkeit zu bestimmen.

Ehe man an die Untersuchung der Ernährungsvor=
gänge am Menschen schritt, waren schon vielfältige Beob=
achtungen an Thieren und zwar vornehmlich an großen
Hunden von verschiedenen Autoren in neuester Zeit vor
allem von von Bischoff und Voit angestellt
worden. Man hatte die Ernährungsgesetze des Fleisch=
fressers in großer Vollkommenheit erkannt. Henneberg

und Stohmann hatten die Ernährungsgesetze der Rinder
erforscht. Um analoge Versuche am Menschen ausführen
zu können, mußte abgesehen von einer geeigneten, voll=
kommen gesunden, normalen Persönlichkeit, die sich den Un=
tersuchungen am eigenen Körper unterzog, zunächst eine
Methode gefunden werden, welche es erlaubte, für die
ersten grundlegenden Bestimmungen den Menschen mit
einer chemisch genau bekannten, dabei aber auch vollkommen
gleich bleibenden, genügenden Nahrung zu ernähren. Was
beim Hunde verhältnißmäßig leicht zu bewerkstelligen war,
stößt selbstverständlich beim Menschen mit seiner gemischten
nach dem Geschmackbedürfniß verschieden zubereiteten Nah=
rung auf viel größere Schwierigkeiten.

Der Verfasser hat an seiner eigenen Person zuerst
vollständige Ernährungsversuche am Menschen
und zwar in verhältnißmäßig großer Zahl angestellt. Es
gelang, die aus der Nahrungsaufnahme der Menschen sich
ergebenden Untersuchungsschwierigkeiten zu überwinden.
Die Respirationsversuche leitete dabei von Pettenkofer.
Später wurden einige vollständige Versuche an einigen
gesunden und kranken Menschen von v. Pettenkofer und
Voit ohne den Verfasser ausgeführt. Wo nicht speciell
eine andere Angabe gemacht ist, beziehen sich die im
Folgenden mitgetheilten Resultate auf die Untersuchungen
des Verfassers.

Diese vollständigen Ernährungsversuche am
Menschen ähneln, wenn die Nahrung den Stoffverbrauch
vollkommen ersetzt, wie wir schon oben andeuteten, ganz
einer chemischen Elementaranalyse. Wir wissen mit größter
Genauigkeit, wie viel Kohlenstoff, Wasserstoff, Stickstoff,
Wasser und anorganische Salze in 24 Stunden durch die
Nahrung in den Körper aufgenommen wurden; genau

ebenſoviel Kohlenſtoff, Stickſtoff, Waſſer und anorganiſche
Salze erſcheinen in den Excreten wieder. Um das Ver-
ſtändniß der Methode zu vervollkommnen wird wohl am
beſten die Mittheilung eines vollſtändigen Ernährungsver-
ſuches ſelbſt dienen.

Die Nahrungsſtoffe waren möglichſt einfach gewählt.
Sie beſtanden aus ungemäſtetem Rindfleiſch, welches mit
Meſſer und Schere auf das ſorgfältigſte von Fett und
gröberem Bindegewebe befreit war, wodurch es nach den vom
Verfaſſer beſtätigten Beobachtungen Voit's einen möglichſt
gleichmäßigen Stickſtoffgehalt bekommt. Dazu wurde einen
Tag altes, genau chemiſch unterſuchtes Schwarzbrod genoſſen, ohne die Rinde, deren Waſſergehalt zu ſchwankend
iſt, um hier Verwendung finden zu können. Außerdem
noch Stärkemehl, Eiweiß, Fett (Schmalz und Butter),
Salz und Waſſer.

Das Fleiſch wurde mit Fett gebraten, die Butter
z. Th. mit Brod gegeſſen; aus dem Eiweiß der Eier,
Stärkemehl und Fett wurde eine einfache Mehlſpeiſe bereitet. Die Nahrung war daher möglichſt der Ernäh-
rungsweiſe der mittleren Stände entſprechend.

So konnte die Ernährung mit dieſen Stoffen längere
Zeit ohne Beſchwerde fortgeſetzt werden, ſo daß z. B.
während einer Woche alle Körperausgaben damit vollkommen gedeckt werden konnten. Die angewendete Er-
nährungsweiſe, welche die Elementaraufnahme auf das
Vollkommenſte zu controliren geſtattet, kann als Normal-
nahrung für derartige Ernährungsverſuche angeſprochen
werden, und wurde in der Folge auch von den anderen
Forſchern benützt. Quantitativ beſtand die Nahrung bei
dem als Beiſpiel gewählten Verſuche aus folgenden
Mengen:

250 Gramm	Fleisch [1])	=	9,00 Grmm. N	31,30 Grmm. C
400	„	Brod [2])	=	5,12	„	„	97,44	„	„
70	„	Stärke	=	—	„	„	26,05	„	„
70	„	Eiereiweiß [3])	=	1,52	„	„	5,99	„	„
70	„	Schmalz	=	—	„	„			
30	„	Butter [4])	=	0,27	„	„	} 67,94	„	„
10	„	Salz	=	—	„	„	—	„	„
2100	„	Wasser	=	—	„	„	—	„	„

3000 Grmm. Nahrung mit: 15,91 Grmm. N; 228,72 Grmm. C

Die folgende kleine Tabelle, in welcher den chemisch bestimmten Einnahmen in 24 Stunden die ebenfalls chemisch bestimmten Ausgaben während derselben Zeit gegenübergestellt sind, lassen erkennen, wie vollkommen diese Nahrung zur Deckung aller Körperausgaben hinreichte. Körpergewicht 72 Kilogramm.

Einnahmen:

in der Nahrung . . . . 15,9 Grmm. N   228,72 Grmm. C

Ausgaben:

	Grmm. N:	Grmm. C:
In den flüssigen Exkreten	14,84	6,52
In den festen Exkreten (unverdaut) . . .	1,12	10,60
In der Respiration	—	207,50
Zusammen:	15,9	224,62

Die Differenzen der beiden Bestimmungen sind vollkommen verschwindend, wenn man die großen Mengen der chemisch untersuchten Stoffe in's Auge faßt. Sie würden

———

1) 3,60 %/0 N. 2) 1,28 %/0 N. 3) 2,19 %/0 N. 4) 0,90 %/0 N.

sich bei einer chemischen Elementaranalyse wenigstens eben=
so groß ergeben haben. Das Resultat beweist sonach mit
vollster Sicherheit, daß die angewendete Methode der Be=
stimmungen allen Anforderungen der Wissenschaft Ge=
nüge leistete.

Bei einer vollständigen Ernährung, bei welcher weder
Stoffansatz noch Stoffabgabe stattfindet, entsprechen wie
diese Beobachtungen ergeben die Excrete vollkommen ge=
nau den Einnahmen in der Nahrung. Wir können daher
unter solchen Verhältnissen, wie es Liebig zuerst behauptete,
aus den in den Excreten während einer Ernährungs=
periode aus dem Körper austretenden Elementarstoffen
auf die im Körper während der gleichen Zeit stattgehabten
Zersetzungen r e c h n e n: die Excrete sind uns dann ein
Maß dieser Stoffzersetzungen und damit unter den postu=
lirten Umständen auch der Nahrungsaufnahme. Aus den
Stoffausgaben eines normal genährten Individuums, bei
welchem kein Stoffansatz stattfindet, können wir daher
direkt seine Stoffaufnahme in der Nahrung, wenigstens in
den allgemeinsten Zügen, wie sie sich in der elementaren
Zusammensetzung aussprechen, bestimmen. Eine große
Anzahl von Untersuchungen wurde von den verschiedensten
Forschern i n d i e s e m S i n n e ausgeführt, welche zur Er=
weiterung unserer Kenntnisse der Ernährungsgesetze wesent=
lich beitrugen. Liebig selbst hat zuerst noch eine weitere
experimentale Methode in Anwendung gezogen. Er hat
für mehrere Fälle die für die Körpererhaltung genügenden
Nahrungsmengen chemisch bestimmt, welche eine größere
Anzahl von Menschen (eine Compagnie hessischer Soldaten,
die Bräuknechte einer Bierfabrik, die Holzarbeiter im
Gebirg) während einer Ernährungsperiode aufnahmen,
und daraus den Bedarf des Einzelnen an Nahrungsstoffen

berechnet. Auch diese Methode wurde in der Folge sehr vielfältig benützt, und hat da, wo vollständige Ernährungs= versuche nicht angestellt werden können, sehr brauchbare Resultate namentlich für die Lehre von der Volksernäh= rung geliefert, auf welche wir in den folgenden Bespre= chungen zum öfteren zurückkommen werden.

3) Hungerversuche.

In den vollständigen Ernährungsversuchen haben wir das wissenschaftliche Mittel, den Verbrauch des mensch= lichen Organismus bei verschiedenen Ernährungsweisen zu kontroliren. Versuche mit verschiedenen Nahrungsmitteln verglichen mit solchen bei vollkommenem Ausschluß der Nahrung geben uns die Möglichkeit, die quantitativen Be= dürfnisse des Stoffumsatzes im menschlichen Körper im Allgemeinen, sowie die Beeinflussung desselben durch die wichtigsten Nahrungsstoffe direkt zu bestimmen.

Wir beginnen unsere Betrachtung der Ernährungs= versuche mit dem einfachsten Fall mit vollkommener Nah= rungsenthaltung, mit Hunger.

„Die göttliche Weisheit, diese Pflegemutter der Thiere leuchtet darin hervor, daß sie dieselben zu Dingen, die ihnen nützlich sind, durch Belohnung lockt und durch Strafen zwingt."

A. von Haller der große Physiologe des 18. Jahr= hunderts, welchem wir diesen ebenso naiven wie oft nach= gesprochenen Satz entnehmen, findet in Beziehung auf die Ernährung die „Belohnung" in der „Wollust", welche mit dem Genuß von Speise und Trank in um so höherem Maße verbunden ist, je nothwendiger diese werden. „Wie schlecht ist der Appetit des reichen Müssiggängers; kaum können alle Gewürze des tiefsten Indiens denselben rege

machen. Hingegen findet der vom Pflug nach Haus
kommende Landmann, der Jäger, dessen Unverdrossenheit
schnelle Thiere eingeholt hat, in schwarzem und altem
Brode oder in einem Trunk frischen Wassers, so viel
Wollust, daß er keine Leckerbissen der Petronier achtet,
wenn er der Natur Genüge leistet."

Aber nicht nur das Streben nach Wollust solle den
Menschen und das Thier regieren. Daher wurde ihr
„der unerbittliche Gehülfe der Sinne, der heftige, grau-
same und unerträgliche Schmerz: Hunger und Durst bei-
gesellt. Um diesem strengen Feinde nicht in die Hände zu
fallen, muß auch ein Fauler auf Getränk bedacht sein und
für Speise arbeiten."

Bei dem Worte „Hunger" denkt das Publikum zunächst an jenen unerbittlichen Trieb, der den Menschen
wie das Thier zur Nahrungsaufnahme zwingt. Der
Physiologe denkt dabei vor allem an den inneren Körperzustand, welcher durch Nahrungsenthaltung eintritt.

Sprechen wir zuerst von den specifischen Gefühlen,
welche jedem als Hunger und Durst bekannt sind. Beide
entstehen, wie alle Empfindungen und Schmerzen, durch
gewisse Einwirkungen auf das Nervensystem.

Dem Hungergefühl scheint der große Regulator des
vegetativen Lebens der thierischen Organismen, der
Nervus vagus vorzustehen. Anfänglich ist die Hunger-
empfindung auf den Magen beschränkt, in späteren Hungerstadien nimmt der ganze Verdauungskanal daran Theil.
Es sind drückende, nagende Gefühle im Magen, mit Bewegungen, Zusammenziehungen, Gasanhäufung, Uebelkeit,
später mit Schmerzen verbunden. Der unthätige Magen
erhält, wie alle nicht arbeitenden Organe des Menschenkörpers eine geringere Blutzufuhr. Sinkt die Blutzufuhr

zum Magen auf eine untere Grenze so treten Störungen
in seiner Eigen=Ernährung auf, welche sich zunächst auf
seine Nerven geltend machen und den „Hunger" erzeugen,
dadurch daß uns die gestörte Nervenernährung zum Be=
wußtsein kommt. Jede Steigerung der Blutfülle der
Magengefäße, mag sie durch Einführung von Speisen oder
durch krankhafte Congestion erzeugt sein, stillt das Hunger=
gefühl. Alles was im Allgemeinen die Blutmenge ver=
mindert, erzeugt normal auch Hunger: Muskelanstren=
gungen, Wachsthum, Ansatz nach Krankheiten, krankhafte
Säfteverluste ꝛc. Die Nervenschmerzen des Magens
können wie die anderer Organe durch Narcotica gestillt
werden: Tabak (Nicotin), Opium, Alkohol sind als Mittel
gegen das Hungergefühl bekannt. Der Alkoholmißbrauch
bringt eine krankhafte Steigerung der Magenblutfülle, eine
chronische Congestion der Magenschleimhaut hervor, er
stillt daher das Hungergefühl in ganz analoger Weise wie
die Aufnahme wahrer Nahrung.

Sicher ist ein nicht unbeträchtlicher Theil des Hunger=
gefühles psychischer Natur. Es drückt und verstimmt
unseren Geist, wenn wir zur gewohnten Zeit keine Nah=
rung aufnehmen können. Es verschwindet daher das erste
Hungergefühl rasch wieder, wenn die Zeit der gewohnten
Mahlzeiten vorüber ist, und wir sehen intensive geistige
Beschäftigung den Hunger unterdrücken, so lange als er
keine stärkeren nervösen Störungen hervorgerufen hat.

Das subjective Gefühl der Kraftlosigkeit bei mangeln=
der Nahrungsaufnahme ist zunächst weit entfernt, wahre
Kraftlosigkeit zu sein. Bei meinen mehrfachen Beobach=
tungen über Hunger, fand ich mein Befinden am Schlusse
des ersten Hungertages — 24 Stunden nach der letzten
Nahrungsaufnahme — noch vollkommen ungestört. Nach

weiteren 24 Stunden ohne jede Aufnahme von Speise
oder Trank, machte sich nach unruhigem Schlaf, etwas
Schwere im Kopf, Magendrücken und ziemliches Schwäche-
gefühl bemerklich. Das Hungergefühl zeigte sich nicht mehr.
Geringe Quantitäten getrunkenen kalten Wasser's erregten
Brechneigung. Erst einige Stunden nach sehr geringer
Nahrungszufuhr — ein Tasse Kaffee mit Milch und ein
Stückchen leichten Kaffeebrodes — stellte sich normaler
Appetit ein. Das Hungergefühl war 30 Stunden nach
der letzten Nahrungsaufnahme am lebhaftesten. Sein
Verschwinden beruht auf einer endlichen Ermüdung
der Magennerven. Bei längerem Hunger stellt sich eine
zunehmende Kraftlosigkeit ein, Abmagerung, Fieber, Irre-
reden, die heftigsten Leidenschaften abwechselnd mit tiefster
Niedergeschlagenheit. Der Magen zieht sich zusammen;
die Absonderung der Verdauungssecrete wird immer spär-
licher: endlich hört die Sekretion von Milch, Speichel,
Galle, von Wundflüssigkeiten (Eiter) auf. Man hat bei
Verhungernden in den letzten Lebensstadien heftiges Nasen-
bluten, allgemeine Körperkrämpfe und Ohnmachten beobachtet, zuletzt vollkommene Verrücktheit und Raserei auf
welche gewöhnlich bald der Tod erfolgte.

Die gesunden Menschen sterben am Hunger um so
früher, je jünger sie sind. Celsus berichtet von Kindern,
daß sie im Allgemeinen den Hunger schlechter ausstehen
als Erwachsene, er erzählt Todesfälle bei Kindern am
ersten bis vierten Tage der vollkommenen Nahrungsent-
ziehung. Von den Söhnen des Grafen Ugolini, welche
die Pisaner mit dem Vater im Gefängniß zum Hungertod
verurtheit hatten, starben nach dem Berichte des Cardanus
die jüngsten zuerst, die übrigen ertrugen den Hunger um
so länger je älter sie waren, so daß die letzten erst dem

fünften und ſechſten Tage erlagen. Der Vater ſtarb ehe
noch der achte Tag abgelaufen war! Plinius behauptet
ein Menſch erlebe noch den elften Tag.

In dieſen Fällen wurde weder feſte noch flüſſige
Nahrung genommen. Wenn Waſſergenuß freiſteht, wird
der Hunger länger ertragen. Tiedemann führt Fälle an,
in welchem Hungernde, welche Waſſer genießen konnten,
50 und mehr Tage ausdauerten. Moleſchott berechnet
mit den von Tiedemann geſammelten Beiſpielen als
mittlere Lebensdauer des Menſchen bei Hunger 20—21
Tage. Doch ſind hiebei Kranke mitgerechnet.

Die Lebensdauer hungernder Thiere zeigt ſich ſehr
verſchieden. Warmblütige Thiere ertragen, da ihr Stoffverbrauch ein viel bedeutenderer iſt, den Hunger viel
weniger lang als kaltblütige. Schlangen leben ein halbes
Jahr ohne Nahrung. Johannes Müller erzählt, daß ein
Proteus anguineus, dieſer merkwürdige unterirdiſch lebende
Salamander der Höhlen in Krain, fünf Jahre lang in
regelmäßig erneuertem Brunnenwaſſer lebte, auch andere
Waſſerſalamander, Schildkröten kann man Jahrelang ohne
weitere Nahrung erhalten. Hunde leben 25—36 Tage,
Vögel 5—28 Tage ohne Speiſe und Trank.

Jahrelanges vollkommenes Faſten bei Menſchen iſt
Betrug.

Doch darf man dabei nicht vergeſſen, daß manche
Krankheiten, beſonders Rückenmarksleiden das Nahrungsbe-
dürfniß ungemein herabſetzen. Cl. Bernard hat gezeigt,
daß durch gewiſſe Rückenmarkverletzungen warmblutige
Thiere experimentell in den Zuſtand eines „minimalen
Lebens“ verſetzt werden können, in welchem ihr ge-
ſammtes phyſiologiſches Verhalten bis zu einem gewiſſen
Grade auf das der kaltblütigen Thiere herabgeſetzt er-

scheint. Dadurch muß sich der Stoffverbrauch in der
Folge auf das Wesentlichste beeinflußt zeigen. Bei alten
Individuen, deren Körperorgane sehr wasserreich werden,
ist bei minimaler Körperbewegung das Nahrungsbedürfniß
und der Stoffumsatz oft ebenfalls auffallend gering; er
sinkt auch beträchtlich durch fortgesetzte mangelhafte Ernährung, Hunger, z. B. bei Gefangenen; ebenso aus
derselben Ursache bei Kranken, namentlich bei Irren.
Hippokrates lehrt schon: Kinder ertragen den Hunger
kürzere Zeit als Erwachsene, Männer kürzer als Frauen
und Greise ertragen ihn länger als beide. Daher rührt
die oftgemachte Behauptung, daß kräftigere Konstitutionen
den Hunger weniger lange ertragen als schwächlichere,
bei welchen der tägliche Stoffverlust aus inneren Ursachen
ein geringerer ist. Diese Zustände erinnern an den
Winter- und Sommerschlaf warm- und kaltblütiger Thiere, wobei ohne alle äußere Nahrung das
„minimale Leben" erhalten bleibt. Analog sind die Verhältnisse bei dem Puppenzustande vieler Insekten, oder
auch bei sehr fetten Menschen, bei welchen normal das
Nahrungsbedürfniß weit geringer ist wie bei mageren.

Es ist bemerkenswerth, daß unter den zahlreichen
Beispielen monatelangen fast vollkommenen Fastens, von
denen die Geschichte der Medicin von ihrem Beginn an
zu berichten weiß, sich solche Fälle finden, bei denen direkt
als Ursache Rückenmarksverletzungen z. B. eine „Quetschung
des Rückens" (Haller) oder vollkommene Lähmung angegeben werden. Die Fälle aus der älteren Medicin sind
darum weniger glaubhaft, weil man dabei den Werth der
genossenen Nahrungsmittel nicht genügend zu schätzen
wußte. So finden wir in solchen Fällen neben Wasser
auch Molken als ziemlich gleichwerthiges Getränk erwähnt.

Aus religiösem Aberglauben sollen Einige 40 Tage sich der festen Nahrung enthalten haben. Es scheint mir, daß die in der letzten Zeit so viel besprochenen Vorkommnisse von monate= ja jahrelangem Fasten sich zum Theil, soweit sie nicht vollkommen auf Betrug beruhen, wirklich auf Fälle, bei denen das Nahrungsbedürfniß krankhaft herabgesetzt ist, beziehen können. Der Appetit nach Nahrungsaufnahme kann hiebei, wie man das bei Irren zu sehen Gelegenheit hat, wirklich fast ganz fehlen und die Nahrungsaufnahme eine im Verhältniß so geringe sein, daß die Umgebung in rhetorischer Uebertreibung sie als gar keine bezeichnet. Wenn sich solcher Fälle die civile oder kirchliche Industrie bemächtigt, so kann sie bei Leichtgläubigen um so eher Glauben und Bestätigung finden, da derartige Individuen wirklich längere Zeit ohne Nahrung ausdauern können und zwar um so leichter, da ihnen wie gesagt oft der Appetit fast vollkommen mangelt.

Es sind von vollkommen glaubwürdigen Beobachtern einige Fälle verzeichnet, in welchen solche fastende Personen der genauesten Kontrole unterworfen wurden, so daß sie wirklich während der Beobachtungszeit absolut keine Nahrung erhielten und doch die Beobachtung nicht durch Verlangen nach Nahrung unterbrochen wurde.

Ein solcher Fall kam in neuerer Zeit in England vor. Ein außerordentlich fettes Mädchen, eine gewisse Sarah Jakob sollte angeblich gar Nichts essen. Um den Betrug zu entdecken, bewachte man das Kind. Es aß nun thatsächlich Nichts, starb aber nach acht Tagen.

Als ein anderer im Allgemeinen gut beobachteter Fall ist der von dem berühmten Physiologen und Arzte Ph. v. Walther zu bezeichnen, über welchen er am 20. April 1844 der kgl. Akademie der Wissenschaften in München berichtete.

Ein altbayerisches Bauernmädchen Anna Maria Furtner geboren 1823, wurde im Winter 1832, während ihre Geschwister an einer schweren Krankheit darniederlagen, von einer heftigen Abneigung gegen alle Speisen mit Ausnahme von Obst und Milch befallen. Nach etlichen Wochen bezeigte sie auch gegen diese einfachen Nahrungsmittel einen so lebhaften Abscheu, daß sie sich selbst durch Drohungen nicht zur Annahme derselben zwingen ließ. Täglich trank sie 1—3 Maß Wasser, im Frühling außerdem den Saft frisch angebohrter Birken. Der Genuß der Hostie erregte ihr Magendrücken. Feste Excrete sollte sie keine, flüssige nur spärlich haben. Da die Sache Aufsehen machte, wurde sie endlich im Frühling 1843 in das Münchener Krankenhaus zur sorgfältigsten Beobachtung gebracht. Sie war von mittlerer Größe und nicht abgemagert, die Gesichtsfarbe nicht krankhaft, die Augen lebhaft. Die Muskeln fühlten sich sehr weich an. Die Wärme ihres Körpers betrug in der Mundhöhle 5^0 C weniger als bei Gesunden, die Körperwärme war überhaupt niedriger, die Hände fast immer kalt anzufühlen. Sie schlief täglich 10—12 Stunden; leichtere Arbeiten: Stricken und Spinnen konnte sie verrichten, wegen rascher Ermüdung war sie dagegen zu keinen schwereren Anstrengungen fähig; sie ging nur auf kurze Strecken. Isolirt, bei versiegelten Fenstern bei „fast" peinlicher, genauer Controle dessen was zur Thüre aus und einging, wurde sie fünf Wochen (35 Tage) lang nur bei Wasser beobachtet. Man bemerkte während der Zeit wirklich keine festen Ausscheidungen. Die flüssigen und die luftförmigen Körperabgaben aus Lungen und Haut wurden sorgfältig bestimmt. Sie erschienen quantitativ vermindert qualitativ aber die gleichen wie bei Gesunden. Während der Beobachtungszeit hatte sich das Körpergewicht

um einige Pfund veringert. Zweifelsohne haben wir hier
eine Persönlichkeit vor uns, bei welcher das Nahrungsbedürfniß im Sinne des minimalen Lebens wesentlich herabgesetzt war. Aber es läßt sich mit aller Sicherheit aus
den Akten nachweisen, daß sie sich während der Beobachtungszeit trotz der Aufsicht doch einige Nahrung zu verschaffen wußte. Die genauen Körperwägungen ergaben
nämlich zwischen der allgemeinen Körperabnahme eine
wenn auch geringe Gewichtszunahme. Jedoch hatte sie
schließlich die Beobachtungszeit sichtlich körperlich herunter-
gebracht. Nach dem Tiedemann'schen Falle, bei welchem
die Lebensdauer bei Wasser 50 Tage betrug, war übrigens
mit den 35 Tagen die Grenze der Lebensmöglichkeit auch
für einen Gesunden noch nicht erreicht.

Walther hat zuerst darauf hingewiesen, daß der
minimale Stoffverbrauch bei Nahrungsenthaltung sich hier
zum Theil durch einen relativen Ausfall der Leberthätigkeit erklären lasse. Wir werden in einem der folgenden
Capitel diese geniale, ihrer Zeit weit vorauseilende Bemerkung als in hohem Maße begründet erkennen.

Solche „sonderbare Heilige" sind also Kranke, oft
Geisteskranke.

Nach den Beobachtungen Chossat's sterben, wenn sie
vorher nicht abnorm fett waren, verhungernde Thiere
(Tauben), bei einer Verminderung des Körpergewichtes
um $2/5$. Bei langandauerndem Hunger schwindet am
meisten das im Körper abgelagerte Fett, es kann fast vollkommen verbraucht werden. Das Gewicht der großen
Drüsen nimmt über die Hälfte ab. Das Fleisch, das Blut
und die Organe des Verdauungskanals nur um $1/5$; Haut
und Nieren um $3/10$; die Lungen um $1/5$; die Knochen um
$1/6$. Das Eiweiß der Organe ist sonach in viel geringerem

Grade verbraucht als das Fett, das letztere erscheint zur
Erhaltung des „minimalen Lebens" daher von besonderer
Wichtigkeit.   Alle Organe werden bei längerdauerndem
Hunger bedeutend wasserreicher.

Außerordentlich auffallend erscheint es, daß das Cen=
tralnervensystem: Gehirn und Rückenmark auch beim
Hungertode kaum eine Gewichtsabnahme erkennen läßt
(kaum $\frac{1}{50}$). Damit hängt es zusammen, daß auch bei
langandauernden krankhaften Ernährungsstörungen, bei
welchen der hinfällige Körper dem Erliegen entgegengeht,
die geistigen Funktionen noch vollkommen unberührt in
alter Frische und Stärke vorhanden sein können.   Die
nervösen Hauptorgane sind physikalisch dadurch, daß sie in
eine starre Knochenkapsel eingeschlossen sind, von der die
übrigen Organe aus Blutmangel im Hunger treffenden Er=
nährungsverminderung relativ geschützt, ihre Gefäße müssen
bei nach und nach verminderter Blutmenge kaum weniger
mit Blut gefüllt werden als im normalen Zustande.

Das Durstgefühl, welches zur Wasseraufnahme
treibt, tritt zuerst als eine Empfindung der Trockenheit,
Rauhheit und Brennen im Schlunde, dem Gaumen und
der Zungenwurzel auf.   Befeuchtung und Durchtränkung
dieser Partien mit Wasser stillt den Durst.   An diesen
Stellen endigen also die eigentlichen Durstnerven, welche
durch Wasserentziehung aus ihrer Substanz erregt werden.
Am häufigsten tritt diese Erregung durch starke Wasser=
verluste aus dem Blute ein.   So erregt starke Wasserab=
gabe durch die Haut bei Körperanstrengung in der Hitze,
Salzgenuß, welcher die flüssigen Excretionen steigert, Durst.
Wassereinspritzung in das Blut, was man z. B. bei der
asiatischen Cholera versucht hat, stillt den Durst.   Ebenso
schwindet in späteren Hungerstadien mit dem Hungergefühl

auch der anfänglich noch quälendere Durst, da die Organe und das Blut, trotz seiner dann pechähnlichen Klebrigkeit, nach längerem Hunger relativ wasserreicher werden. Theilweise muß das Verschwinden von Hunger und Durst auch als Ermüdung der betreffenden Nerven erklärt werden.

Ueber die Zeitdauer, während welcher der Mensch den Durst zu ertragen vermag, geben die Angaben über Enthaltung von fester und flüssiger Nahrung allein sicheren Aufschluß. Es geht aus ihnen hervor, daß die vollkommene Nahrungsenthaltung weit weniger lang ertragen wird, als wenn Wasser zum Genusse verwendet werden konnte.

Es gibt Menschen, welche außerordentlich wenig, in rhetorischer Uebertreibung gar nicht trinken und zwar Monate, Jahre lang.

Die Möglichkeit liegt darin, daß wie wir sahen die sogenannten festen Nahrungsmittel, aber namentlich Fleisch, Eier, Kartoffeln, Gemüse, Breie, Suppen, Obst außerordentlich wasserreich sind, so daß sie das eigentliche Getränk zum Theil ersetzen können. Die fleischfressenden Insekten sollen nicht, die Raubvögel äußerst wenig trinken, was die ältere Physiologie auch von der Mehrzahl der vom Raube (Fleisch) lebenden Säugethiere behauptete. Man hat die Meinung in allem Ernst vertreten, daß der Mensch nicht zu trinken brauche, wenn er allein von den Früchten leben würde, auf derem Genuß man ihn von Seite der Natur hingewiesen glaubte.

Die Kamele können bekanntlich den Wassermangel einige Zeit ertragen, wie man behauptet, weil sie in einem Theile ihres Magens Wasser aufzuspeichern vermögen. Um ihren „Pansen" herum geht ein besonderer

zelliger Wasserbehälter: Wassermagen, woraus sich das
Wasser in den Pansen entleeren soll. Darauf und weil
sie zeitweise bei nur geringer Nahrung ausdauern können,
beruht ihre vorzügliche Verwendbarkeit auf Wüstenreisen.
Sie sammeln bei guter Nahrung in ihrem Höcker reichlich
Fett an, auf dessen Kosten sie bei Nahrungsmangel leben,
wobei dann der Höcker sehr beträchtlich an Masse ab=
nimmt. Für die Reisestrapazen müssen sie durch gute
Kost — Mästung — vorbereitet werden.

In analoger Weise zehren Menschen und Thiere in
Zeiten des relativen Nahrungsmangels oder der voll=
kommenen Nahrungsenthaltung z. B. Thiere im Winter=
schlaf namentlich von ihrem Körperfette.

Dem Nahrungsbedürfniß steht das Gefühl der
Sättigung gegenüber, das sich zur Uebersättigung, dem
Abscheu vor Nahrungsaufnahme, Ekel steigern kann.

Das Gefühl der Sättigung ist sowohl ein lokales als
ein allgemeines. Das lokale besteht neben dem Appetit=
mangel in einem leichten Druckgefühl von dem gefüllten
Magen auf seine äußere Umgebung hervorgebracht. Im
Allgemeinen äußert sich die normale Sättigung im Gefühl
der Kraft, verbunden mit Heiterkeit und Bonhomie, wie
der Dichter sagt: „er war so satt und froh". Die Ueber=
sättigung ist davon als eine krankhafte Erscheinung
wohl zu trennen. Sie tritt auf mit empfindlichem Magen=
drücken, mit dem Gefühl der Völle, allgemeiner Abge=
schlagenheit, Müdigkeit, Unlust und Unfähigkeit zu stärkeren
Bewegungen und geistiger Beschäftigung, Mißmuth. Diese
Symptome stammen zum großen Theil von einer Ueber=
ladung des Blutes mit den aus der zu reichlich aufge=
nommenen Nahrung stammenden Zersetzungsprodukten

(ermüdenden Stoffen) namentlich Kalisalze, welche in ge=
ringeren Gaben erregend, in größeren ermüdend wirken.
Das Ekelgefühl, welches sich bis zur Brechneigung steigern
kann, geht zunächst vom Magen aus und hat seine häufigste
Ursache in einer übermäßigen Blutcongestion dieses Organs.
Mäßige Blutfülle ruft wie wir sahen nur Appetitmangel
hervor, stillt das Hungergefühl.

Ehe wir zu der experimentellen Beobachtung des
Einflusses der Nahrungsenthaltung auf den Stoffverbrauch
des Menschen übergehen, haben wir noch die Bemerkung
zu registriren, daß nicht nur Gewürze sondern auch einige
Speisen wie Durst so auch Hunger erregen sollen.
Das Verschwinden des Hungergefühl's beim Fasten be=
ruht, wie wir oben besprochen, zunächst auf einer Halb=
lähmung, Ermüdung der Hungernerven. Zur Erregung
bedürfen sie daher schwacher normaler Lebensreize. Jedem
ist bekannt, daß nach den ersten Bissen, oder more ger-
manico nach der Suppe, der normale Appetit nicht ab=
sondern zunimmt. So ist die Appetitreizung durch gewisse
leicht verdauliche und die Magenthätigkeit anregende
Gerichte z. B. Austern zu verstehen.

Der Verfasser hat am Menschen einige „vollständige Er=
nährungsversuche" bei Hunger, bei vollkommener Nahrungs=
enthaltung bis zum Schlusse des zweiten Hungertages
angestellt.

Es ist das der einfachste Fall eines Ernährungs=
versuchs.

Während des Hungerzustandes geht im Organismus
des Menschen wie der Thiere der Stoffverbrauch seinen
normalen Gang nur in der Quantität vermindert. Der
menschliche Organismus lebt im Hunger auf Kosten
seiner Körperbestandtheile, er verzehrt sich selbst, sein Ei=

weiß, sein Fett, sein Bindegewebe, seine Wasser, seine
Salze. In dieser Beziehung ist der Hungerzustand von
der Ernährung mit Fleisch und Fett 2c. nicht wesentlich
verschieden; im Hunger sind es dieselben „Nährstoffe" auf
deren Kosten der menschliche Organismus seine physiologischen Bedürfnisse bestreitet. Ein hungernder Pflanzenfresser „nährt sich" von denselben Stoffen wie der Fleischfresser, sein physiologisches Verhalten wird dadurch auch
wirklich in manchen Beziehungen z. B. im Chemismus
seines Blutes dem letzteren ähnlich.

Hier interessirt uns nun vor allem die Frage, „wie
viel verbraucht ein bisher wohlgenährter,
kräftiger Mensch bei vollkommener Nahrungsenthaltung in 24 Stunden?"

Hier wie in der Folge soll einer der von dem Verfasser an seinem eigenen Körper angestellten Versuche
als Beispiel des Stoffverbrauchs im Hunger ausgewählt
werden.

Die Beobachtung begann 24 Stunden nach der letzten
Nahrungsaufnahme, und schloß 47 Stunden nach derselben.
Die Resultate beziehen sich also auf den „zweiten Hunger-
tag". In dem mitgetheilten Versuchsbeispiel wurde weder
feste noch flüssige Nahrung genossen, so daß der gesammte
Stoffverbrauch allein von den Bestandtheilen des Körpers
gedeckt werden mußte.

In der oben angedeuteten Weise wurde aus den genau
chemisch bestimmten Körperausgaben, und zwar aus ihrem
Kohlenstoff und Stickstoff der Verbrauch des hungernden
Körpers an Eiweiß und Fett berechnet. Das Uebrige
ergeben die folgenden Zahlen.

Beginn des zweiten Hungertages Mittags. Das
körperliche Befinden vollkommen normal, kein Schwäche-

gefühl. Die Temperatur im Salon des Respirations=
apparates betrug im Mittel 19,5° C. Das Hungergefühl
zeigte sich bei der gewöhnlichen Zeit der ausfallenden
ersten und zweiten Mahlzeit, am Ende des Versuchs ist
es kaum bemerkbar.

Hungerversuch.

Körpergewicht vor dem Versuch (rein)	69643 Grmm.	
„ „ nach „ „ „	68513 „	
Gewichtsverlust in 24 Stunden . . .	1130 „	

Ausgaben (direkt bestimmt):

in den flüssigen Exkreten	8,024 N	3,65 C
in der Respiration	—	„ 180,85 „
zusammen:	8,024 N	184,5 C

Einnahmen (aus den Ausgaben berechnet):

50,7 Gramm Eiweiß	8,024 N	27,796 C
198,1 „ Fett	—	„ 156,7 „
zusammen:	8,024 N	184,5 C

Der Gesammtverlust an Eiweiß und Fett betrug so=
nach während dieses Hungertages 248,8 Gramm; dazu
kommen noch 7,7 Gramm Extractivstoffe und Salze, welche
in den flüssigen Excreten ausgeschieden wurden, so daß
der Verlust des Körpers an festen Stoffen zusammen
256,5 Gramm betrug. Ziehen wir diese Gewichtsgröße
von dem Gesammtkörpergewichtsverlust von 1130 Gramm
ab, so finden wir für den Verlust des hungernden und
durstenden Organismus an Wasser allein 873,5 Gramm!

Aus diesen Resultaten des Versuches erkennen wir
zunächst, daß der große Gewichtsverlust, welchen der Or=
ganismus des Menschen bei vollkommener Nahrungsent=

haltung erleidet, der Hauptmaffe nach Wafferverluft ift.
Hätten wir das Waffer wieder erfetzt, fo würde der
Körper, welcher bei der Nahrung= und Wafferentziehung
2¹/₄ Pfund verloren hat, nur um ¹/₂ Pfund abgenommen
haben, ein Gewicht welches fich zu ¹/₃ auf Körpereiweiß,
zu ²/₃ auf Körperfett bezieht. Das ift der Grund warum
Hunger bei Waffergenuß fo viel länger ertragen wer=
den kann.

Der Verbrauch im Hunger blieb in weiteren Verfuchen
für das beobachtete fonft wohl= und gleichmäßig genährte In=
dividuum am zweiten Hungertage auffallend konftant. Bei
dem Menfchen find bisher aus leicht erkennbaren Gründen
längerbauernde vollftändige Hungerverfuche nicht angeftellt
worden. Aus Beobachtungen an Kranken, welche z. B.
durch pathologifchen Verfchluß des Magens aus Hunger
zu Grunde gehen, weiß man feit lange, daß der Verbrauch
an Körpereiweiß, wie fich aus der Stickftoffausfcheidung
in den Exereten ergibt, bis zum Tode nicht aufhört, daß
er aber natürlich noch ziemlich weit unter die vom Ver=
faffer an fich beobachtete Größe herabfinkt. Mit der
fteigenden Aufzehrung des im Körper, in feinen Organen
und Flüffigkeiten vorhandenen Eiweißvorrathes, mit dem
mehr und mehr mangelnden Zerfetzungsmaterial wird auch
die Menge des zerfetzten Stoffes mehr und mehr ab=
nehmen müffen. Die ausgefchiedene Stickftoffmenge finkt
etwa auf 2,3—2,5 Gramm in 24 Stunden, was bei einem
Gehalt des trockenen Eiweiß von 15,8 °/₀ N einem Eiweiß=
verluft von etwa 14—16 Gramm im Tage entfpricht.
Direkte Beftimmungen über den Verbrauch von Körperfett
in diefen fpäten Stadien des Hungers am Menfchen fehlen
noch vollkommen.

Es ergibt fich aus den vorliegenden Beobachtungs=

refultaten, daß der Stoff=Verbrauch der hungernden Menſchen
kein konftanter iſt, ſondern daß er ſchwankt nach dem all=
gemeinen Körperzuſtand des Hungernden.

Der wohlgenährte Organismus ſpeichert in ſeinen
Organen und Körperſäften eine reichliche Menge zer=
ſetzbaren, für die phyſiologiſchen Zwecke werthvollen
Stoffmaterials auf. Als ſolches iſt neben Eiweiß nament=
lich das bei reichlicher Nahrung im Körper ſich anſammelnde
Fett anzuſprechen. Auf Koſten dieſer Stoffe lebt der Or=
ganismus des Menſchen, wenn ihm von außen keine oder
nicht genügende Nahrung zugeführt wird. Für die lang=
dauernden Perioden ohne Nahrungsaufnahme, welche die
Natur bei den winterſchlafenden Thieren in den
Lebensgang einſchaltet, ſehen wir dieſe Thiere ſtets ſich
durch reichlichere Nahrungsaufnahme, durch „Mäſtung"
vorbereiten. Bei der Herabſetzung des Stoffverbrauchs,
wie er im Winterſchlaf mit gleichzeitiger Herabſetzung der
Körpertemperatur, der Blutcirkulation, der Athmung und mit
vollkommen mangelnder Bewegung eintritt, genügt die im
Körper aufgehäufte Stoffmenge (namentlich Eiweiß und
Fett), um den Organismus während der Zeit der winter=
lichen Inanition zu erhalten. Ganz analog ſind die Ver=
hältniſſe bei jeder länger oder kürzer dauernden Inanition
des Menſchen. Der quantitative Stoffverbrauch des
hungernden Körpers wird ſtets durch den im Augenblick
beſtehenden Ernährungszuſtand bedingt. Vorher gut ge=
nährte Individuen verlieren im Hunger mehr als vorher
ſchlecht ernährte, deren Organmaſſe, deren Körperfett und
Eiweiß in quantitativ geringerer oder ſchon herabgemin=
derter Menge vorräthig iſt.

Ueberhaupt ſind die Ernährungsvorgänge in den Or=
ganen bei Hunger nicht ſo principiell von denen mit

äußerer Nahrungsaufnahme verschieden, wie man das auf
den ersten Blick denken könnte.

Das eigentliche Nahrungsmittel des animalen Körpers
ist das Blut. Die Stoffe, welche wir als Nahrung auf=
nehmen, werden nach dem Ausdrucke der alten Physiologie
in den Verdauungsorganen „gekocht", in eine dem Blute
ähnliche Flüssigkeit, Chylus = Darm = Lymphe ver=
wandelt, welche durch die Lymph= (=Chylus=) Gefäße dem
Blute zugeführt und ihm direkt zugemischt werden. Das
Blut strömt von den Lungen und dem Herzen in den
Blutgefäßen den Organen des menschlichen Körpers zu; in
den Organen löst sich die Blutbahn in ein überaus feines
Haargefäßnetz auf, welches noch die feinsten Organtheile
umspinnt und ihnen das zu ihrer Funktion nothwendige
Erhaltungsmaterial, das Blut darbietet. In den Capillar=
gefäßen findet die Wechselwirkung der Organe und des
Blutes statt. Dort wird der Sauerstoff aus dem Blut
von der Organsubstanz angezogen, dort treten aus
dem Organ die Zersetzungsprodukte desselben namentlich
Kohlensäure nach dem Gesetze der Gasdiffusion in das
Blut ein. Gleichzeitig findet hier ein reichlicher Flüssig=
keitsaustausch statt. Gelöste, flüssige Ernährungssubstanzen
treten aus dem Blut in das Organ ein. Auf diese Weise
hat das in den Organen durch Sauerstoffverlust und
Aufnahme von Kohlensäure und anderen Organzersetzungs=
produkten veränderte venös gewordene Blut, welches
in den aus dem Capillarnetz sich sammelnden Venen
wieder dem Herzen und der Lunge zurückgeführt wird,
auch einen beträchtlichen Theil seiner gelösten, zur Organ=
ernährung verwendbaren Stoffe an die Organe abgegeben.
Diese aus dem Blute stammende Flüssigkeitsmenge strömt
nun als sogenannter intermediärer Säftekreis=

lauf durch die Organe, durch den ganzen Körper, wobei
jedem einzelnen Organtheilchen Gelegenheit gegeben ist,
seinen Stoffbedürfnissen zu genügen. In den Organen
sammelt sich dieser Säftestrom in den Anfängen der sich
überall im Organismus reichlich findenden Lymph=
gefäße, in welchen dem Blute die gelösten Stoffe oder
deren Zersetzungsprodukte wieder zufließen. Es findet
dadurch fortwährend auch bei Hunger eine Erneuerung
des Blutes, eine Ergänzung seiner Bestandtheile durch die
ihm aus allen Organen zuströmende Lymphe statt. Die
Bedeutung des Chylus, der Lymphe, des Verdauungs=
Apparates, erscheint uns darnach vor allem darauf be=
schränkt, daß durch die in ihm bei Nahrungsaufnahme
erfolgende Zufuhr neuer, von außen stammender Stoffe,
die in dem Blut und im intermediären Säftekreislauf
enthaltene Menge zur Organernährung dienlicher Stoffe
konstant erhalten oder vermehrt wird. Auch ohne Neu=
zufuhr ist im hungernden Organismus zunächst noch eine
genügende zur innern Ernährung verwendbare Stoffmenge
vorhanden, um für längere Zeit den physiologischen Be=
dürfnissen des Organismus freilich in nach und nach ver=
mindertem Grade zu genügen.

Aber nicht nur diese Flüssigkeitsmenge ist es, von
welcher der hungernde Organismus zehrt, er zehrt auch
direkt von seinen Organen.

Unter der Einwirkung der Lebensvorgänge sehen wir
in den Organen Processe eintreten, welche ganz an die
Verdauung der in die Verdauungsorgane aufgenommenen
Nährstoffe erinnern. Unter der Einwirkung der in den
Verdauungssäften, dem Speichel, dem Magensaft, dem
Pankreassafte, enthaltenen Fermente, werden die
Speisen gelöst und chemisch umgestaltet und in diesem

Zustande dem Säftestrom, zunächst dem Blute zugemischt.
Die wichtige Entdeckung v. Wittich's, daß Verdauungs=
fermente sich auch in den Organen und Zellen des ani=
malen Körpers weit verbreitet finden, machen es uns
verständlich, in welcher Weise die vergleichsweise festen
Organstoffe mit in den Säftestrom hereingezogen werden.
Sie erklären es, warum im Hunger, wenn der Ersatz
durch Nahrung fehlt, die festen Organstoffe mehr und
mehr an Masse abnehmen, sich verzehren. Wie in den
Verdauungsorganen so findet auch fortwährend in allen
Organen, in allen Zellen, welche den animalen Organis=
mus zusammensetzen, ein Verdauungs=, ein Lösungsvor=
gang statt, welcher die Organbestandtheile nach und nach
verflüssigt. Die Produkte der Selbstverdauung des Organs
mischen sich dem das Organ durchströmenden intermediären
Säftekreislauf bei und dienen bis zu einem gewissen
Grade mit zum Ersatz der aus der Säftemasse verbrauchten
Substanzen.

So ist also die Säftemasse des menschlichen Körpers
ein bei vorausgegangener guter Ernährung reichlich ge=
fülltes Reservoir, aus welchem das Nahrungsbedürfniß
der Organe bestritten wird. Diesem Reservoir strömen
aus den Organen fortwährend die Stoffe zum großen
Theil zurück, welche aus ihm in die Organe zur Ver=
mittelung der Organernährung ausgetreten sind. Anderer
Seits fließen ihm auch die für die Ernährung noch ver=
wendbaren, aus der fortwährenden Selbstverdauung der
Organe stammenden Substanzen zu. In diesem Sinne,
da das Hauptreservoir aus ihnen schöpft, müssen wir auch
die Organe des menschlichen Körpers selbst als Hülfs=
reservoirs für die Erhaltung der Ernährung, des Lebens
namentlich für die späteren Stadien des Hungers ansprechen.

Der Verdauungsvorgang in den eigentlichen Verdauungsorganen ist also nur ein Hauptglied einer großen Kette ganz analoger Lösungsvorgänge, welche sich in allen Organen bethätigen. Aus der Verdauung hervorgegangene Stoffe mischen sich nicht nur der Darmlymphe sondern jeder Organlymphe zu, so daß principiell die Unterschiede der verschiedenen Lymphsorten verschwinden und damit der zunächst ebenfalls principiell erscheinende Unterschied zwischen dem Zustand der Körperernährung mit Zuziehung von Nahrungssubstanzen von Außen oder ohne diese mit alleiniger Benützung der im Körper aufgespeicherten Nahrungsmaterialien.

Je mehr die Füllung der inneren Nahrungsreservoirs abnimmt, je geringer die Säftemasse, je geringer die Organmasse wird, desto geringer wird auch der Stoffverbrauch. Mit dem Erlöschen der organischen Verbrennungen im Körper erlischt die Flamme des Lebens.

4) Ernährungsversuche mit eiweißfreien Substanzen.

Man sieht kleinere animale Organismen z. B. den Zuckergast oder das Fischchen Linne's Lepisma sacherina, ein nächtliches, überall in Speisekammern und Kramläden gemeines Thierchen, im Zucker leben; der braune Krümelzucker wimmelt unter dem Mikroscope gewöhnlich von lebenden Wesen. Man behauptete, daß die Negersclaven der Zuckerplantagen sich oft im Wesentlichen von dem Rohzucker des Zuckerrohrs nähren. Die Mütter und Ammen pflegen zu sagen und zu glauben, daß sie ihre mutterlos aufgezogenen Kinder mit Zuckerwasser oder Arrowroot (Stärkemehl) erhalten. Die Fette, namentlich der Leberthran gelten für die vorzüglichsten Nährmittel.

Im Papin'schen Topf wird das Gelatin, der Leim aus Knochen, Sehnen und Bändern ausgezogen und die so gewonnenen Suppen werden als Kraftsuppen bezeichnet.

Es sind die alten Versuche Magendie's, an welche sich die analogen von Tiedemann und Gmelin, Johannes Müller u. A. anschlossen, welche uns gelehrt haben, daß alle Nahrungsgemische, welche kein wahres Eiweiß enthalten, auf die Dauer das Leben nicht erhalten können. Man bestimmte in dem rohen Safte des Zuckerrohrs das Eiweiß, ebenso wie in den unreineren Zuckersorten. Man hat mit Recht behauptet, daß der Ungehorsam der Wärterinen, welche den Kleinen von ihrer Speise reichen, in vielen Fällen beitrage zur Lebenserhaltung dieser armseligen Wesen, welche falsche Anschauungen über den Nährwerth der Kohlehydrate zum langsamen Hungertode verdammen würden. Auch der sonst vielgerühmte Nährwerth der „Gallerte", chemisch gesprochen des Leims stellte sich bei praktischer Beobachtung als ein am Schreibtisch ausgesonnenes, theoretisches Hirngespinnste dar.

Alle diese Stoffe, zu welchen wir erst in neuester Zeit auch die durch excessive Wirkung der Verdauungsfermente auf die Eiweißkörper entstehenden ersten Umsatzprodukte des Eiweißes, die Peptone, namentlich nach Brücke's Angaben haben zählen lernen, setzen zwar den Eiweißverbrauch des menschlichen wie überhaupt des animalen Organismus herab, sie können für den Fettverbrauch des hungernden Organismus, sowie für den Verbrauch der Eiweißzersetzungsprodukte eintreten, das Eiweiß selbst aber können sie im normalen Stoffumsatz nicht ersetzen. Der Eiweißverbrauch aus den Körperorganen und Säften geht annähernd in der gleichen Höhe wie im vollkommenen Hungerzustande vorwärts, wenn nicht die nöthige Eiweißmenge in der Nahrung zugeführt wird.

In allen Vegetabilien, im Getraide, Reis, Mais, in allen Früchten und Grasarten finden wir, wie unsere Betrachtung der Nährmittel lehrte, eine Mischung der beiden Hauptnährstoffgruppen: Eiweißstoffe und eiweißfreie Stoffe namentlich Kohlehydrate und Fette, so daß für die Ernährung aller animalen Organismen im Principe dieselben chemischen Stoffe dienen.

Man hat behauptet, daß unsere Gebirgsbevölkerung sich arbeitskräftig erhalte mit einer Nahrung, welche der Hauptsache nach aus Kohlehydraten und Fetten bestünde; man hat es nach den Ernährungsgesetzen für unbegreiflich erklärt, wie die Galeerensclaven mit einer „fast eiweißfreien Nahrung" aus Brod und Wasser für ihre schweren Arbeitsleistungen sich tüchtig erhalten konnten; das eiweißfreie Bier sollte ein oder das Hauptnahrungsmittel gewisser schwer arbeitender Bevölkerungsschichten bilden. Bei näherer Beleuchtung werden wir alle diese Nebelbilder in Nichts zerfließen sehen. Immer stellt sich als ausnahmsloses Gesetz dar, daß ein normaler Mensch zu seiner Ernährung ein ganz bestimmtes Eiweißquantum nicht zu entbehren vermag, welches um so größer ist, je stärker die mechanischen Leistungen sind, welche der Organismus regelmäßig zu leisten hat. Bei Kindern und allen an Organmassen zunehmenden Personen muß in der Nahrung auch noch diejenige Eiweißmenge zugeführt werden, welche die Organe zum Wachsthum bedürfen.

Ist die Nahrung relativ eiweißarm wie bei Kartoffeln, Reis ꝛc., so muß die als Nahrung genossene Gesammtquantität das relative Verhältniß absolut umgestalten.

Schreiten wir nun zu den vollständigen Ernährungs-

versuchen am Menschen selbst und stellen die experi=
mentelle Frage: Wie verhält sich der Stoffverbrauch des
Menschen, wenn ihm die zu seinem Organaufbau noth=
wendigen Eiweißstoffe entzogen werden, während man ihm
eiweißfreie organische Substanzen in genügender Menge
zuführt?

Als eiweißfreie Nahrung bieten sich, wie wir gesehen
haben, vor allem die Fette, die Kohlehydrate: Zucker
und Stärkemehl, und der Leim dar. Wir werden finden,
daß sich die genannten Stoffe im Grunde in ihren Wir=
kungen für die Ernährung des Menschen analog verhalten,
daß ihre Beeinflussung des Stoffumsatzes im Wesentlichen
nur quantitative Unterschiede erkennen läßt.

Wir wollen auch hier wieder ein Beispiel eines voll=
ständigen Ernährungsversuches von 24 Stunden am
Menschen mittheilen, aus dessen direkten Ergebnissen wir
die gewünschten Aufschlüsse erhalten. Wir dürfen uns
hiebei auf die Angabe der Bestimmungen des Kohlenstoffs
und Stickstoffs in der Nahrung und den Excreten be=
schränken. Auch dieser Versuch begann 24 Stunden nach
der letzten Nahrungsaufnahme.

Versuch mit stickstofffreier Kost.

Einnahmen:

150 Gramm Fett	. . . .	0 N	109,91	C
300 „ Stärke	. . . .	0 „	114,50	„
100 „ Zucker	. . . . . .	0 „	38,27	„
	zusammen:	0 N	254,68	C Gramm

Ausgaben:

In den flüssigen Excreten	. . . 8,16 N	3,61	C
In den festen Excreten	. . . . — „	18,79	„
In der Respiration	. . . . . . 0 „	200,50	„
	zusammen: 8,16 N	222,9	C Gramm

Durch die eiweißfreie Nahrung wurde, wie der Versuch ergibt, die Stickstoffabgabe d. h. der Eiweißverbrauch des Organismus nicht aufgehoben und zwar beträgt die Menge des verbrauchten Eiweißes (mit 15,8% Stickstoff) 51,8 Gramm d. h. etwas aber sehr unwesentlich mehr (um 1,1 Gramm) als in dem mitgetheilten Versuche bei vollkommenem Hunger.

Der Eiweißverbrauch des Menschen kann also durch Zufuhr eiweißfreier Nährsubstanzen nicht aufgehoben werden; er schreitet in derselben Weise fort, als hätte der Organismus gar keine Nahrung erhalten. Das ist um so merkwürdiger, da die genossenen und verdauten Substanzen in den 24 Stunden des Versuches vom Organismus nicht vollkommen verbraucht wurden. In der Nahrung waren 254,68 Gramm Kohlenstoff enthalten, in den Excreten erschienen davon nur 222,9 Gramm wieder; es blieben also 31,8 Gramm Kohlenstoff aus der Nahrung als Körperbestandtheil zurück. Zu den Einnahmen haben wir außerdem noch 28,27 Gramm Kohlenstoff zu rechnen, welche von dem verbrauchten, vom Körper selbst abgegebenen 51,8 Gramm, Eiweiß stammen, so daß die im Körper zurückgebliebene Kohlenstoffmenge im Ganzen 64 Gramme beträgt. Dieser Kohlenstoff wurde wahrscheinlich als Fett im Körper zurückgehalten und zwar entsprechen 64 Gramm Kohlenstoff 81,5 Gramm Fett. Bei unserem Versuche hat der Organismus 51,8 Gramm Eiweiß verloren, dafür aber 81,5 Gramm Fett angesetzt.

Diesem Resultate entsprechen im Principe vollkommen die Ergebnisse der Ernährungsversuche mit reinem Fett, oder reinen Kohlehydraten (Zucker, Stärke) oder Leim. Durch keine dieser Substanzen wird der Eiweißverbrauch des animalen Körpers aufgehoben, dagegen kann

durch sie der Verbrauch an Körperfett vollkommen sistirt, der Körper fettreicher werden.
Nach den vorliegenden Ernährungsversuchen am Menschen
und mit noch größerer Sicherheit nach den viel zahl-
reicheren Versuchen, welche zur Entscheidung der für den
Landwirth so wichtigen Frage nach der rationellster Art
der Mästung an verschiedenen Thieren angestellt wurden,
ergibt sich aber, daß eine sehr verschiedene Quantität der
genannten Stoffe gereicht werden muß, wenn man durch
einen derselben allein den Fettverbrauch des animalen Organismus vollkommen aufzuheben beabsichtigt. Die meisten
Versuche sind über den relativen, nach dem letztgenannten
Gesichtspunkt beurtheilten Ernährungswerth des Fettes
und der Kohlehydrate angestellt worden. Nach den Bestimmungen von Pettenkofer's und Voit's muß beinahe die
doppelte Menge (100 zu 170) von Kohlehydraten in der
Nahrung genossen werden, um den Fettverbrauch des Organismus vollkommen aufzuheben, als wenn Fett direkt
als Nahrung zugeführt wurde. Eiweiß d. h. Peptone
und Leim stehen in dieser Beziehung den Kohlehydraten
näher als den Fetten. Das Nähere darüber folgt im
fünften Kapitel.

5) Ernährungsversuche mit Eiweißstoffen, mit Fleisch.

Wie man fälschlich behauptet hat, daß sich der Mensch
mit Eiweiß-freien Stoffen erhalten könne, so war man auch
von theoretischer Seite geneigt, eine Ernährung des
Menschen mit reinen Eiweißstoffen (Wasser und Blutsalzen)
für möglich zu halten.

Man glaubte diesen Beweis dadurch geführt, daß es,
wie man behauptete nicht nur Einzelnen in Zeiten des

Mangels gelungen fei, fich allein mit (rohem) Fleisch zu ernähren, fondern, daß es auch ganze Völker geben follte, welche nur von Fleisch leben.

Daß eine Ernährung mit Eiweiß, Fett und Leim wirklich möglich fei, wurde von uns in den vorhergehenden Betrachtungen ftets anerkannt. Die Fleifchnahrung, wenn fie alle anderen Nährfubftanzen erfeßen foll, muß aber außer den Eiweißftoffen des Fleifches auch noch reichlich Fett (und Leim) darbieten. Bei den Völkern, welche auf Fleifchnahrung im Wefentlichften angewiefen find, wie die Lappländer und Eskimo, welche bei nur fehr geringer Pflanzennahrung neben der Milch ihrer Rennthierheerden vorzüglich vom Fleifch der Seethiere und Vögel leben, fteht das Fett, der Thran in hohen Ehren und troßdem hören wir, daß fie einen enormen, für den Magen eines civilifirten, an gemifchte Koft gewohnten Europäers nicht zu bewältigenden Fleifchquantität zur Erhaltung bedürfen. Darwin erzählt bei Gelegenheit der Befchreibung feines Aufenthaltes in den Pampas, daß die Gauchos Monatelang Nichts als Rindfleifch genießen. Doch kennen fie den Werth des Fettes wohl, fie verfchmähen wie alle fleifch-effenden Nationen mageres und trockenes Fleifch, die fetteften Stücke gelten als die größten Leckerbiffen.

Nach den Verfuchen v. Bifchoff's und Voit's gelingt es, mit fettfreiem Muskelfleifch für eine längere Ernäh-rungsperiode alle Ernährungsbedürfniffe eines Fleifch-freffers (Hundes) — wenigftens unter gewiffen Körper-bedingungen deffelben — zu beftreiten.

Wenn es auch vom chemifchen, theoretifchen Stand-punkte aus möglich erfcheinen mag, den Menfchen allein mit reinem Muskelfleifch zu ernähren, fo wider-fpricht hier das Experiment auf das Entfchiedenfte.

Es ist bisher noch niemals experimentell
gelungen, den Menschen allein mit fettfreiem
Fleische vollkommen zu ernähren.

Der Mensch, wenigstens der civilisirte Europäer, dessen
Verdauungsapparate einer gemischten Kost angepaßt sind,
kann die enormen Mengen Fleisch, welche zu einer vollständigen Ernährung für ihn nothwendig wären, nicht bewältigen. Schon ehe wir an den Versuch selbst heran-
treten, können wir uns a priori ein Bild entwerfen, von
den bei alleiniger Fleischnahrung eintretenden Ernährungs-
verhältnissen.

Die normale tägliche Kohlenstoffausscheidung des
Menschen in der Respiration beträgt nach meinen Ernährungsversuchen, bestimmt mit dem v. Pettenkofer'schen
Respirationsapparat, bei Nahrungsaufnahme etwa 200–
207 Gramm. Diese Menge war im Zustande der Körper-
ruhe bei dem beobachteten kräftigen Individuum nur geringen Schwankungen unterworfen; bei möglichst gesteigerter Aufnahme gemischter Nahrung betrug die Zunahme
der Kohlenstoffausscheidung gegen diese Größe 45 Gramm.
Es ist demnach deutlich, daß wir es hier mit einem ziemlich constanten physiologischen Factor zu thun haben.

Nehmen wir nur 200 Gramm als die wahrscheinliche
Größe der Kohlenstoffausscheidung des erwachsenen Menschen
in 24 Stunden an, so bedürfen wir, um diese Ausscheidung
allein durch Fleischgenuß zu decken, bei einem Wassergehalt
des Fleisches von 75,9 °/₀ und 12,52 % Kohlenstoff 1600
Gramm fettfreies Rindfleisch. Für die durch den Fleischgenuß sehr bedeutend gesteigerte Kohlenstoff-Ausscheidung
in den flüssigen Excreten, ist, wenn so viel Fleisch wirklich
verdaut und zersetzt würde, noch weiterer Kohlenstoff erforderlich und zwar so viel als in 200 Gramm Fleisch

enthalten ist. Nehmen wir den Fall an, daß 90% des gegessenen Fleisches wirklich vom Organismus aufgenommen werden, so steigt die Fleischmenge, welche ein Mensch zur vollkommenen Ernährung in einem Tage verbrauchen würde, auf 2000 Gramm = 4 Pfund!

Erst diese gewaltige Menge von Fleisch, welche ein Mensch ohne Ekel auch von den schmackhaftesten Fleischsorten kaum aufzunehmen vermag, würde hinreichen, den Verbrauch eines Tages zu bestreiten. Es wurden am Menschen drei Versuche mit möglichst reiner Fleischkost immer mit dem gleichen Erfolg angestellt. Trotz der größtmöglichen Fleischaufnahme konnte beim Menschen der Stoffverbrauch doch nicht vollkommen gedeckt werden; immer wurde, auch wenn ein Theil des verdauten Fleisches im Körper in irgend einer Weise zurückgehalten, angesetzt wurde, noch Fett von dem Körper abgegeben. Das Verhalten war also dem oben beschriebenen bei einer Nahrung mit nur eiweißfreien Stoffen analog, wo trotz eines Ansatzes von Fett aus der Nahrung im Körper ein Eiweißverlust stattfand. Beim Menschen ist es bisher nicht gelungen, den Fettverlust anders als durch Zufuhr von reichlichen Mengen eiweißfreier Nährstoffe vollkommen hintanzuhalten.

Ein Versuchsbeispiel wird das Gesagte anschaulicher machen.

Es wurden, da eine Mehraufnahme durch unwiderstehlichen Ekel unmöglich war, genossen 1832 Gramm sorgfältig von allem Fett befreites Rindfleisch, welches mit 70 Gramm Fett und 31 Gramm Kochsalz zubereitet war.

Fleischversuch.

Körpergewicht bei Beginn des Versuchs (rein)	72927 Gramm
„ am Ende „ „ „	72781 „
Abnahme während des Versuchs	146 „

Einnahmen:

1832 Gramm Fleisch	62,29 N	229,36 C
70 „ Fett	— „	50,72 „
3371 „ Wasser		
31 „ Kochsalz		

5304 Gramm Nahrung mit: 62,29 N und 280,08 C

Ausgaben.

In 2073ᵍʳ Harn (mit 26,6 Gramm Kochsalz)	40,93 N	17,96 C
Im Koth	3,26 „	14,88 „
In der Respiration	0 „	231,20 „
	44,19 N und	264,04 C

18,1 Gramm Stickstoff wurden von dem verdauten Fleische im Körper zurückgehalten, was 523 Gramm d. h. über 1 Pfund rohen Fleisches entspricht. Bei 12,52°₀ Kohlenstoff des Fleisches sind in diesem zurückgehaltenen Fleische enthalten 65,5 Gramm Kohlenstoff. Diese Kohlenstoffmenge haben wir also von der wahren Kohlenstoffeinnahme des Körpers abzurechnen. Daraus ergibt sich, daß von der Zersetzung der eingenommenen Nährstoffe nicht aller Kohlenstoff geliefert wurde, welcher an diesem Tage in den Excreten erschien, es wurden noch 25,11 Gramm Fett vom Körper selbst hergegeben.

Die beobachtete Gesammtgewichtsabnahme erklärt sich wie wir sehen aus dieser Fettabnahme nicht allein, sie beruht auf einem gesteigerten Wasserverlust des Organismus, wie er sich bei gesteigerter Fleischnahrung beim Menschen stets bemerklich macht. Der Gewichtsverlust des Körpers erreichte bei den zwei anderen Ernährungsversuchen des Menschen mit möglichst reiner Fleischkost die noch weit bedeutenderen Größen von 1089 und 1179 Gramm in 24 Stunden.

Mit reiner Fleischkost läßt sich wie diese Versuche auf das Schlagendste beweisen, der Mensch nicht ernähren. Er nimmt sehr beträchtlich an Körper=Gewicht ab, zum Theil, weil er dabei große Mengen von Wasser verliert zum anderen Theil, weil er trotz der massenhaften Fleisch= zufuhr fortgesetzt von seinem Körper verbraucht.

Wir stoßen hier auf einen Unterschied des Menschen vom Fleischfresser den Verschiedenheiten entsprechend, welche zwischen ihm und den Pflanzenfressern bestehen. Der halb so schwere Hund, welchen v. Bischoff und Voit untersuchten, konnte ganz gut 2500 Gramm = 5 Pfund fettloses Fleisch (roh) verzehren, verdauen und seine Körperausgaben mit demselben bestreiten, was bei den physiologischen Ein= richtungen des Menschen, welcher eine gemischte Nahrung beansprucht, nicht möglich ist.

Man spricht gewöhnlich nur von dem enormen Vo= lumen, welches der Mensch aufnehmen muß, um sich mit rein vegetabilischer Kost zu erhalten; das Volumen ist bei reiner Fleischkost wenigstens eben so groß.

Wenn in der Folge vielleicht auch noch ein menschliches Individuum gefunden werden sollte, welches im Stande ist, mit dem Hunde in der Verwerthung des fettlosen Fleisches als Nahrungsmittel zu wetteifern, so wird diese Ernährung für den Menschen doch niemals eine bei nor= malen Körperverhältnissen rationelle, kaum weniger als eine Ernährung nur mit Kartoffeln oder Rüben. Das in so großen Mengen genossene Fleisch bringt sofort krank= hafte Störungen im menschlichen Organismus hervor. Das Blut wird dadurch mit einemmal mit sehr großen Quantitäten der Zersetzungsprodukte des Fleisches (Kreatinin,

Harnsäure, Harnstoff, phosphorsaures Kali rc. belaben),
welche, wie ich fand, eine sehr energische Wirkung auf das
Nerven= und Muskelsystem ausüben. Sie bringen in
kleineren Dosen eine Erregung, in größeren eine Ermü=
bung, in extremen Fällen sogar eine Lähmung dieser Or=
gangruppen hervor. In Folge des hier ausführlich mit=
getheilten Versuches mit übermäßiger Fleischnahrung war
das Befinden durch Magendrücken sehr gestört, wozu sich
eine große Mattigkeit und Ekel gesellte; der Durst war
sehr bedeutend. Bei einem anderen Fleischversuch (wobei
2009 Gramm Fleisch genossen wurden) trat nach dem
Essen heftiger Durst ein, das Wasser erregte jedoch Brech=
neigung, dabei bedeutendes Hitzegefühl mit Schweiß.
Nachts unruhiger Schlaf mit Magendrücken. Am Morgen
Kopfschmerz, Brechneigung, Widerwillen gegen jede Nahrung
mit großem Schwächegefühl, Symptome eines eingetretenen
Gastricismus.

Aehnliche Störungen aber doch in geringerem Grade
traten auch bei dem oben mitgetheilten Versuche der Er=
nährung mit rein stickstofffreier Kost ein. Der Rest der
voluminösen Nahrung, welche aufgenommen wurde, erregte
auch dort einen fast unüberwindlichen Widerwillen, später
große Mattigkeit mit einem lästigen Gefühl der Ueber=
sättigung.

Bei den Versuchsreihen mit einseitiger Ernährung
— mit Eiweiß und mit eiweißfreien Substanzen — er=
gab sich deutlich, daß eine Fortsetzung dieser Versuche durch
energische Verdauungsstörungen unmöglich gewesen wäre.
Die menschlichen Verdauungsorgane erkranken bei einer
Nahrung, welche von den Pflanzenfresser oder von dem
Fleischfresser vollkommen gut ertragen werden kann.

6) Verfuche mit gemifchter Nahrung bei Muskelruhe.

Der Menfch bedarf, wie fich aus den mitgetheilten Verfuchsrefultaten ergibt, zur vollkommenen Ernährung eine gemifchte Nahrung, welche Eiweißftoffe und daneben wenigftens noch Fett enthält, für letzteres können zum Theil oder vollkommen Kohlehydrate: Stärkemehl und Zucker eintreten. Analog wie die Kohlehydrate verhalten fich der Leim und die Peptone.

Wir haben uns zunächft zu fragen, wie viel bedarf der Menfch von diefen organifchen Nährftoffen, um feine Bedürfniffe damit für 24 Stunden zu beftreiten.

Es liegt der Gedanke nahe, daß wir die Minimal= Menge der Nahrungsftoffe, welche der Menfch im Tage verbraucht, am ficherften erfahren aus den Hungerver= fuchen am zweiten Tage der Nahrungsenthaltung.

Wir erfehen aus den Hunger=Verfuchen, wie viel ein gefunder wohlgenährter, arbeitsfähiger menfchlicher Or= ganismus, bei Muskelruhe oder geringer äußerer Arbeits= leiftung zur Beftreitung feiner chemifchen Körperbedürf= niffe an Eiweißftoffen und Fett bedarf. Das Experiment lehrt uns aber, daß die im Hunger verbrauchte Stoff= menge, wenn wir fie als Nahrung genießen, nicht hinreicht, den gefammten Körperverluft zu decken. Wir beobachten, daß durch die Nahrungsaufnahme felbft der Stoffverbrauch des Menfchen und der Thiere beträchtlich erhöht wird. Reichen wir dem Menfchen nicht mehr Nahrungsmaterial als feinem Verbrauch am zweiten Hungertage nach vor= ausgehender reichlicher Nahrung entfpricht, fo verbraucht

er noch Stoffe von seinem Körper dazu, er verhungert
nach und nach.

Wir wählen, um die hier obwaltenden Verhältnisse
zu veranschaulichen, den oben (S. 195) zur Erklärung der
Methode der vollständigen Ernährungsversuche am Menschen
schon eingehend besprochenen Versuch.

Es wurde dort mit einem Gewicht von 3000 Gramme
fester und flüssiger Nahrung vollkommenes Gleichgewicht
zwischen Ausgaben und Einnahmen des menschlichen Körpers hergestellt. Diese Nahrung bestand aus:

250	Gramm	Fleisch
400	„	Brod
70	„	Stärke
100	„	Fett
10	„	Salz
2100	„	Wasser

3000 Gramm = 6 Pfund Gesammtnahrung in 24 Stunden.

Setzen wir für die gemischten Nahrungsstoffe, die hier
zur Ernährung gedient haben, die Mengen ihrer wesentlichsten chemischen Bestandtheile ein so bekommen wir als
Bedarf eines erwachsenen kräftigen Mannes bei Muskelruhe in 24 Stunden:

Albumin (15,5% N)	100	Gramm
Fett	100	„
Stärkemehl (und Zucker)	240	„
Salze	25	„
Wasser (getrunken und in der festen Nahrung)	2535	„

zusammen: 3000 Gramm.

Im Hungerversuch, welcher oben (S. 211) mitgetheilt
wurde, verbrauchte derselbe Organismus nur 50,7 Gramm
Eiweiß und 198,1 Gramm Fett von seinem Körper.

Um die Ueberſichtlichkeit zu erhöhen, berechnen wir den Nährwerth der Kohlehydrate der Nahrung auf den Nährwerth des Fettes. Nach v. Pettenkofer's und Voit's Beſtimmungen leiſten 17 Gramm Stärkemehl oder Zucker für die Ernährung eben ſo viel wie 10 Gramm Fett. Unſere in der Nahrung genoſſenen 240 Gramm Stärke-mehl und Zucker entſprechen danach 141 Gramm Fett.

Der Menſch verbraucht bei gemiſchter Koſt um 49 Gramm Eiweiß und um 43 Gramm Fett m e h r als der gleiche hungernde Menſch ohne die Verdauungsarbeit.

Uebrigens muß die Stoffmiſchung, welche zur Er-nährung eines Menſchen ausreicht nicht gerade genau die Verhältniſſe einhalten, welche wir in obiger Tabelle dar-geſtellt haben. Ich deckte meinen Körperverluſt in anderen Verſuchsreihen noch durch mehrere andere Nahrungscom-binationen. Während einer Verſuchsreihe wurde z. B. genoſſen:

Rindfleiſch 500 Gramm
Bier . . . 200   „
Fett . . .   80   „
Rohrzucker 125   „
Salz . .   10   „
Waſſer .   2000   „

zuſammen: 2915 Gramm, mit 19,56 Gramm N u. 218,4 Gramm C.

hierbei war im Verhältniſſe zum erſten Koſtſatz ein größerer Theil der eiweißfreien Nährſtoffe durch Eiweiß reſp. Fleiſch erſetzt.

Für den ruhenden, erwachſenen, kräftigen Mann genügen nach den Verſuchsergebniſſen, die oben in der erſten Tabelle angegebenen Nahrungswerthe mit:

830 Gramm feste Nahrung mit:

100 Gramm Eiweiß
100   „   Fett
240   „   Stärkemehl $\Big\}$ = 241 Gramm Fett[1]).

Im zweiten Kostsatz ist die nöthige feste Nahrung an Gewicht viel bedeutender, und zwar wegen des relativ geringen Nahrungswerthes des Fleisches, sie steigt hier von 830 Gramm auf: 915 Gramm

915 Gramm feste Nahrung darin:

126 Gramm Eiweiß
 84,5   „   Fett
213   „   Kohlehydrate $\Big\}$ = 210 Gramm Fett.

Je mehr wir das Kohlenstoffbedürfniß des Menschen mit Fleisch zu decken suchen, in um so gesteigertem Maße nimmt die Gesammtmenge der festen Nahrung, welche für einen Tag erforderlich ist, zu, bis wir endlich jene kolossalen Massen fester Nahrung (4—5 Pfund) erreichen, wenn wir die gesammte Ernährung allein mit fettfreiem Fleisch bestreiten wollen.

Für einen Mann, welcher nicht angestrengt mechanisch arbeitet, reicht in der Nahrung für einen Tag ½ Pfund Fleisch 250 Gramm — roh gewogen — aus. Die übrigen Nahrungsbedürfnisse werden dann durch 100 Gramm Fett und 240 Gramm Kohlehydrate reichlich gedeckt. Damit stimmen die Beobachtungen über die Nahrungsaufnahme der erwachsenen Männer der mittleren Stände vollkommen überein.

Bei einem nur durch den Appetit geregelten und reichlichen Mittagessen fand ich als den wahren Stoff-Verbrauch:

---

1) Fett zu Kohlehydraten wie 10 : 17.

Körperabgabe in 24 Stunden
durch Haut und Lungen: durch die flüssigen Excrete:
791,1 Gramm Kohlensäure   18,85 Gramm Stickstoff
= 215,8 „   Kohlenstoff   8,20 „   Kohlenstoff

zusammen: 225 Gramm C und 18,85 Gramm N.

durch die festen Excrete:
3,06 Gramm Stickstoff   53 Gramm Kohlenstoff.

Der Gesammtverbrauch im Tage entziffert sich danach, wenn wir 80 Gramm Fett in der Nahrung annehmen auf:

144 Gramm Eiweiß
80 „   Fett   } = 242 Gramm Fett.
275 „   Kohlehydrate

J. Forster hat, indem er die Nahrungsmittel selbst wog und chemisch bestimmte für die Nahrung der mittleren Stände im Tage in zwei Beobachtungen gefunden:

I.	II.
Eiweiß 127;	Eiweiß 134;
Fett 89;	Fett 102;
Kohlehydrate . . 362.	Kohlehydrate . . 292.

7) Versuche mit gemischter Nahrung bei Muskelarbeit.

v. Pettenkofer und C. Voit haben mit gemischter Kost vollständige Ernährungsversuche an einem kräftigen Arbeiter angestellt. Sie verglichen bei derselben Nahrung den Stoff=verbrauch des Arbeiters in 24 Stunden bei Muskelruhe und bei energischer Muskelarbeit.

Der Stoffverbrauch gestaltete sich in folgender Weise

　　I. Ruhetag:　　　　　　　II. Arbeitstag:

Verbrauch an Stickstoff　.　.　17,4　.　.　　17,3 Gramm　—　0,1

　　　　„　Kohlestoff　.　.　248,6　.　.　　350,2　　„　　＋ 101,6

　　　　„　Wasser　.　.　.　828,0　.　.　2042,1　　„

Der Verbrauch an Stickstoff blieb sich innerhalb der
Grenzen der Versuchsfehler, gleich; der Kohlestoffverbrauch
stieg dagegen von 250 auf 350 Gramm d. h: um 45%.

Während der Muskel-Arbeit verbraucht der Menschenkörper nach diesem Versuche wesentlich mehr an eiweiß-
freiem Stoffmaterial als während der Muskel-Ruhe.[1]
Für den Stoffverbrauch des Mannes während der Ruhe
stimmen die Werthe aus meinen Versuchen und aus diesem
Versuche sehr gut überein. Der v. Pettenkofer-Voit'sche
Arbeiter hatte, da er mehr Kohlenstoff als Kohlenhydrate
und weniger als Fett erhielt, einen etwas größeren Kohlenstoffverbrauch.

v. Pettenkofer und Voit fordern für einen kräftigen
mäßig arbeitenden Arbeiter als Nahrung in 24 Stunden:

　　　　　674 Gramm feste Stoffe

　　118 Gramm Eiweiß

　　　56　　„　　Fett　　　　　　⎫
　　　　　　　　　　　　　　　　　⎬ = 350 Gramm Fett.
　　500　　„　　Kohlehydrate　⎭

J. Forster fand in zwei Bestimmungen die von einem
Arbeiter in München aufgenommenen Nahrungsmenge:

　　　　　　I.　　　　　　　　　　II.

Eiweiß　.　.　.　.　.　133;　　　Eiweiß　.　.　.　.　.　131;

Fett　.　.　.　.　.　.　95;　　　Fett　.　.　.　.　.　.　68;

Kohlehydrate　.　.　422.　　　Kohlehydrate　.　.　494.

---

1) Cfr. Cap. VI.

Moleschott war vor langer Zeit zu ganz analogen
Werthen gelangt.   Er verlangt für den Arbeiter:

$$618 \text{ Gramm feste Stoffe}$$

$$\left.\begin{array}{rl} 130 & \text{Gramm Eiweiß} \\ 84 & \text{„ Fett} \\ 404 & \text{„ Kohlehydrate} \end{array}\right\} = 340 \text{ Gramm Fett.}$$

Er ersetzt 10 Gramm Fett, welche in dem obigen
Satz mehr verlangt werden annähernd durch ihr Aequi=
valent Eiweiß durch 22 Gramm.

Beide Ansätze für die Kost sind also dem Nahrungs=
Werthe nach vollkommen identisch; der höhere Ansatz für
Fett in der Moleschott'schen Forderung macht aber seine
Nahrungsmenge wesentlich compendiöser, und scheint theo=
retisch der Idee der gemischten Nahrung des Menschen
noch besser zu entsprechen.

Da bei gesteigerter Muskelarbeit die Muskeln an
Masse — durch Eiweißansatz — zunehmen, so bedarf der
Arbeiter etwas mehr Eiweiß in der Nahrung als der
Erwachsene bei Muskelruhe.   Moleschott und C. Voit
verlangen etwa 120—130 Gramm, während wir sahen,
daß bei Muskelruhe 100 Gramm gut ausreichen.   Die
Eiweiß=Werthe sind aber in beiden Fällen etwas zu groß
und können durch (äquivalente) Mehrzufuhr eiweißfreier
Nahrung noch weiter herabgedrückt werden.

Capitel V.

Die Volksernährung.

I. Ernährung der Arbeiter und Armen.

Auf die Frage: „was ißt das Volk" haben wir bei
Besprechung der menschlichen Nahrungsmittel schon sehr
verschiedene Antworten erhalten. Die Nahrung des
Menschen sehen wir aus den Produkten aller Naturreiche
in der größten Mannigfaltigkeit gemischt. Dem Menschen
schmeckt Alles, wie die alten Physiologen sagten.

An dieser Stelle haben wir nun zunächst unser
Augenmerk auf die Mengenverhältnisse zu richten, in welcher
die mannigfachen Nährmittel des Menschen dem Volke und
dem Einzelindividuum als Nahrung dienen. Unsere letzten
Betrachtungen waren der Bestimmung der Quantitäten
gewidmet, welche der erwachsene, kräftige Mensch zu einer
vollständigen Ernährung bedarf. Die gewonnenen Werthe
sollen uns bei den folgenden Besprechungen als leitender
Faden dienen.

Wir fanden für die Bestreitung aller Ernährungs-
ausgaben für den Erwachsenen bei geringer Muskelarbeit
(Muskelruhe) ausreichend: wenn wir alle eiweißartigen
Nährstoffe (Eiweiß, Peptone, Leim) als Eiweiß, alle stick-

stoff freien Nährstoffe nach den bisher benützten Werthen
(10 Fett = 17 Kohlehydrate) auf Fett berechnen:

100—130 Gramm Eiweiß und 240 Gramm Fett.

Bei eiweißfreier Kost sank die verbrauchte Eiweißmenge auf 52 Gramm in 24 Stunden. Bei starker Muskelarbeit verbraucht das gleiche Individuum die gleiche Menge
Eiweiß wie bei guter Ernährung aber 340—350 Gramm Fett.

Wenn diese oder äquivalente Nahrungsmengen in der
Nahrung des Volks eingeführt werden, so müssen wir dieselbe als eine rationelle bezeichnen.

Man hat sich in früherer Zeit in Beziehung auf die
Nahrungsmengen, welche zur Erhaltung der Individuen
erforderlich sind, von Seite der Laien und oft auch von
Seite der Aerzte großen Täuschungen hingegeben, obwohl, wie wir im Capitel II sahen, auch die ältere
Physiologie sich sogar mit großem Beobachtungseifer der
Frage über den Nahrungsbedarf des Menschen gewidmet
hatte. Namentlich von Bewohnern warmer und heißer
Länder glaubte man ein geringeres Nahrungsbedürfniß
voraussetzen zu müssen, während man hinsichtlich der Gefräßigkeit der Nordländer sonst wie noch heute fabelhafte
Dinge über die von ihnen verbrauchten Stoffmengen
erzählte.

Die Nahrung der Armen fesselt unsere Aufmerksamkeit zuerst.

Wir haben von Böhm eine genaue Zusammenstellung,
wieviel eine Familie bestehend aus Vater, Mutter und
einem fünfjährigen Kinde der ärmsten arbeitenden Volks-
klasse in norddeutschen Gegenden (Luckau) während einer
Woche im Haushalte verzehrt.

Böhm macht folgende Angaben, aus denen wir die
organischen Hauptnährmittel berechnen:

**Wochenverbrauch einer armen Familie aus
3 Personen.**

				Eiweiß:	Kohlehydrate:	Fett:
Kartoffeln . .	41	Pf. = 20500	Grm.	= 410	4510	61
Mehl (Roggen)	2½	„ = 1250	„	= 150	500	77
Fleisch	1¾	„ = 875[1])	„	= 142	—	70
Reis	½	„ = 250	„	= 17	197,5	0,75
Brod (schwarz)	12	„ = 6000	„	= 510	3150	78,0
Geringste Mengen Milch.						

$$28875 \text{ Grm.} = 1229,8; 8757,5; 286,75$$

Diese Familie verbrauchte also an einem Tage:
4125 Gramm mit: 175,5 Eiweiß; 1251 Kohlehydrate;
41 Fett. Davon muß etwa die Hälfte auf den Mann,
die zweite Hälfte auf Weib und Kind gerechnet werden,
so daß der norddeutsche arme Arbeiter im Tage
verbraucht:

2062 Gramm feste Nahrung mit:

87,7 Gramm Eiweiß

625,0 „ Kohlehydrate } = 388 Gramm Fett.
20,5 „ Fett

Als Hauptnahrungsmittel treten hier die Kartoffeln
auf, dann Brod und Mehl (mit Reis), das Fleisch dient
hier im Wesentlichen nur als geschmackverbesserndes
Mittel. Wir haben Vegetarianer vor uns, daher die
enormen Quantitäten der Nahrungsmittel, mit denen die
Verdauungsorgane belastet werden. Böhm's Zusammen=
stellungen können wir als wahren Typus der Kartoffel=
nahrung gelten lassen.

---

1) 630 Fleisch; 70 Fett; 175 Knochen.

Außerordentlich merkwürdig ist es aber, daß der auf Kartoffelnahrung angewiesene Arbeiter genau die gleiche relative Menge von Nahrungsmitteln zu sich nimmt, wenn wir das (mechanische) Ernährungsäquivalent und die Aus= nützbarkeit der genossenen Speisen berechnen, welche Mole= schott und C. Voit für den Arbeiter im Durchschnitte fordern.

Wir werden im folgenden Capitel nachweisen, daß das mechanische Nahrungsäquivalent des Eiweißes zwischen dem für Kohlehydrate und Fett liegt, und zwar ziemlich nahe dem der erstern. Für unsere Berechnungen dürfen wir, ohne einen größeren Fehler zu begehen, das mechanische Nahrungsäquivalent des Eiweißes und der Kohlehydrate gleich setzen.

Moleschott und C. Voit fordern in Beziehung auf das mechanische Aequivalent genau gleichviel Nahrung (alles auf den Ernährungswerth des Fettes berechnet), nämlich 420 Gramm; der norddeutsche arme Arbeiter er= hält bei seiner Kartoffelnahrung nach Böhm 440 Gramm, also sogar etwas mehr als die obige Forderung und zwar deswegen, weil die Verdaulichkeit der fast ausschließlich vegetabilischen Nahrung eine verhältnißmäßig geringere ist.

Wenn wir beobachten, daß eine arme Bevölkerung sich, so lange kein Nahrungsmangel eintritt, bei Kartoffelnahrung arbeitskräftig erhält, so beweisen uns die mitgetheilten Zahlen, daß in ihrer Nahrung dem mechanischen Aequi= valent nach die gleiche relative Nahrungsmenge erhalten ist wie sie die moderne Ernährungstheorie für den Arbeiter fordert. Auffallend erscheint die geringe Menge Eiweiß, welche der Arme in der Nahrung zu sich nimmt. Bei rein stickstofffreier Kost fanden wir als Minimum des Ei= weißverbrauches für den Menschen bei Nahrungsaufnahme 52 Gramm Eiweiß im Tage (vom Körper abgegeben);

der Arme verbraucht in derselben Zeit 88 Gramm d. h. um 17% mehr, was bei dem durch die überreichliche Menge stickstofffreier Nährstoffe herabgedrückten Eiweiß= umsatz als nothdürftig ausreichend erscheinen mag.

Nach Playfair sind in der Nahrung der englischen armen männlichen Landbevölkerung ebenfalls 88 Gramm Eiweiß für den Tag enthalten: nach einer anderen Be= stimmung sogar nur 67,5 Gramm. Werden sehr reichlich Kohlehydrate (und Fett) zu diesen Eiweißmengen genossen und vom Körper verwerthet so können sie für die noth= dürftigste Bestreitung der Eiweißabgabe des Körpers nach den Erfahrungen über den Eiweißverbrauch bei stickstoff= loser Kost trotz ihrer Geringfügigkeit ausreichen. Um so enorme Mengen von Kohlehydraten verwerthen zu können, bedarf aber der Verdauungsapparat eine Gewöhnung von Jugend auf.

Auch in den Tropen bleibt sich der Stoff=Verbrauch des Arbeiters gleich. Man hat behauptet, daß der indische und chinesische Arbeiter mit einer Hand voll Reis seine Ernährung bestreite. Nach C. v. Scherzel ist das Mini= mum, was ein chinesischer Arbeiter am Tage als Nahrung erhält 900 Gramm Reis, diese enthalten: 67,5 Gramm Eiweiß, 2,7 Fett und 703 Kohlehydrate; das Ernährungs= äquivalent berechnet sich auf 455! Außerdem genießt er noch eiweißreiche Leguminosen. Der Stoffverbrauch ist also in den Tropen nicht herabgesetzt; Stoffumsatz und Stoffaufnahme sind bei der arbeitenden Bevölkerung die gleichen wie die in mittleren Klimaten.

Höchst wahrscheinlich gilt das gleiche Gesetz für die Bewohner kalter Klimate.

Man hat aus theoretischen Gründen geglaubt, daß die Wärmeabgabe in warmen Klimaten geringer sein

müsse als in mittleren. Da die Hauptsumme der im Körper
des Menschen lebendig werdenden, aus der Nahrung
stammenden Kräfte den Körper als Wärme verläßt, so
erscheint der Wärmeverlust als der Hauptregulator des
Stoffverbrauchs. Es steht aber, wegen der natürlichen
und künstlichen Regulation der Wärmeabgabe des mensch=
lichen Körpers, welche sich in hohem Grade den äußeren
Verhältnissen anzupassen vermag, keineswegs fest, daß die
Wärmeabgabe der Menschen in den Tropen eine geringere
sei als in den mittleren Klimaten. Wir wissen, daß in
der gesteigerten Wärme der Tropen eine Hauptquelle
des Wärmeverlustes, die Wasserverdunstung an Haut und
Lungen, sehr bedeutend steigt, und daß man da die Ver=
dunstung durch Luftzug, Fächeln, Kleidung ec. möglichst zu
unterstützen sucht. Die Reisenden erzählen, daß auch die
Schweißbildung der Tropenbewohner (z. B. der Chinesen)
groß ist, und künstlich durch Abwischen mit feuchten warmen
Tüchern unterhalten wird. Die annähernde Gleichheit des
Stoffverbrauchs eines Arbeiters in mittleren und in tro=
pischen Gegenden liefert uns aber den strikten Beweis,
daß die Gesammtkraftausgabe, deren Haupttheil als Wärme=
abgabe des Körpers auftritt, bei beiden nicht wesentlich
differirt.

Umgekehrt ist man der theoretischen Meinung, daß in
Polargegenden der Wärmeverlust des Menschen weit
größer sein müsse als in mittleren Klimaten. Dagegen
wissen wir, daß die Pelzkleidung der Bewohner arctischer
Gegenden den Wärmeverlust bedeutend herabsetzt und daß
in ihren Wohnungen künstlich die Temperatur eines süd=
lichen Klimas erzeugt wird. Die Luft ist in den von den
Reisenden als so warm geschilderten Wohnungen, daß die
Bewohner halb nackt sich darin bewegen, überdieß mit

Wasserdampf reichlich gesättigt, so daß die Wasser=Ver=
dunstung dadurch künstlich beschränkt wird. Ein Arbeiter
wird daher unter diesen Umständen dort dem mechanischen
Aequivalent nach etwa ebensoviel Nahrung verbrauchen als
bei uns, womit auch die Angaben der Reisenden im Allge=
meinen übereinstimmen mögen. Den Eskimo's wird eine
erstaunliche Gefräßigkeit nachgerühmt aber nur so lange
sie Nahrung im Ueberfluß haben, dann hungern sie dafür
wieder, bis ein glücklicher Fang neue Speise bringt.

Der Arme in einem mittleren Klima befindet sich der
Winter=Kälte gegenüber in einem weit schlechteren Ver=
hältnisse als der Polarländer. Bei einem schlecht und un=
genügend gekleideten Individuum, welches gezwungen ist,
sich im Freien oder in der kalten, mangelhaft geheizten
Wohnung aufzuhalten, tritt wirklich ein gesteigerter Wärme=
verlust ein, da die natürliche (physiologische) Regulirung
der Wärmeabgabe des menschlichen Körpers unter extremeren
Bedingungen nicht ausreicht, den Wärmeverlust konstant zu
erhalten, wenn sie nicht durch künstliche Regulationsmittel:
Heizung und warme Kleidung unterstützt wird. Da dem
Armen dann auch eines der wesentlichsten Wärmeregula=
tions=Momente abgeht, eine reichlichere Ernährung bei
kälterer Temperatur, so muß sein Stoffverbrauch durch
Kälte auf Kosten seines Körpers ansteigen, um den erhöhten
Wärmeverlust zu decken. Kälte wirkt für den ungenügend
erwärmten und ernährten Armen direkt wie Hunger, sie
verzehrt das Stoffmaterial seines Körpers wie dieser. Der
Arme verfällt in den dekrepiten Zustand eines „minimalen
Lebens", in den Zustand des langsamen Verhungerns, der
sich in seinen Gesichtszügen, in seinem ganzen Aussehen,
in seinem physiologischen Verhalten offenbart. Die Ab=
magerung und Körperschwäche, das greisenhafte Gesicht

jugendlicher Individuen, entstellt durch eine graue, lehmige
Blässe, die Farblosigkeit der Lippen das sind die Symptome
des langsamen Verhungerns; die feuchtkalten Hände, der
starre trübe Blick der eingesunkenen Augen, welche nur den
Verlust aller Lebenshoffnung, jeglicher Spannung des Körpers und Geistes oder rasch aufflackernde wilde Leidenschaften ausdrücken können, vervollkommenen das Bild,
welches uns an unsere versäumten Pflichten gegen unsere
Mitmenschen mahnt. Wer will es dem verlassenen, hülf-
losen Armen verbieten, im Branntwein ein trügerisches
Gefühl der Sättigung und Wärme zu suchen, einen kurzen
Traum des Wohlbehagens und der Widerstandsfähigkeit
gegen die Unbilden des Lebens.

Im Gegensatz gegen die Verhältnisse in anderen
Gegenden Deutschlands ist die Kost der Landbewohner
der bayerischen Hochebene und des Gebirgs
eine sehr reiche, obwohl hier die Kartoffel nicht als Hauptnahrungsmittel eingedrungen ist, ist die Nahrung doch eine
vorwiegend vegetarianische. Nach alter Sitte ißt der seiner
kraftvollen Körperentwickelung und seiner Rauflust wegen
berühmte Bauer des bayerischen Gebirgs, der ächte „Haber-
feldtreiber", wie er sich mit Stolz nennt, nur an den
4 höchsten Festtagen im Jahre Fleisch, sonst nährt er sich
von „Schmalzkost", d. h. vorzüglich von einfachen Mehlspeisen, welche durch ihren großen Fettreichthum auffallen
und zu welchen als Zuspeise abwechselnd Sauerkraut oder
gedörrtes Obst (Birnen oder Aepfel) genossen wird. Aus
den auf 100 Jahre zurück reichenden Haushaltungsbüchern
seines Landgutes Laufporn bei München hat H. Ranke die
Nahrungsmengen berechnet, welche ein Knecht am Tage
in der Schmalzkost bekommt. Namentlich als Mehl und
Fett erhält der Landarbeiter dort 143 Gramm Eiweiß,

16 *

108 Fett und 788 Kohlehydrate, das mechanische Nah=
rungsäquivalent berechnet sich auf 655! Die Kost dieser
kräftigen Landbewohner ist so reichlich, daß sie uns ihre
herkulische Muskelentwickelung, ihre beneidenswerthe Kraft=
fülle und ihr oft zu Ausschreitungen führendes Kraftbe=
wußtsein zu erklären vermag. Die Mehrzahl der Arbeiter
in Städten, welche mit dem Moleschott = Voit'schen Nah=
rungsäquivalent ausreichen, erscheinen mit ihnen verglichen
als Schwächlinge und Hungerleider.

Wenn solche Leute als Holzknechte im Gebirg die
schwersten mechanischen Leistungen verrichten, so steigen sie,
ohne Fleisch in die Nahrung einzuführen, noch wesentlich
mit dem verzehrten (mechanischen) Nahrungsäquivalente
an. Liebig bestimmte in der täglichen Nahrung der Holz=
knechte im Reichenhaller Gebirge: 112 Eiweiß, 309 Fett
und 691 Kohlehydrate; für die Holzarbeiter in den Ober=
audorfer Bergen: 135 Eiweiß, 208 Fett, 876 Kohle=
hydrate; das mechanische Nahrungsäquivalent steigt dabei
auf 780 bis 800.

Es ist eine dem Volke im Tegernseer Gebirge ge=
läufige Beobachtung, daß die Holzknechte um so mehr
Arbeit zu verrichten vermögen, je größer ihr Appetit ist.

Die Schmalzkost ist keine wohlfeile Nahrung und ver=
langt von den Verdauungsapparaten eine verhältnißmäßig
große Arbeit, an welche diese Organe von Jugend auf ge=
wöhnt sein müssen. Da der menschliche Körper das in der
Schmalzkost gebotene Material auch nicht so vollkommen
auszunützen vermag wie gemischte Kost, in welcher Fleisch
eine Rolle als wesentliches Nahrungsmittel spielt, so
würden wir vom ökonomischen Standpunkte eine rationellere
Ernährungsweise uns denken können. Das Volk, welches
an seine Kost gewöhnt ist, erträgt eine dauernde Aenderung

der Nahrung mit Fleischzusatz aber nur widerwillig. Der
Magen ist an die enormen Nahrungsmengen gewöhnt und
erhält bei einer geringeren Nahrungsquantität das Gefühl
der Sättigung nicht. Es ist das die analoge Beobachtung
wie bei der durch Kartoffelkrankheit erzeugten Hungersnoth in Irland, von welcher wir oben sprachen, bei welcher
die physiologisch ausreichende gemischte Kost den Armen
ebenfalls als zu wenig reichlich erschien. Die Landwirthe
und Militär's machen die entsprechende Bemerkung an
Pferden, bei welchen man von der Gras- oder Heunahrung
zum Hafer übergeht.

Unsere obige Angabe, daß der Arbeiter in allen
Klimaten ungefähr das gleiche Nahrungsbedürfniß zeige,
bestätigt sich auch für die chinesischen Landarbeiter bei er-
höhten mechanischen Leistungen, z. B. während der Ernte.
Herr C. v. Scherzel berichtet, daß die Reismenge eines
Arbeiters für die Ernährung eines Tages während der
Ernte bis auf 1500 Gramm ansteige, wobei während dieser
angestrengtesten Arbeitszeit in der Woche noch einige Male
Fisch und Schweinefleisch hinzukommt, abgesehen von den
als Zukost genossenen Leguminosen. Das Nahrungsäquivalent steigt dadurch (mit 112 Eiweiß) auf 682 für den
Reis allein, der Laufzorner Knecht erhält bei der Schmalzkost ein Nahrungsäquivalent von 655. Wenn ein Eskimo
im Tage unter Umständen, wie die Reisenden behaupten,
8 Pfund fettes Fleisch (mit einem Fettgehalt von $8^0/_0$) ißt,
so berechnet sich der Nahrungsäquivalent auf 696.

In Süddeutschland spielt das Bier, trotzdem daß es
relativ wenig Nahrungsmaterial enthält, eine nicht un-
wesentliche Rolle als Volksnahrungsmittel, da der
relative Mangel an Nährwerth durch die absoluten Quantitäten überkompensirt wird, in welchen es genossen zu

werden pflegt. Die größten Biertrinker Münchens sind
die Brauknechte, welche eine Arbeit zu verrichten
haben, zu der nur die kräftigsten Individuen befähigt sind.
Man hat wohl früher behauptet, und sie selbst behaupten es
noch, daß die Brauknechte zu den großen mechanischen
Leistungen durch das Bier befähigt werden, daß sie ihre
muskelkräftige Entwickelung diesem Nahrungsgetränk verdanken.

Liebig hat bewiesen, daß diese stärksten Biertrinker
auch sehr starke Esser sind.

Nach Liebig's Bestimmungen nimmt ein Brauknecht
der Sedelmayer'schen Brauerei in München, während des
Sudes, bei angestrengtester Arbeit, in Brod, Fleisch und
Bier täglich folgende Nahrungsmengen auf: 190 Gramm
Eiweiß, 73 Fett und 600 Kohlehydrate, mit einem mecha-
nischen Nahrungsäquivalent von 538. Dabei ist Fett und
Gemüse in den Speisen nicht gerechnet. Ihre tägliche
Fleischration ist 810 Gramm, Bier haben sie 8 Liter am
Tage frei, was sie mehr trinken müssen sie aus eigener
Kasse bezahlen.

Die von Männern der mittleren Stände in Deutschland bei geringer Muskelarbeit verbrauchten Nahrungsmengen haben wir schon an anderer Stelle besprochen. Aus
den dort angeführten Bestimmungen J. Forsters berechnet
sich dafür das Nahrungsäquivalent in Mittel zu nur 365.
Es bleibt also noch ziemlich weit auch hinter dem des bei
Kartoffelnahrung arbeitenden Mannes zurück.

Man hat früher auf die Eiweißmengen in der
Nahrung namentlich des Arbeiters darum ein großes
Gewicht legen zu müssen geglaubt, weil die alte Theorie
lehrte, die mechanischen Muskelleistungen geschehen lediglich
oder doch vorzugsweise auf Kosten des Muskeleiweißes.

Man darf nun, wenn diese Lehre sich auch vor dem Experiment als nicht stichhaltig erwiesen hat, den Werth einer größeren Eiweißmenge in der Nahrung des Arbeiters nicht unterschätzen.

Jeder Landwirth, jeder Militär weiß, daß wenn von einem Pferde dauernd mehr Muskelarbeit verlangt werden soll, dasselbe auch eine größere Eiweißmenge in der Nahrung erhalten muß. Gerade diese Beobachtungen waren es, auf welche man sich bisher für die mechanischen Leistungen der Eiweißstoffe berufen zu dürfen meinte.

Wenn ein Remontepferd frisch von der Weide in den Militärdienst eingestellt wird, so muß es zu seinen stärkeren Leistungen durch Veränderung der Ernährung geschickt gemacht werden: es erhält eine eiweißreichere Nahrung, in welcher der Hafer eine vorwiegende Rolle spielt. Die Thiere verändern sich bei besserer Nahrung und stärkeren Leistungen ziemlich rasch; sie verlieren den „Gras- oder Heubauch", werden, indem sie an Umfang verlieren, muskelkräftiger und beweglicher. Diese Veränderungen beruhen neben der gesteigerten Arbeitsleistung selbst, zunächst auf der erhöhten Eiweißzufuhr in der Nahrung. Durch eiweißarme Nahrung wird der animale Organismus im Allgemeinen wasserreicher; bei der Hungerkost der Armen gibt, wie wir sahen, dieser größere Wasserreichthum Anlaß zu einer Reihe pathologischer Störungen. Die Versuche mit größtmöglicher Fleischaufnahme d. h. mit möglichst eiweißreicher Kost, lehren uns, daß der Körper des Menschen unter der Einwirkung der größeren Eiweißmenge rasch einen beträchtlichen Theil seines Körperwassergehaltes verliert. Dasselbe ergeben die Versuche an Thieren. Bei fortgesetzter reichlicher Eiweißzufuhr in der Nahrung wird das Blut concentrirter, sein Gehalt an

rothen Blutkörperchen wächst; alle Stoffumsatzvorgänge
namentlich die in der Leber werden energischer. Arbeiten
unter diesen günstigen Ernährungsbedingungen die Muskeln stärker, so nehmen sie an Umfang und Masse zu, wozu ihnen das Eiweiß der Nahrung das stoffliche Material
liefert. So wird der Körper des Remontepferdes unter
der Einwirkung größerer mechanischer Leistungen und einer
dieser angepaßten Ernährung ziemlich rasch in seinem
ganzen Verhalten verändert.

Das Gleiche gelingt uns mit dem Menschen. Wir
haben die beste Gelegenheit diese Bemerkung an uns selbst
bei längerdauernden methodisch gesteigerten Fußreisen und
Bergbesteigungen zu machen. Ein zur sitzenden Lebensweise verurtheilter Mann sollte seinem Körper wenigstens
einige Wochen im Jahre Ferien gönnen dürfen, um ihn
durch größere rationell ansteigende Muskelanstrengung und
dadurch durch eine von dem besseren Appetit geforderte
gesteigerte Ernährung, in welcher die Eiweißstoffe in reichlicher Menge vertreten sind, zu trainiren. Der Genuß
eiweißreicher Nahrung ohne Muskelarbeit reicht dazu nicht
aus, beide müssen in entsprechendem Maße gesteigert
werden. Wir bemerken auf solchen Fußreisen, wie rasch
die Leistungsfähigkeit des Körpers zunimmt; wie rasch
die vorher schlaffen, leicht ermüdenden Muskel an Spannung und Masse wachsen. Dabei steigt mit der größeren
Leistungsfähigkeit des Körpers der Appetit, und es stellt
sich in dessen Folge das behagliche Kraftgefühl und Kraft-
bewußtsein ein, welches den Kampf mit den Schwierigkeiten des Lebens im Allgemeinen zu erleichtern scheint
und als die wesentlichste Basis einer gesunden Heiterkeit
des Geistes anerkannt werden muß. Es ist ein Fortschritt
unserer Zeit, zum Nutzen der gesammten körperlichen Ent-

wickelung des Volkes, daß sich auch auf das weibliche Ge=
schlecht der gebildeten Stände die Lust an Fußwanderungen
und Bergbesteigungen zu übertragen beginnt.

Eiweißgehalt der Nahrung und stärkere Leistungs=
fähigkeit des Körpers stehen also in einem direkten Wechsel=
verhältniß, obwohl das Experiment beweist, daß das Ei=
weiß der Organe bei gesteigerter Arbeitsleistung keinen
(bedeutenden) Mehrverbrauch erkennen läßt, die Größe
des letzteren bleibt stets relativ zur Masse der Organe.
So sehen wir, daß sehr stark arbeitende Personen normal
auch eine ihrer stärkeren Arbeitsleistung entsprechende
größere Eiweißmenge beanspruchen.

	Eiweiß:
Der norddeutsche ärmste Arbeiter erhält bei Kartoffel= nahrung	88 Gramm
Voit fordert für den Arbeiter	118 „
Moleschott „ „ „	130 „
Die bayerischen Landarbeiter essen in der Schmalzkost	143 „
Die Londoner Hafenarbeiter	155 „
Die Münchener Brauknechte	190 „

Ob die reichliche Eiweißmenge aus Vegetabilien oder
als Fleisch in die Säftemasse des Körpers eintritt, ist
physiologisch vollkommen gleichgültig. Sparsamer, öko=
mischer mag es sein, wenn wir von der Kartoffelnahrung
als der billigsten absehen, einen größeren Theil des Ei=
weißes als Fleisch zu genießen.

Harte Arbeit bei ungenügender Nahrung wird von
dem menschlichen Organismus nicht ertragen. Der Körper
verzehrt sich analog wie unter der Einwirkung der Kälte
rascher und es treten in gesteigertem Maße die körper=
lichen Erscheinungen und die Disposition zu Erkrankungen
auf, welche die „Hungerkost" charakterisiren.

Es hat sich experimentell nachweisen lassen, daß durch
übermäßige Arbeit ohne genügenden Ersatz in der Nahrung ein Theil des Blutes verzehrt wird und die Muskeln
wasserreicher werden. Arbeit wirkt in dieser Hinsicht also
ganz wie Hunger und Kälte.

Umgekehrt sahen wir Individuen, bei gewohnheits-
mäßiger starker Muskelleistung und reichlicher Ernährung
blutreicher werden und den Wassergehalt ihrer Muskeln
sich vermindern.

Während Arbeit mit entsprechender Ernährung das
Individuum kräftigt, bringt Arbeit mit ungenügender Nahrung einen rapiden Verfall hervor.

Namentlich in den ersten Jahrzehnten des Jahrhunderts hatte man nur zu oft Gelegenheit, diesen ver-
schlechternden Einfluß der Arbeit auf den Gesundheits-
zustand der Arbeiterbevölkerungen zu constatiren. Wir
verdanken dem königlichen Fabrikinspector Alex. Redgrave
eine anschauliche Schilderung der sanitären Arbeiterzustände
während des letzten Jahrhunderts in den englischen Fa-
brik-Distrikten. Es entfaltete zunächst die Einrichtung
großer mit Dampf arbeitender Fabriken die schädlichsten
Einflüsse auf die Gesundheit der Arbeiter. Ohne Rücksicht auf den Werth des menschlichen Lebens, der Gesundheit und des Glückes, ohne genügende Vorbereitung für
die Gesunderhaltung der Fabrikbevölkerung, wurden die
Maschinen in Bewegung gesetzt, während einer täglichen
Stundenzahl, so lange als sie dem Kapitalisten gut däuchte.
Der Arbeiter mußte, um die Dampfkraft möglichst auszunützen, arbeiten täglich, den ganzen Tag lang, vielleicht
auch einen Theil der Nacht — für seine Ernährung, für
die Gesundheit der Arbeitsräume that man Nichts. In
dieser Periode geschah es, daß der Fabrikarbeiter in den

schwächlichen, blutarmen, häufig dekrepiten, in den ausge=
zehrten und niedergetretenen Taglöhner verwandelt wurde.
Es prägte sich die Wirkung der Ueberarbeitung und des
ungesunden Lebens sofort in der äußeren Erscheinung der
Fabrikarbeiter aus, sie wurden zu einer besonderen nie=
deren Rasse, die man auf den ersten Blick erkennen konnte.

Auf einen Bericht der englischen Fabrikkommissäre,
welche die Leiden der Fabrikbevölkerung in helles Licht
stellte, wurde im Jahre 1833 das erste wahrhafte Fabrik=
gesetz erlassen. Seit 1848 sind die Arbeitsstunden mäßig,
die Arbeit leichter, der Lohn gestiegen. Dadurch wurden
die Körperverhältnisse der englischen Fabrikbevölkerung
wider wesentlich gebessert, so daß nun namentlich in den
kleineren Fabrikstädten, die Fabrikarbeiter wieder so gut
gewachsen und entwickelt, so gesund erscheinen wie die ar=
beitenden Classen bei anderer Beschäftigung.

In England droht nun aber durch die Großindustrie
für die Gesundheit des Volkes eine neue Gefahr. Es ist
das die steigende Beschäftigung von Frauen und namentlich
von Kindern in den Fabriken, der beiden Classen, deren
Arbeitslohn am wohlfeilsten ist. In der Baumwoll=
Wollen= und Flachsindustrie waren in England im Jahre
1850 33600 Kinder von 8—13 Jahren und 305000 Frauen
von 14 Jahren und darüber beschäftigt. Im Jahre 1875
arbeiteten 118000 Kinder und 508000 Frauen in diesen
Fabriken! während die Zahl der männlichen Arbeiter in
diesen Industriezweigen relativ und absolut (in der Baum=
wollindustrie) gesunken ist.

Hier haben wir auf die moralischen Folgen nicht ein=
zugehen. Aber alle körperlichen schädlichen Einwirkungen
werden von den an sich schwächlicheren Individuen schlechter
ertragen. Für die Gesundheit der Frauen und Kinder

muß daher in entschiedenster Weise durch das Gesetz ein=
getreten werden.

Was von England gilt, gilt im Allgemeinen auch von
den deutschen Fabrikdistrikten. Die Aufgabe der Gesetz=
gebung ist es, der rücksichtslosen Ausbeutung der Volks=
kraft durch das Capital Schranken zu setzen. Die Gesund=
heit des Volkes hat, abgesehen von der moralischen Seite
der Frage, für den Staat einen höheren materiellen Werth
als der steigende Reichthum Einzelner.

Der Arme, welcher sich seinen Lebensbedarf in den
kleinsten Quantitäten kaufen muß, bekommt dabei nicht nur
schlechtere sondern auch relativ viel theurere Lebensmittel
als der Reiche, welcher in größeren Massen einkauft,
und welchem daher die ersten Bezugsquellen offen
stehen. Die auf Gegenseitigkeit gegründeten Arbeiter=
Consumvereine suchen diesem grellen Mißstand abzu=
helfen. Hier bietet sich ein reiches Feld der Gesetzgebung
und Humanität dar; und es scheint, daß es mit den Prin=
cipien einer gesunden Staatsverwaltung, welche den
Staatsangehörigen vor böswilliger Uebervortheilung, gegen
die er selbst machtlos ist, zu schützen hat, nicht überein=
stimmt die Werthfrage der Nahrungsmittel allein durch
die freie Concurrenz entscheiden zu lassen. Ebenso wie es
sich als unabweislich herausstellt, daß die Gesundheit des
Volks vor dem Eigennutz gewissenloser Fabrikherren durch
Gesetze geschützt wird, so verlangt die Volksgesundheit auch
einen Schutz gegen die Ausbeutung gewissenloser Zwischen=
händler der Nahrungsmittel.

Namentlich in Zeiten der Arbeitslosigkeit und der
Theuerung aber auch bei herrschenden Epidemien z. B.
der asiatischen Cholera, welche in den schlechtgenährten und

hungernden Volksschichten zu wüthen und dort ihren Centralherd aufzuschlagen pflegt, von dem aus sie ihre verheerenden Einwirkungen auch auf die besser genährten Stände ausgehen läßt, hat man es sich angelegen sein lassen, durch Volksküchen und Suppenanstalten für eine bessere kräftigendere Ernährung der Armen zu sorgen.

Derartige Einrichtungen können wohl im Principe lediglich als Unterstützungsanstalten auf eine erfolgreiche Wirksamkeit rechnen. Für einen möglichst billigen Preis soll in ihnen dem hülfosen Armen eine genügende und dabei schmackhafte Nahrung geliefert werden. Es kann das in ausreichender Weise nur durch communale oder freiwillige Zuschüsse erreicht werden.

Die quantitativen und qualitativen Verhältnisse, welche von einer ausreichenden Nahrung physiologisch gefordert werden müssen, gehen aus dem bisher Mitgetheilten für den Arbeiter hervor. Frauen, welche harte mechanische Arbeit z. B. bei Bauten verrichten, haben etwa das gleiche Nahrungsbedürfniß. Für Greise, nicht mechanisch angestrengte Frauen und Kinder stellen sich die Anforderungen entsprechend niedriger.

Derartige Unterstützungsanstalten sollten wenigstens in Zeiten des Mangels Frühstück, Mittagstisch und Abendsuppe reichen, also die Ernährung vollkommen übernehmen.

Nach zahlreichen eigenen und mit Benützung fremder Bestimmungen verlangt C. Voit für den Mittagstisch

	Eiweiß:	Fett:	Kohlehydrate:
für männliche (und weibliche) Arbeiter .	59	34	160
für Greise	40	30	85
für Kinder von 6—15 Jahren	39	21	80

Es ist etwa die Hälfte des Eiweißes, 61% des Fettes und 32% der Kohlehydrate, welche im Tage im Ganzen nöthig erscheinen. [1]

Die Wichtigkeit, welche einer schmackhaften Zubereitung und einer Abwechselung in den Gerichten für die Gesundheit zukommt, bedarf dabei eines ganz besonderen Augenmerkes.

2) Ernährung der Truppen.

Der Rekrut befindet sich meist in einem analogen Körperzustand wie das Remontepferd. (S. 247).

Der Körper des Rekruten muß gewöhnlich ebenso durch methodisch gesteigerte Muskelleistung bei genügender namentlich eiweißreicher Kost zum Zwecke des Kriegsdienstes umgestaltet werden.

Die großen Strapazen, welchen sich der Soldat bei Manövern und im Kriege zu unterziehen hat, erfordern eine Vorbereitung des Körpers zur Erzeugung möglichst großer Körperkraft bei möglichst geringer Körpermasse, um die Bewegungen mit dem geringsten inneren Widerstand ausführen zu können. Der zwar gesunde aber vielleicht muskelarme oder gemästete Körper des Rekruten muß ein in all seinen Theilen gleichmäßig muskulöser, arbeitskräftiger werden. Es ist bekannt, daß für den Kriegsdienst agile mittelgroße Rekruten ausdauernder sind als die riesigen Gestalten, deren momentane Kraftleistungen die jener anderen bei weitem übertreffen mag.

---

[1] Es ist nicht schwer aus den im Anhang gegebenen Tabellen danach die erforderlichen Nahrungsmengen zu berechnen. Man darf dabei die relativ geringere Ausnützbarkeit des vegetabilischen Eiweißes nicht vergessen.

Als das Musterbeispiel einer zu diesen Zwecken dien=
lichen Ernährungsweise muß die große Kriegspor-
tion der deutschen Truppen angesprochen werden, welche
nach dem siegreichen Einrücken der Heere in Frankreich im
August 1870 für den Tag gefordert wurde:

	Eiweiß:	Fett:	Kohlehydrate:
Kost des deutschen Soldaten im Felde	157	285	331

Das (mechanische) Nahrungsäquivalent beträgt 572.

Nicht nur die Quantitäten sondern auch die Mischung
der Nahrungsmittel erscheint mustergiltig:

Brod	750	Gramm
Fleisch	500	„
Sped	250	„
Kaffee	30	„
Tabak	60	„
(oder 5 Stück Cigarren)		
Wein ¹⁄₂ Liter	500	
oder Bier 1 Liter	1000	
oder Branntwein ¹⁄₁₀ Liter . .	100	

Im Frieden reicht der eiweißreiche Kostsatz aus,
welchen Moleschott für einen Arbeiter fordert, mit einem
mechanischen Aequivalent von 420. Es ist zweckentsprechend,
etwa die Hälfte des Eiweiß als Fleisch zu reichen, um den
Körper mit der Verdauungsarbeit möglichst wenig zu
belästigen.

Auf die Zubereitung des Fleisches, namentlich des
frischgeschlachteten ist von Seite der Officiere im Felde
große Aufmerksamkeit zu wenden. Die Methoden, es ge=
nießbar und schmackhaft zuzubereiten, wurden oben an=
gegeben.

Durch die methodische Kräftigung und Umbildung des Soldatenkörpers zum Zwecke der Uebernahme großer Muskelleistungen wird für die gesammte Nation, namentlich aber für die nicht mechanisch arbeitenden mittleren Stände und die durch einseitige Ueberarbeitung bei ungenügender Nahrung geschwächten Fabrikarbeiter der Dienst im deutschen Heere im Allgemeinen zu einer Quelle der körperlichen Gesundheit und Kraft. Indem die mechanische Leistungsfähigkeit der Individuen gesteigert wird, erhöht sich die Arbeitsfähigkeit der Nation, die Basis ihres Wohlstandes.

Für Fälle der Noth soll der Soldat eine möglichst compendiöse für längere Zeit unverderbliche Nahrung für drei Tage bei sich führen, es ist das der vielbesprochene eiserne Bestand.

Dieser eiserne Bestand soll so viel Nahrungswerth enthalten, daß er mit der täglichen Brodration des Soldaten (750 Gramm) eine vollkommene Ernährung ermöglicht.

Namentlich für norddeutsche Truppen, welche an den reichlichen Genuß von Speck gewohnt sind, bietet sich als das zweckentsprechendste Nahrungsmittel für den eisernen Bestand, auf welches der Verfasser seit zehn Jahren hingewiesen hat,*) stark geräuchertes fettes Schweinefleisch sorgfältig in (bleifreier) Zinkfolie oder in Guttaperchapapier verpackt dar. Für den Tag bedarf der Soldat zu einer vollkommenen Ernährung davon 220—225 Gramm. Die Nahrungsmischung stellt sich dann folgendermaßen:

---

*) Physiologie des Verf. III. Aufl. S. 213.

Eiserner Bestand für den Tag	Eiweiß:	Fett:	Kohle-hydrate:
220 Grm. fettes geräuchertes Schweinefleisch [1]	66	70,4	—
750 „ Brod [2]	64	9,8	394
	130	81	394

Moleschott fordert für einen Arbeiter im Tage: 130 Eiweiß; 84 Fett und 404 Kohlehydrate.

Alle künstlichen Conserven von Fleisch, auch die vielgerühmte Erbswurst können mit diesem einfachen Vorschlag nicht in die Schranken treten; er spricht nach allen Beziehungen, auch der ökonomischen für sich selbst.

Die süddeutsche Bevölkerung liebt fettes Schweinefleisch nicht. Hier könnte dafür guter Käse oder Eiconserve eintreten. [3] 220 Gramm fettes geräuchertes Schweinefleisch würden durch 250 Gramm fetten Käse zu ersetzen sein, sie enthalten: 83 Gramm Eiweiß und 65 Gramm Fett. Ein Theil des Fettes wird hiebei durch Eiweiß ersetzt.

Man darf aber nicht vergessen, daß für die Erzeugung eines körperlichen Wohlbehagens zum eisernen Bestand unserer physiologischen Forderungen nach auch ein Genußmittel am besten Tabak gehören würde.

---

1) Schinken hat 30% Eiweiß und 32% Fett

2) Schwarzbrod mit 8,5% Eiweiß; 1,3% Fett und 52,5 Kohlehydrate.

3) Eiconserven hat man mit gutem Erfolg mit Speck als eisernen Bestand verwendet. Wenn man eine vollständige Ernährung des Mannes damit anstrebt, so hat man sie natürlich in der entsprechenden Quantität zu geben. Die bayerischen Soldaten lassen den Speck im Kochgeschirr vollkommen aus und rühren die Eiconserve daran, wodurch eine fette Eierspeise entsteht, welche sie sehr gerne essen.

3) Ernährung in Gefangenenanstalten.

Die Ernährung in Gefangenenanstalten[1]) ist gewöhnlich im Gegensatze zur Ernährung des Soldaten, dessen Körper durch Arbeit und reichliche Nahrung möglichst arbeitskräftig gemacht werden soll, eine Hungerkost. Wir bezeichnen damit eine Kostmenge und Mischung, welche den Körper, erst wenn er durch Nahrungsmangel wasserreich geworden und auf eine geringere (feste) Organmasse herabgekommen ist, auf diesem herabgeminderten Zustande zu erhalten vermag. Es treten hier die Mängel einer Ernährungsweise noch weit greller zu Tage als bei dem Soldaten, dem schon der Besitz der Freiheit und Uniform noch anderweitige Nahrungsquellen eröffnet. Der relative Nahrungsmangel, an welchen sich der Körper nur schwer und schlecht gewöhnt, ist in vielen Fällen der Grund, welcher die Freiheitsstrafe für so Manchen zur Todesstrafe macht.

Der Staat hat auch für diese Elenden nach Kräften zu sorgen, damit sie nicht noch elender gemacht werden, als es das Gesetz verlangt. In einem Rechtsstaate muß das Gesetz, welches den Verbrecher verurtheilt, zugleich ihn schützen vor anderweitigen, durch die Strafe nicht geforderten Beeinträchtigungen seiner Person. So nahe der Gedanke liegen mag, daß es für einen der Freiheit zur Strafe beraubten nicht nöthig sei, gut und viel zu essen, so ungerecht ist es, demselben seinen nöthigen Unterhalt vorzuenthalten oder ihm die Nahrung in einer so reizlosen Form ohne die nöthige Abwechselung zu reichen, daß er sie nicht mit der zu seiner Ernährung erforderlichen

---

1) Cfr. Physiologie des Verf. III. Aufl. P. 213 f.

physiologischen Energie auszunützen vermag. Die sitzende, eingeschlossene Lebensweise vieler Gefangenen mag den geringen Nahrungssatz zum Theil entschuldigen. Voit fordert für solche Gefangene: 85 Eiweiß; 30 Fett und 300 Kohlehydrate. Wo aber starke mechanische Arbeit z. B. Feldarbeit, Arbeit bei Bauten ꝛc. von den Gefangenen verlangt wird, soll dem Rechtsgefühle nach auch die Nahrung jedes Einzelnen den einfachsten Nahrungsansprüchen eines Arbeiters genügen.

Nach den vorliegenden Bestimmungen, welche z. B. Böhm für die Strafanstalt in Luckau (Preußen), Voit für die Strafanstalten in München ausgeführt hat, entspricht die Nahrungsmenge der deutschen Gefangenen diesen billigen Anforderungen noch keineswegs. In Luckau erhalten die Gefangenen niemals Fleisch, ihre Ernährung entspricht sonst in der Zusammensetzung der der ärmsten Volksklassen Norddeutschlands. Zu Mittag erhalten sie z. B. 1170 Gramm Kartoffel oder Kartoffel mit Erbsen oder Linsen gemischt, abwechselnd auch Rüben, Buchgrütze, Graupen. Vorzüglich fällt bei allen vorliegenden Bestimmungen über Gefangenenkost neben der geringen Eiweißquantität der auch in der Nahrung der Armen auftretende Fettmangel auf, wodurch eine übermäßige, die physiologische Funktionirung störende Belastung der Verdauungsorgane mit Kohlehydraten nothwendig wird.

Voit hat mit größtem Rechte auf die gewöhnliche reiz- und abwechselungslose Zubereitung der Gefangenenkost hingewiesen, welche dem controlirenden Beamten, der sie nur versucht, genießbar erscheinen kann, den Gefangenen aber trotz lebhaften Hungers nach und nach einen unüberwindlichen Ekel einflößt, so daß sich schon beim Anblick und Riechen, Würgbewegungen einstellen können. Baer hat

17*

den Zustand des „Abgegessenseins" sehr gut geschildert,
es kann sich aus ihm eine heftige allgemeine Verdauungs=
störung entwickeln, welche die Gesundheit dauernd unter=
gräbt. Aus den bisher von uns gemachten Angaben
lassen sich leicht die physiologischen Erfordernisse der Ge=
fangenenkost berechnen.

Hier haben wir noch einige Worte über die „bei
Wasser und Brod" eingesperrten Gefangenen anzuschließen.

Böhm berichtet, daß diese in Luckau täglich 1000
Gramm Roggenbrod und 18 Gramm Salz erhalten. Da=
rin sind enthalten: 85 Gramm Eiweiß, 13 Fett und 525
Kohlehydrate. Der arme Arbeiter in jener Gegend ver=
zehrt im Tage: 88 Gramm Eiweiß, 20 Fett und 625
Kohlehydrate. Die Verhältnisse in Quantität und Mischung
sind sonach sehr analog, die Ausnutzbarkeit des Brodes ist
ist aber eine geringere als die für gemischte Nahrung und
es fragt sich noch, ob eine ausreichende Ernährung allein mit
Brod überhaupt für alle Individuen möglich ist (cfr. Cap. VI.).

Die Galeerensträflinge des vorigen Jahrhunderts,
welche eine harte Arbeit zu verrichten hatten, deren exakte
Ausführung für den Staat von hoher Bedeutung war,
sollten nach der allgemeinen Angabe ihre starken mecha=
nischen Leistungen bei „Brod und Wasser" ausführen. Auf
den ersten Blick scheint das den physiologischen Gesetzen
zu widersprechen. Aus den Angaben A. von Haller's
geht aber hervor, daß diese Unglücklichen eine sogar sehr
reichliche Nahrung erhielten.

Sie bekamen im Tage 26 Unzen Brod und 4 Unzen
Bohnen. Das Brod war in Italien hartes zwiebackähn=
liches (Weizen=) Brod. Das Nürnberger Medicinalpfund
mit 12 Unzen, das wissenschaftliche Gewicht jener Zeit,
wog 357,5 — 357,6 Gramm.

	Eiweiß:	Fett:	Kohlehydrate:
26 Unzen = 726 Gramm Weizen- zwieback enthalten	113	9,4	533
4 Unzen = 120 Gramm Bohnen enthalten	30	1,6	70
	143	11	603

In neuester Zeit wird von competenter Seite eine den humanen und wissenschaftlichen Anforderungen der Zeit angepaßte Regulirung des gesammten Gefängniß- wesens angestrebt. Hiebei wird die Neuregelung der Kost eine ihrer sanitären Bedeutung entsprechende hervorragende Rolle zu spielen haben.

4) Die Ernährung der Kindheit und des Alters.

In der ersten Lebensperiode des gesunden Menschen sehen wir die absolute Größe des Stoffverbrauchs erst rasch dann langsamer ansteigen; dann sehen wir sie nach einer verschieden lang dauernden annähernden Konstanz zunächst mit Zunahme des Fettgehaltes des Organismus (Geschlecht, Constitution), dann mit zunehmendem dekre- pitem Alter anfangs rascher dann langsamer sinken. Anders verhält sich die relative Größe des Stoffverbrauches, wenn wir diesen auf das (gleiches) Körpergewicht berechnen. Hier zeigt sich der Stoffverbrauch am größten im ersten Lebensjahre; von da an beginnt eine erst etwas schnellere, dann langsamere Verminderung. Im erwachsenen Alter tritt die annähernde Konstanz ein: im Greisenalter beob- achten wir ein weiteres relatives und absolutes Sinken des Stoffverbrauches, bis in der körperlichen Altersschwäche das Minimum des Stoffumsatzes das baldige Erlöschen der Lebensflamme ankündigt.

Nach den Beobachtungen von Bartsch beträgt die Menge der Mutter=Milch, welche ein Säugling am ersten Tage erhält, etwa 20 Gramm; am fünften Tage schon 500 Gramm; im späteren Verlauf der Säuglingszeit etwa 1300 Gramm. In 24 Stunden erhält der Säugling etwa 6 mal Nahrung (4 mal am Tage 2 mal in der Nacht.

Die Muttermilch fanden wir oben im Mittel zusammengesetzt in 1000 Theilen: 885,66 Wasser; 28,11 Eiweißstoffe; 35,64 Butter; 48,14 Milchzucker; 2,45 Blut= Salze [1]). Ein Kind im ersten Lebensjahre bedarf danach (bei 1300 Gramm Muttermilch) im Tage in Gramm: Eiweiß 36,5; 47,6 Fett; 62,6 Milchzucker (Kohle= hydrate); 3 Blut=Salze. Der Eiweißgehalt dieser Normal= nahrung ist groß, relativ weit größer als bei dem Er= wachsenen.

Die Ernährung der Säuglinge ist eine der wesentlichsten Ernährungsaufgaben. Wie Gefangene, welchen die eigene Nahrungswahl nach Menge und Mischung nicht gestattet ist, mit der von der Gefangenenanstalt gelieferten Kost ihr Stoffbedürfniß in's Gleichgewicht setzen müssen, was bei irrationellen Nahrungsverhältnissen nur auf Kosten der Gesundheit, ja des Lebens möglich ist, so ist das hülflose Kind der Willkühr, oft dem Unverstande, ja nicht selten sogar der böswilligen Vernachlässigung ausgesetzt. Die Kindersterblichkeit im ersten Lebensjahre, welche in einigen Gegenden Deutschlands, wie in anderen Ländern eine grauenvolle Höhe erreicht, beruht in einer ihrer wesent= lichsten Ursachen auf Ernährungsfehlern hervorgehend aus Entziehung der Mutterbrust.

---

1) Unter den Salzen sind die sogenannten theilweise noch unbekannten organischen Extractivstoffe mit eingerechnet.

In München werden nach den statiftischen Aufnahmen von den im erften Lebensjahre sterbenden Säuglingen etwa zwei Drittheil, 66% durch Krankheiten der Verdauungs- apparate dahingerafft. Dabei trifft die Hälfte aller im erften Lebensjahre eintretenden Todesfälle auf die beiden erften Lebensmonate. Wie viel hier die Pflege mit- wirkt, geht schon daraus hervor, daß die Kinderfterblichkeit in München nach den Confeffionen der Eltern außerordentlich verschieden ift. Bei den Israeliten beträgt die Sterblichkeit der Kinder im erften Lebensjahre 15— 16%, bei den Proteftanten 27—28%, bei den Katholiken dagegen 41% aller Gebornen! Analoge Ergebniffe zeigen sich, wenn wir die Sterblichkeit der Kinder nach dem Stand der Eltern klaffifizieren. Die ärmfte Bevölkerung Münchens ift in ihrer Maffe katholisch.

Kinder, welchen die Mutterbruft gereicht wird und welche dadurch eine genügende und ihrem Körperzuftand angepaßte Nahrung erhalten, ertragen die in Krankheiten und äußeren Verhältniffen begründeten Gefahren, welche ihrem zarten Leben drohen, weit beffer als solche, welche mit einer sogenannten künftlichen Ernährung aufgezogen werden sollen. Die letzteren sind es vorzüglich, auf welche sich die Sterblichkeitsziffer im erften Lebensjahre bezieht.

Die kindlichen Verdauungsorgane sind von Natur aus in den erften Lebensmonaten nur für die Muttermilch organifirt. Namentlich sind sie in der früheften Lebens- periode zuerft faft gar nicht, später nur in geringem Maße befähigt, Mehl — Stärkemehl — zu affimiliren, während sie die an sich nicht leicht verdaulichen Albuminate und Fette der Milch in dem Zuftande, in welchem sie direct aus der Mutterbruft aufgenommen werden, leicht sich aneigenen. Steht gemolkene Milch einige Zeit, so wird sie unver-

baulicher. Es sammeln sich die in der frischen Milch fein
vertheilten Butterfette als Rahm in der obersten Schichte
an; die feinsten Buttertröpfchen legen sich zu größeren
Fettklümpchen aneinander und verlieren damit theilweise
die zum Theil auf ihrer Kleinheit beruhende Fähigkeit
leicht in die Säftemasse des Organismus einzutreten. Das
ist der Hauptgrund, warum auch für Erwachsene die
„kuhwarme" Milch einen höheren Werth als Nahrungs=
mittel besitzt als die längere Zeit gestandene, bei welcher
schon eine Scheidung der „blauen Milch" von dem Rahm
eingetreten ist.

Die relative Unfähigkeit zur Verwerthung des Stärke=
mehls rührt bei dem Säugling in den ersten Lebens=
monaten daher, daß die Speicheldrüsen, welche für die in
der normalen Verdauung stattfindende Lösung des Stärke=
mehls und die Ueberführung desselben in Trauben=Zucker
im Organismus des Erwachsenen thätig sind, noch nicht
ihre spätere Funktionirung begonnen haben. Wir werden
in der Folge noch näher besprechen, daß das Stärkemehl
normal der Hauptmasse nach als Dextrin und Zucker
(Traubenzucker) in die Säfte des Körpers eingeführt
werden muß. Bei dem Säugling, welchem die Organ=
funktionen zu diesem Behufe noch fast vollkommen fehlen,
tritt in dem stärkemehlhaltigen Nahrungsgemisch im Magen
und im ganzen Verdauungskanale eine Gährung ein, welche
primär zwar auch Zucker schließlich aber in größerer
Menge Milchsäure aus dem Stärkemehl erzeugt. Diese
Milchsäure, welche die Verdauungsorgane reizt, ist die vor=
zügliche Ursache, warum der „Mehlbrei" von den Säug=
lingen meist so schlecht vertragen wird. Sie bringt, wenn
vielleicht auch keine Störungen im Knochenwachsthum, sicher
jene ohne Nahrungswechsel unstillbaren Diarrhöen hervor,

welche die Nährstoffe ungenützt aus dem Körper entfernen,
so daß Atrophie, schließlich der Hungertobt aus wahrem
Nahrungsmangel erfolgt. Es gibt robuste Naturen schon
unter den Säuglingen, welche auch bei einer solchen Nahrung leben und gedeihen, und in unseren Gegenden, wo
die künstliche Ernährung der Säuglinge auf dem Lande
die gewöhnliche ist, wird durch den Mehlbrei (Mehlmuß)
der menschliche Organismus, der dieser Ernährungsweise
trotzt, von dem frühesten Anfang an auf die vegetabilische
(Schmalz-) Kost vorbereitet, deren Verwerthung wie die
Kartoffelnahrung geübte Verdauungsorgane erfordert. Bei
Erwachsenen, welche an eine so massenhafte Zufuhr von
Kohlehydraten nicht gewöhnt sind, findet aus den gleichen
Gründen, wie sie sich bei den Kindern geltend machen,
eine geringere Ausnützung der vorzüglich aus Mehl bereiteten Nährmittel statt, ein Verhältniß, welches sich
übrigens bei jedem Menschen bis zu einem gewissen Grade
geltend machen muß.

Leider gibt es nur zu viele Mütter, welche bei der
größten Aufopferung für ihre Kleinen körperlich nicht in
der Lage sind, sie selbst zu ernähren. In solchen Fällen
muß, wenn eine passende Amme nicht zur Verfügung steht,
eine künstliche Ernährung des Säuglings eintreten.

Da die Muttermilch mit der Zeit des Stillens sich
verändert, so hat man bekanntlich bei der Wahl der
Amme abgesehen von der körperlichen Gesundheit und
den nöthigen Milchreichthum, auch darauf zu achten, wie
lange sie schon gestillt hat. Doch liegt hier gewöhnlich
keine erhebliche Gefahr vor. Es ist nicht nöthig, daß die
Amme ihr eigenes Kind vollkommen entwöhnt, daß man,
um ein kindliches Leben zu retten, ein anderes in Lebens-
gefahr versetzt. Bekommen die Säuglinge etwa die Hälfte

ihres Nahrungsbedarfes an Muttermilch, so vertragen sie
meist daneben zweckmäßige künstliche Ernährung, um
ihnen ihren vollen Nahrungsbedarf zukommen zu lassen,
gut. Das Gesagte gilt auch für Mütter, welche nicht im
Stande sind, ihre Säuglinge selbst ausreichend zu er=
nähren. Es ist von größter Wichtigkeit, wenn nur ein
Theil der nöthigen Nahrung dem Kinde in der ihm ent=
sprechendsten Form wenigstens in den ersten Lebensmonaten
gereicht wird. Diese „gemischte Ernährung" ist der
„künstlichen Ernährung" der Säuglinge weit vorzuziehen.

Unter den zur künstlichen Ernährung der
Säuglinge zu Gebote stehenden Nahrungsmittel bietet
sich zuerst die Kuhmilch dar. Die Zusammensetzung der
Kuhmilch ist aber eine wesentlich andere als die der
Muttermilch. Die gute Kuhmilch enthält mehr Fett und
nahezu doppelt so viel Eiweißstoffe (Käsestoff). Die Säug=
linge vertragen sie unvermischt gewöhnlich schlecht, dagegen
relativ gut, wenn man sie mit der Hälfte Wasser verdünnt.
Sie ist dann etwas ärmer an Fett als die Muttermilch
und wesentlich zuckerärmer. Das letztere gleicht man da=
durch aus, daß man die verdünnte Milch zuckert. Man
verwendet dazu gewöhnlich Kandiszucker, welcher die reinste
Rohrzuckersorte ist. Noch zweckmäßiger setzt man aber
Milchzucker zu, welcher überall im Handel und in den
Apotheken zu haben ist. Er ist entschieden leichter verdaulich und enthält immer auch nicht unbedeutende Mengen
der (phosphorsauren) Milchsalze, welche dem Säugling
namentlich für das Knochenwachsthum zu Gute kommen.
Der Milchzucker schmeckt weit weniger süß als Kandis=
zucker; man hat daher von Anfang an Milchzucker zu
verwenden, weil die Säuglinge, welche an Kandiszucker

gewöhnt wurden, die mit Milchzucker versetzte Milch oft nicht nehmen wollen. Ein weiterer Zusatz von Rahm, welchen man versucht hat, ist aus den angegebenen und anderen Gründen irrationell.

In England pflegt man dieser „künstlichen Muttermilch" einige Tropfen Kalkmilch zuzusetzen. Da es in großen Städten schwer sein kann, vollkommen frische Milch sich zur Ernährung des Säuglings zu verschaffen, so erscheint unter solchen Umständen ein derartiger (ganz unschädlicher) Zusatz wissenschaftlich begründet, um die beginnende Säuerung der Milch zu neutralisiren und letztere dadurch für die Ernährung des Säuglings zuträglicher zu machen. Wo es möglich ist, sollte die zur Nahrung eines Säuglings verwendete Milch stets von derselben gesunden, mit gutem Futter genährten Kuh stammen.

Ist das Kind etwa ein halbes Jahr alt, so hat man nach und nach vorsichtig den Wasserzusatz zur Milch zu beschränken, nach dem neunten Lebensmonat wird meist schon unverdünnte Milch vertragen. Allzu fettreiche Milch bringt hie und da bedenkliche Verdauungsstörungen hervor, man hat sie dann einige (5—6) Stunden stehen zu lassen und den bis dahin aufgeworfenen Rahm zu entfernen.

Was die Quantitäten betrifft, so wird die „künstliche Muttermilch" dem Kinde etwa in derselben Menge gereicht, welche oben für die normale Ernährung mit Muttermilch angegeben wurde. Bei gesunden Kindern regelt die Menge am besten der normale Appetit.

Bei schwachen, schlechtgenährten Kindern verdünnt man die Kuhmilch oft mit gutem Erfolg mit Fleischbrühe von Kalbfleisch (S. 177).

Außer der Milch der Kühe kommt in unseren Gegenden nur noch die Ziegenmilch in Betracht. Man hat sie

für die künstliche Ernährung der Säuglinge wie die Kuh=
milch zu behandeln. Wie man bei uns auf dem Lande
den Kindern oft mit gutem Erfolg die unverdünnte Kuh=
milch direkt von dem Melken weg als Nahrung reicht, so
geschieht das namentlich in südlichen Ländern, auch mit
der Ziegenmilch. Routh sah in Malta Säuglinge direkt
an die Ziege angelegt und dabei ganz vortrefflich gedeihen.

In neuerer Zeit kommt die sogenannte condensirte
Milch in den Handel; sie wird oft mit sehr gutem Er=
folg als Nahrungsmittel für Säuglinge verwendet. Die
beste Sorte condensirter Schweizermilch ist ein sehr süß
schmeckender dicker, zäher Brei. Sie wird durch rasches
Abdunsten der frischen Milch im luftleeren Raum unter
Zuckerzusatz hergestellt. Der Wasserverlust und der Zucker
hindern die Zersetzung. Ein Kaffelöffel von dieser conden=
sirten Milch in einem knappen ¼ Liter Wasser aufgelöst
und aufgekocht liefert ohne weiteren Zusatz eine künstliche
Muttermilch, deren Concentration man in den späteren
Lebensmonaten bis auf das doppelte steigen läßt. Für die
Quantitäten, in welchen die Mischung für den Tag nöthig
ist, gilt das oben gesagte.

Wenn Säuglinge bei der künstlichen Ernährung, welche
man ihnen reicht, nicht gedeihen, wenn sich häufige, Tage
und Wochen andauernde Diarrhöen einstellen, so ist das
Leben der Kleinen bedroht.

Hier hat man nun zunächst nicht etwa an Mediciniren
zu denken, sondern an einen Wechsel der Nahrung.

Ein Kind, welches bei einer auch im Allgemeinen
zweckmäßig scheinenden Ernährungsweise der Atrophie ent=
gegengeht, gedeiht gar oft bei einer anderen Nahrung.
Man hat sich daher bei den Ernährungsstörungen der
Säuglinge nach neuen zweckmäßigen Nahrungsmitteln

aus dem Schatze der physiologischen Ernährungslehre umzusehen.

Im anderen Falle, wenn und so lange ein Säugling bei einer gewählten Nahrung gedeiht, hat die Mutter an dieser dem Organismus zuträglichen Kost für das erste Lebensjahr fest zu halten, ohne einen Wechsel eintreten zu lassen, welcher niemals ohne Gefahr ist.

Die Säuglinge können wie gesagt in den ersten Lebensmonaten Stärkemehl nicht oder nur sehr ungenügend verdauen.

Liebig hat eine „künstliche Muttermilch" angegeben, bei welcher Mehl mit zur Ernährung dient, welche aber trotzdem in vielen Fällen von dem ausgezeichnetsten Erfolge begleitet ist, und namentlich versucht werden sollte, wenn die Kleinen die verdünnte Kuhmilch nicht vertragen.

In dem Liebig'schen Kindernährmittel wird das Mehl bei der Zubereitung zuerst künstlich verdaut, und erst in diesem Zustande dem Säugling gereicht. Mit Milch, Wasser und Mehl wird zuerst ein Brei gut ausgekocht, dann wird dem heißen Brei eine kalte Mischung von Wasser und Malz zugesetzt und das Ganze an einen lauwarmen Ort — dessen Temperatur man mit der Hand gut ertragen kannn (60 °C) — längere Zeit hingestellt. Wie bei der Bier- und Branntweinbereitung wandelt dabei das Malz das Stärkemehl des Breies in Dextrin und Zucker um, in dieselben Stoffe, welche bei der normalen Stärkeverdauung entstehen. Der Brei wird dadurch dünnflüssig und süßschmeckend. Ist das eingetreten, so wird das Ganze durch ein feines Haarsieb getrieben und den Kleinen als Nahrung gegeben. Der Geschmack ist sehr angenehm und wird selten verschmäht. Für Neugeborene setzt man die gleiche Quantität Wasser

zu. [1]) In neuester Zeit wird dieses rasch berühmt gewor=
dene Nahrungsmittel, welches Liebig mit Recht auch für
Altersschwache empfohlen hat, in kondensirter Form
als dicker Brei, welcher sich etwa 14 Tage aufbewahren
läßt, käuflich hergestellt. Man reicht ihn ähnlich wie die
kondensirte Milch, indem man ebenfalls mit der Concen=
tration nach und nach steigt.

Etwas ähnlicher wie die vorläufige Verdauung des
Stärkemehls in dem Liebig'schen Nahrungsmittel wird
schon durch genügendes Rösten des Stärkemehls
hervorgebracht. Es verwandelt sich das Stärkemehl da=
durch in das leichtverdauliche Dextrin. Man röstet die
Weizengrütze ebenso wie man Kaffe brennt und kocht da=
raus einen dünnflüssigen trinkbaren Brei mit etwas Milch,
Wasser und Zucker.

Der im Volke berühmte Eichelkaffee, aus gerösteten
(gebrannten) Eicheln, aus welchen man mit Milch, Wasser
und Zucker in analoger Weise Nahrungsgetränke herstellt,
verdankt seine Verdaulichkeit ebenfalls dem Rösten des in
den Eicheln enthaltenen Stärkemehls, ihre Bitterstoffe
mögen dabei zugleich anregend auf die Verdauung wirken.

In der Rinde gut ausgebackenen Brodes ist die
Hauptmasse des Stärkemehls, wie wir oben sahen, eben=

---

1) Liebigs Recept ist: 18 Gramm feines Weizenmehl,
18 Gramm auf der Kaffeemühle gemahlenes Weizenmalz,
30 Tropfen einer Lösung von kohlensaurem Kali (die Lösung
verfertigt man sich durch Auflösung von 1 Theil kohlensaurem
Kali auf 8 Theile Wasser) 175 Gramm = CC Milch, 32 Gramm
Wasser. Aus dem Mehl und der Milch mit den 30 Tropfen
Kalilösung kocht man einen Brei; rührt das Malz mit 2 Löffel
kalten Wassers an und setzt es dem heißen Brei zu. Man läßt
nun das Ganze an einem mäßig warmen Ort stehen 2c.

falls in Dextrin und Zucker umgewandelt. Ein Brei aus der Rinde feiner Semmeln mit Milch und Zucker ist daher viel beffer verdaulich als ein Mehlbrei.

Noch jetzt werden vielfach, wenn andere künstliche Ernährung nicht anschlagen will, auch von Aerzten besonders zwei verhältnißmäßig leichtverdauliche Stärkemehlarten für die Kinder im erften Lebenjahre empfohlen: das Stärkemehl der Pfeilwurzel: Arrowroot und Salep. Namentlich erwachsenen Kranken (Bruftkranken) wurde früher mehr als jetzt als ein dem Stärkemehl fehr nahftehende leicht verdauliche Substanz die Moosftärke des Jsländischen Moofes (Cetraria islandica), das Lichenin als Nährfubftanz gegeben. 'Salep hat bei Kindern, bei denen die gewöhnlichen Verdauungsftörungen eingetreten find, meift gute Wirkung.[1])

Erft wenn der Wechfel der Nahrung, das rationelle Probiren zwifchen verfchiedenen Ernährungsweifen keine dem Kinde zuträgliche Koft hat finden laffen, beginnt die Aufgabe des eigentlichen Medicinirens. Immer follte man aber, wenn die Mutterbruft nicht oder nicht ausreichend gereicht werden kann, zur Regelung der „künftlichen" Diät des Neugeborenen einen erfahrenen Kinderarzt zuziehen und fich nach feinen Vorfchriften richten. Das Leben des „künftlich" zu ernährenden Säugling's ift ftets bedroht.

Wir wollen noch darauf fpeciell aufmerkfam machen, daß in den hier vorgefchlagenen Nahrungsweifen der Säuglinge die Milch ftets eine wefentliche Rolle fpielt, fie ift

---

1) Es ftillt häufig die Diarrhöen. Man verkocht es am beften und rafcheften in der Art, daß man in fiedendes (ftrudelndes) Waffer das Pulver in kleinfter Menge nach und nach einftreut und das Verkochte verrührt.

der normale „Eiweißträger" in der Säuglingsnahrung.
Sollte unter Umständen Milch gar nicht vertragen werden,
so kann das Eiweißbedürfniß des Säuglings durch rohes,
sehr fein gehacktes oder geschabtes Rindfleisch befriedigt
werden. Daneben muß aber, da der absolute Nährwerth
des Fleisches nur ein geringer ist, noch genügende an=
derweitige Nahrung gereicht werden.[1]

In verzweifelten Fällen bleibt nur die Ernährung
des Kindes mit Mutter= resp. Ammenmilch übrig.

Die Nahrungsmengen, welche ein Kind im ersten
Lebensjahre fordert, ist relativ um ein sehr bedeutendes
größer als die Nahrungsquantität des Erwachsenen.

Berechnen wir nach der bisher benützten Methode
das Nahrungsäquivalent von 1300 Gramm Muttermilch,
welche ein an der Mutterbrust genährter Säugling in der
ersten Hälfte des ersten Lebensjahres erhält, so finden wir
(alles auf Fett berechnet): 109. Das Kind wiegt in die=
sem Zeitraum im Maximum 8—9 Pfund, etwa 4250
Gramm. Für 1 Kilogramm = 1000 Gramm des Kör=
pergewichtes berechnet sich danach ein Verbrauch von 25,6.
Ein Mann von 130 Pfund der mittleren Stände bedarf
nach J. Forster's Bestimmungen ein Nahrungsäquivalent
von 365, auf 1 Kilogramm Körpergewicht also nur 5,6.
Die höchste Ziffer für das Nahrungsäquivalent fanden wir

---

1) J. Forster bestimmte in dem Mehlbrei eines nur mit
diesem ernährten 7 Monate alten Kindes im Tage: 29 Eiweiß,
19 Fett, 120 Kohlehydrate.

Die Wärterinnen haben die konstante Gewohnheit, den Löffel
mit Brei, ehe sie ihn dem Säugling reichen, selbst zuerst in den
Mund zu nehmen, um ihn zu versuchen und um seine Tempera=
tur zu prüfen. Dabei mischt sich auch Speichel dem Brei zu,
wodurch dessen Verdaulichkeit erhöht wird.

für die Holzknechte nemlich 800. Rechnen wir ihr Kör=
pergewicht zu 140 Pfund, so trifft auf 1 Kilogramm 11,4.
Das relative Nahrungsbedürfniß des Säuglings ist also
noch mehr als um das doppelte größer als das des Ar=
beiter bei größtem Nahrungs= und Kraftverbrauch.

Namentlich ist die dem Säugling in der Normalnah=
rung zukommende Eiweißmenge beträchtlich. Den stärksten
Eiweißverbrauch fanden wir für die Brauknechte, 1 Kilo=
gramm ihres Körpers (von 70 Kilogramm) verbraucht im
Tage 2,7 Gramm Eiweiß; der Moleschott'sche Arbeiter
(von 65 Kilogramm) erhält auf 1 Kilogramm nur 2,0
Gramm, für den normal und wohlgenährten Säugling
treffen auf 1 Kilogramm 8,6 Gramm Eiweiß, also relativ
mehr als 4 mal soviel als der Arbeiter bedarf.

Die nothwendige Nahrungsmenge vermindert sich re=
lativ mit dem zunehmenden Alter des Kindes; stets bleibt
sie aber im Verhältnisse bedeutender als für den Erwachsenen.

J. Forster bestimmte für ein wohlgenährtes 1½ Jahre
altes Kind in der täglichen gemischten Nahrung: 36 Ei=
weiß; 27 Fett; 151 Kohlehydrate.

Hildesheim rechnet auf Kinder von 6—10 Jahren
im Tage: 69 Eiweiß; 21 Fett; 210 Kohlehydrate.

C. Voit berechnet aus der Kost des in sanitärer Be=
ziehung mustergiltigen Münchener Waisenhauses für Kin=
der im Alter von 6—15 Jahren am Tage: 79 Eiweiß;
35 Fett; 251 Kohlehydrate.

Ein Kind von 10—11 Jahren hat etwa ein Körper=
gewicht von 23 Kilogramm. Der Eiweißverbrauch für
einen Erwachsenen betrug etwa 2 Gramm Eiweiß für
1 Kilogramm Körpergewicht und 1 Tag, für das heran=
wachsende Kind beträgt er noch immer sehr beträchtlich
(um 70%) mehr nemlich 3,4 Gramm. Der Fettgehalt

der Nahrung der Kinder ist relativ um etwa das doppelte größer als ihn der Moleschott=Voit'sche Kostsatz für den Arbeiter fordert. Die Kinder befinden sich dabei vortrefflich, sie erscheinen kräftig und wohlgenährt.

Der relativ hohe Eiweißgehalt in der Normal = Nahrung der Säuglinge und der heranwachsenden Jugend, welche das Eiweißbedürfniß des angestrengten Arbeiters noch weit übertrifft, hat seine physiologische Begründung zum Theil in dem in der Jugend vorwiegenden Wachsthum der ihrer Hauptmasse nach aus Eiweißstoffen sich aufbauender Organe, zum anderen Theil bezieht er sich auf die in der Jugend andere Massen=Vertheilung der Organe im Körper. In dem jugendlichen Alter wiegt die sogenannte vegetative Organgruppe: das Blut, die Drüsen, die Verdauungsapparate ꝛc. in der Körperzusammensetzung sowie in ihrer physiologischen Arbeitsleistung relativ bedeutend vor. Wir werden in der Folge (Cap. VI) erfahren, daß diese Organgruppe normal einen wesentlich größeren Stoffumsatz besitzt als die sogenannte animale oder besser als motorisch bezeichnete Organgruppe: Knochen und Muskeln mit ihrem Bindegewebe und mit den nervösen Apparaten. Darauf bezieht sich der gesteigerte Stoffverbrauch der Kinder vorzugsweise.

Bei dem Arbeiter, dem Soldaten tritt durch gesteigerte Muskelthätigkeit und Ernährung das Organwachsthum ebenfalls in beträchtlichem Maße auf und fordert reichlich Eiweiß in der Nahrung. Dabei sehen wir durch die gesteigerte Nahrungsaufnahme, durch die relative Zunahme der Blutmasse bei starken körperlichen Leistungen auch die vegetative Organgruppe bei dem wohlgenährten Arbeiter (und Soldaten) sich in gesteigertem Maße an dem Stoffverbrauch betheiligen.

Im höheren Alter sinkt bei Männern und Frauen
ziemlich gleichmäßig die Organarbeit in allen Körperorganen schließlich bis auf ihr relatives Minimum herab,
damit tritt auch ein immer tieferes Sinken des Stoffverbrauches ein, bis er wieder auf die absolute Größe herabgekommen ist, wie man ihn bei Kindern etwa am Ende
des ersten Lebensdecenniums (S. 273) findet. Die Nahrungsbedürfnisse eines Individuums in Altersversor-
gungshäusern und in Erziehungsanstalten der Kinder
sind die gleichen.

So lange der alternde Körper noch mechanische Arbeit
verrichtet ist dagegen sein Stoffverbrauch annähernd der
gleiche wie bei einem Arbeiter im mittleren Lebensalter.

Bei alten Leuten tritt das Bedürfniß nach Genußmitteln nach Reizemitteln für die Verdauungsnerven und
das gesammte Nervensystem stärker hervor. Bei dem
gesunden Menschen in der Jugend und im mittleren
Alter ist die mechanische Arbeit und der daraus sich ent-
wickelnde Hunger nach Speisen das beste und wirksamste
Gewürz. Alten Leuten fehlt bei der sich mehr und mehr
entwickelnden Bewegungsschwäche diese normale Nerven-
anregung. Hier bedarf es der Gewürze (namentlich Kochsalz), des kräftigen Weines, der starken Fleischbrühen, um
die träge werdenden Verdauungsorgane zu ihrer nothwendigen Thätigkeit anzutreiben. Ein guter Wein wirkt
unter diesen Verhältnissen direkt wie eigentliche Nahrung,
da erst unter seiner Einwirkung die genossenen Nährstoffe
in normaler Weise ausgenützt werden können. Das Sprüchwort hat Recht: der Wein ist die Milch der Alten.

Das Eiweißbedürfniß sinkt im Alter; leichtverdauliche
eiweißfreie Stoffe, Kohlehydrate und Fette treten mehr
und mehr als wichtig hervor. Fette werden öfters schlechter

18 *

vertragen als zweckmäßige Speisen aus vorwiegend Kohle=
hydraten z. B. leichte Mehlspeisen. Liebig hat, wie wir
hörten, seine künstliche Muttermilch auch für Altersschwache
empfohlen.

Die Kost der Kranken hat, soweit es möglich er=
scheint, die Stoffverluste des Körpers zu verhüten, oder
wenn sie eingetreten sind, in rationeller Weise wieder zu
ersetzen. Die Rücksichten, die hier auf die specielle Krank=
heit und auf das kranke Individuum zu nehmen sind, sind
aber so mannigfaltige, daß die Krankenkost nur von einem
geübten Arzte vorgeschrieben werden kann. Seine Vor=
schriften über Qualität und Quantität der Nahrung wer=
den sich freilich im Allgemeinen nach den hier gegebenen
Gesichtspunkten regeln.

4) Fettleibigkeit und Magerkeit.

In neuerer Zeit hat die sogenannte Banting'kur
gegen Fettleibigkeit bedeutendes Aufsehen gemacht. Sie
besteht darin, daß man den Eiweißgehalt der Nahrung
möglichst erhöht, dagegen den Genuß von Fett und Kohle=
hydraten möglichst beschränkt, ihn auf das mögliche Mini=
mum herabsetzt.

Herr Banting, welcher selbst durch diese Kur von
einer krankhaften Körperfülle geheilt wurde, gegen welche
alle anderen Mittel: gesteigerte mechanische Arbeit, Bäder,
Hungerkuren 2c. umsonst angewendet waren, ist als Pro=
phet, mit der ganzen Begeisterung eines solchen, für die
neue Lehre aufgetreten.

Unsere Versuche am Menschen bei einseitiger Ernäh=
rung durch Fleisch geben zum Theil die Schlüssel zu die=
sem physiologischen Räthsel.

Herr Banting erzählt, er habe Fleisch gleichsam „ge=

fressen" und sei trotz dieser Gefräßigkeit immer magerer geworden.

Unsere Versuche ergaben, daß ein Mensch mit der größtmöglichen Menge von Fleisch, welche er ohne Verdauungsstörungen zu genießen vermag, seine Körperabgaben nicht bestreiten kann, er verliert an Körperfett und noch mehr am Wassergehalt seiner Organe. In den drei vom Verfasser angestellten Ernährungsversuchen, in welchen etwa 4 Pfund Fleisch im Tage genossen wurden, betrug der an diesem Tage eingetretene Gewichtsverlust des Körpers einmal 146, dann 1089 und schließlich 1179 Gramm.

Die Erfolge der Banting'kuren sind daher sofort sehr auffallend, und können von Tag zu Tag mit der Waage constatirt werden.

Es kommt hier aber noch etwas weiteres in Folge der gesteigerten Fleischnahrung hinzu.

Der Zustand der M ä s t u n g , der übermäßigen Fettablagerung im Körper des Menschen und der Thiere ist ein bis zu einem gewissen Grade pathologischer.

Am leichtesten können wir diesen Satz bei der Gänsemast zur Erzeugung der mächtigen Gänselebern bestätigen. Durch möglichste Beschränkung der Körperbewegung, bei möglichst reichlicher (gezwungener) Zufuhr von Kohlehydraten und Fett neben einer genügenden Eiweißmenge in der Nahrung lagert der Organismus in allen Organen namentlich aber im Bindegewebe und in der L e b e r Fett ab. Eine Verfettung tritt dabei in allen Organen vorzüglich jedoch in der Leber ein. Die verfetteten Organe verlieren ihre Leistungsfähigkeit. Die Leber schwillt im Ganzen mächtig an, ihre Zellen sind mit Fett vollgestopft, während die specifischen Produkte der Leberthätigkeit zurücktreten. So wird die Leber, welche sich normal in sehr

hohem Grade (etwa zu ¹/₃) an dem Stoffverbrauch des
Körpers betheiligt, zum großen Theile aus dem Stoffumsatz ausgeschaltet.   Alle anderen verfetteten Organe arbeiten
ebenfalls weniger und verbrauchen daher weniger Stoff.
Die Herabsetzung der Leberthätigkeit bei Fettfütterung ist
bei verschiedenen Thieren durch eine große Reihe der
exactesten Beobachtung zahlreicher Forscher nachgewiesen.
Daß die z. B. durch absolute Ruhe verfetteten Muskeln
ihre Arbeitsfähigkeit mehr und mehr, schließlich ganz ein-
büßen, hat jeder Arzt täglich zu konstatiren Gelegenheit.
Für die Drüsen gilt das Gleiche; namentlich für die Milchdrüse ist das Herabsinken ihrer Thätigkeit durch übermäßige Fettnahrung unzweifelhaft sicher gestellt.

Durch diese steigende Herabminderung aller Organ-
thätigkeiten sinkt der Stoffverbrauch, welcher den Organ-
thätigkeiten äquivalent ist, mehr und mehr. Eine Nahrung, welche vorher ausreichte, den Körper auf seinem
Bestand zu erhalten, ist nun überreichlich, es wird Fett
und Eiweiß angesetzt. Dabei wird die Säftemasse des
Körpers und die Blutmenge mehr und mehr vermindert.
Bei sehr fetten Thieren fand ich die Blutmenge um die
Hälfte geringer als bei gleichalten mageren Individuen.
Mit dem Herabsinken der Betheiligung des Blutes an
der Arbeitsleistung und dem Stoffverbrauch des Organismus sinkt der Stoffverbrauch noch tiefer herab, von der
gleichen Nahrungsmenge bleibt noch mehr zum Ansatz für
den Körper übrig.

Gemästete Menschen und Thiere zeigen daher ein
relativ kleines Stoffbedürfniß. Wir haben oben jenes fette
englische Mädchen erwähnt, welches angeblich gar Nichts
essen sollte. Da bei dem weiblichen Geschlecht der
geringen körperlichen Leistungen und der Vorliebe für

Kohlehydrate (Zucker) in der Nahrung wegen normal meist eine größere Neigung zum Fettansatz als bei Männern vorhanden ist, so ist auch schon aus diesem Grunde das Stoffbedürfniß der Frauen im Allgemeinen ein relativ kleineres. Im späteren Alter pflegen sich noch weitere herabsetzend wirkende Verhältnisse einzustellen.

Gerade entgegengesetzt wie die überreichliche Nahrung mit Fett und Kohlehydraten wirkt eine Nahrung, in welcher die eiweißfreien Bestandtheile möglichst beschränkt sind, dagegen als Fleisch leichtverdauliches Eiweiß in Masse eingeführt wird. Herr Banting verlor daher nicht allein aus den oben zuerst besprochenen Gründen an seiner Beleibtheit bei der über reichlichen Fleischnahrung.

Wird überwiegend viel Eiweiß genossen, so verzehrt sich, wie unsere Versuche ergaben, das Fett in allen Ot=ganen, aber namentlich wird dadurch die Thätigkeit der Verdauungsorgane und zwar vor allem der Leber ange=regt. Die Leber bildet und secernirt bei Fleischnahrung in weit größerer Menge, wie durch vielfältige Versuche auf das schlagendste constatirt ist, ihre specifischen Produkte. Alle Drüsen z. B. die Milchdrüsen der Thiere und stillen=den Frauen arbeiten stärker, die Milchmenge wird durch Eiweißzusatz zur Nahrung wesentlich gesteigert. Die ge=sammte Säftemasse des Körpers, die Menge des Blutes wächst; der Gehalt an Blutkörperchen, der wesentlichste Blutbestandtheil, nimmt zu. Durch die gesteigerte Organ=thätigkeit, an welcher sich das vermehrte Blut entsprechend mitbetheiligt, steigt der Stoffverbrauch des Körpers. Trotz steigender Eiweißaufnahme nimmt der Verbrauch von Kör=perfett von Tag zu Tag zu.

Kommt nun noch eine zweckmäßige Uebung und An=strengung der Muskulatur zur Bantingkur hinzu, so

wachsen die Muskeln an Masse, und betheiligen sich dadurch ihrer Seits auch an dem erhöhten Stoffverbrauch.

So tritt diese constante Wirkung der meistens verhältnißmäßig wenig belästigenden Bantingkuren ein.

Die Kur verbietet Bier, mit Fett zubereitetes Gemüse (es soll nach englischer Art in Salzwasser gekocht
werden), Brod. Sie gestattet nur geringe Mengen trockenen
Zwiebacks und leichten Wein. Meiner Meinung nach
sollte zur Bantingkur stets auch mäßige aber regelmäßige
Muskelanstrengung: Turnen, Rudern, Wandern, Tanzen ꝛc.
angerathen werden.

Nach dem entgegengesetzten Principe sollte die Kost
eingerichtet werden, wenn ein gesteigerter Fettansatz, überhaupt Organansatz gewünscht wird. Hier müssen — neben
genügend Fleisch — fette und kohlehydratreiche Speisen
vorwalten. Besonders ist Butterbrod zwischen den Mahlzeiten anzurathen. Hier ist auch der Leberthran am Platze,
namentlich bei etwas schwächlichen mageren Kindern. Er
wird am besten im Winter und zwar bald nach dem Frühstück vertragen. Größeren Kindern gibt man einen Eßlöffel
voll, kleineren einen halben Löffel. Die Kinder nehmen
ihn nach einigem Sträuben bald sehr gern. Ein kleines
Stückchen Chokolade nachgegessen vertreibt den Nach-Ge-
schmack. Erwachsene nehmen zwei bis drei Löffel Leberthran, nicht zu viel, da er sonst — namentlich im Sommer —
die Verdauung stört.

Ist der Appetit sehr gering, so muß die nöthige
Nahrung in möglichst kleinem Gewicht gereicht werden; am
besten dient dazu Fett. Oft wird Butterbrod noch vertragen und gern gegessen, während andere Nahrung verschmäht wird. Auch süße, eingemachte Früchte mit viel
Zucker und ähnliches thuen hier oft gute Dienste ebenso

Caviar, Austern. Die letzteren erhalten dadurch noch eine größere Bedeutung als Nahrungsmittel, da sie in reichlicher Menge neben leichtverdaulichem Eiweiß ein Kohlehydrat (Glycogen) enthalten. Ueber den geringen Werth des Suppengenusses wurde schon oben das Nöthigste gesagt.

Bei der Lehre von der Thierernährung ist das Kapitel der Mästung noch viel wichtiger als bei der Ernährung des Menschen. Die Grundsätze wurden oben bei der Bantingkur im Allgemeinen dargestellt. Einiges folgt noch im kommenden Kapitel.

Liebig hat nachgewiesen, daß bei den Herbivoren die im Futter eingeführte Fettmenge nicht, wie Dumas und Boussingault behauptet hatten, hinreiche, die Fettmenge, welche bei der Mästung in den Körperorganen abgelagert wird, zu erklären. Es muß sonach Fett im Körper des Pflanzenfressers aus einer anderen Substanz entstehen. Liebig neigte sich der Meinung zu, daß die Kohlehydrate der Nahrung die „Fettbildner" seien, da sie die Mästung so wesentlich begünstigen. Eine Anzahl neuerer Physiologen glaubte, daß Kohlehydrate und Eiweißstoffe sich an der Fettbildung betheiligen. Hoppe, Seyler und namentlich von Pettenkofer und C. Voit lehren, daß das Fett im Körper nur aus Eiweiß entstehen könne. Danach ist die Rolle, welche die zur Mast (d. h. Fettbildung) unentbehrlichen Kohlehydrate in der Nahrung spielen, eine mehr indirekte.

In den Pflanzen sehen wir dagegen sicher Kohlehydrate in Fette übergehen.

Capitel VI.

Die mechanische Ernährungstheorie.
Stoffverbrauch und Arbeit.

— — —

Die beiden Hauptsätze der mechanischen Ernährungstheorie.

Die Gesammtsumme lebendiger Kräfte, über welche der menschliche Organismus zum Zwecke seiner mechanischen (physiologischen) Leistungen gebietet, wird ihm durch die organische Oxydation der Stoffe geliefert, welche, aus der Nahrung stammend, die Organe und Flüssigkeiten seines Körpers zusammensetzen.

Die Summe der lebendigen Kräfte, welche wir im menschlichen Organismus während einer Zeitperiode thätig sehen: Wärme, Electricität, chemische Kraft, mechanische Bewegung, ist äquivalent der Spannkraftsumme einer gewissen, in letzter Instanz aus der Nahrung stammenden Menge organischer Bestandtheile seines Körpers, welche durch ihre organische Oxydation diese lebendigen Kräfte lieferten. Der Körper lebt d. h. arbeitet auf Kosten der Spannkräfte aller ihm normal zur Verfügung stehenden Stoffe.

Wenn die **Gesammtsumme** der vom Menschenkörper producirten lebendigen Kräfte in einer

Zeitperiode wächst, so entspricht dieser gesteigerten Kraftproduktion eine in äquivalentem Maße gesteigerte, die lebendige Kraft liefernde organische Oxydation der Körperbestandtheile.

Dieser Satz muß als ein aus den grundlegenden Principien der Mechanik sich mit Nothwendigkeit ergebendes Axiom angesprochen werden. Er genügt aber für sich allein nicht, um uns durch die verschlungenen Resultate der Ernährungsversuche hindurchzuleiten. Wir bedürfen zu seiner Beschränkung und Ergänzung noch eines zweiten Hauptsatzes, welchen wir so formuliren können:

Alle innerhalb der Grenzen ihrer normalen physiologischen Lebensbedingungen und Leistungsfähigkeit arbeitenden d. h. lebenden Organe nehmen, genügende Nahrungsmenge vorausgesetzt, **an Masse zu**; alle relativ ungebrauchten Organe nehmen an Masse ab.

Der erste Hauptsatz lehrt uns, daß die verschiedenen Körperstoffe und Nährstoffe sich in Beziehung auf die Gesammtkraftproduktion des Körpers gegenseitig ersetzen, für einander eintreten können in dem Verhältniß der in ihnen enthaltenen, im Organismus frei und verwendbar werdenden Spannkräfte. Wir erfahren durch ihn die Haupt-Quantität der für die Erhaltung der Lebensthätigkeit in einer bestimmten Zeit erforderlichen Nahrungsmenge.

Der zweite Hauptsatz zeigt uns zunächst, daß zu der von dem ersten Hauptsatze geforderten Stoffmenge unter gewissen Umständen noch eine weitere Quantität hinzukommen muß zum Aufbau der Körperorgane. Der zweite Hauptsatz ergänzt also den ersten in Beziehung auf die erforderlichen Nahrungsquantitäten; und er beschränkt ihn

zugleich, indem er zeigt, daß die gegenseitige Vertretung
der einzelnen Nährstoffe nur innerhalb gewisser Grenzen
eintreten kann.   Zum Wachsthum eines Organes ist eine
ganz bestimmte Stoffmischung nothwendig.   Der Hauptmasse nach besteht jedes Organ des animalen Körpers aus:
Eiweißstoffen, Wasser und den Blutsalzen.   Sie sind die
eigentlichen organbildenden Stoffe; sie müssen, wenn die
die Ernährung eine vollständige sein soll, in jeder Nahrungsmischung in genau bestimmten Verhältnissen vertreten sein.

Hat sich in den Leistungen des menschlichen Körpers
ein Beharrungszustand eingestellt, so ist innerhalb der
Grenzen, in welchem sich die verschiedenen Nährstoffe mit
Rücksicht auf ihre mögliche Kraftproduktion vertreten können,
die Quantität seines Stoffbedürfnisses eine konstante.   Seine
Nahrung muß dann auch eine ganz bestimmte Quantität
organbildender Stoffe — Eiweiß, Wasser und Blutsalze —
enthalten, da seine Organe bei ihrer Thätigkeit ebensoviel
von diesen Stoffen verlieren, als sie durch das in Folge
ihrer Arbeitsleistung eintretende Wachsthum wiedergewinnen.

Wird der Beharrungszustand gestört, arbeitet z. B.
ein Organ oder eine Organgruppe, während die Arbeit
der übrigen gleichbleibt, mehr, so verändert sich nicht
nur die für die erhöhte Gesammt-Kraftproduktion erforderliche Spannkraftsumme d. h. Nahrungsmenge, sondern
auch qualitativ sehen wir Veränderungen in der erforderlichen Nahrung eintreten, da die stärker arbeitenden Organe
ein gesteigertes Wachsthum zeigen, welches höher ist als
ihr bei der Arbeit erfolgender Verlust.   Die Summe der
in der Nahrung erforderlichen organbildenden Stoffe wird
dadurch erhöht.   Umgekehrt ist das Verhältniß, wenn ein
Organ oder eine Organgruppe weniger arbeitet, als es
vorhin in dem Beharrungszustand der Fall war.

Bei einem Arbeiter, welcher eine regelmäßig=gleich=
bleibende Summe von Arbeit leistet, tritt ein Beharrungs=
zustand zwischen Leistung und Stoffverbrauch ein. Arbeitet
er im Ganzen[1]) mehr, so verbraucht er nicht nur im All=
gemeinen mehr Nahrung sondern auch im Speciellen z. B.
mehr Eiweißstoffe vornehmlich zur Bestreitung des gestei=
gerten Eiweißbedürfnisses seiner stärker wachsenden Mus=
kulatur. Ganz analog ist der Grund, warum der kindliche
Organismus zu dem lebhaften Allgemeinwachsthum seiner
Organe relativ mehr Eiweißstoffe bedarf als der erwachsene.

1) Der erste Hauptsatz.

Die Experimentalbeobachtung zeigt uns das Stoffbe=
dürfniß des Menschen innerhalb der normalen Grenzen
der Körpertemperatur zunächst geregelt durch sein Kraft=
bedürfniß.

Die physiologische Lebens=Thätigkeit, im mechanischen
Sinne die Arbeit der Organe kann unter eine bestimmte
untere Grenze nicht herabsinken, ohne daß dadurch das
Aufhören des Gesammtlebens bedingt würde. Dadurch ist
das Minimum des Stoffbedürfnisses des Menschen bestimmt.

Dieser unteren Grenze des physiologischen Kraft=
Stoffverbrauchs nähert sich der Mensch an in den krank=
haften Zuständen des „minimalen Lebens". Hiebei

---

1) Wir werden in der Folge sehen, wie der Gesammtstoff=
verbrauch des Organismus durch den normalen „Thätigkeits=
wechsel" der Organe beeinflußt wird. Dadurch, daß ein Organ
oder eine Organgruppe des menschlichen Körpers in einer Zeit=
periode stärker arbeitet, ist nämlich noch keineswegs auch schon
erwiesen, daß die Gesammtarbeitsleistung des Organismus ge=
stiegen ist. Hier sind Compensationen möglich, welche das Re=
sultat wesentlich umgestalten.

ist jede Organthätigkeit auf ihr physiologisch zulässiges Minimum herabgesetzt. Die Funktionen der großen Körperbewegungsorgane werden nicht, oder nur auf das kleinste Maß beschränkt, ausgeübt. Die Körperwärme, die Electricitätserzeugung in Nerv und Muskel sind vermindert. Die ruhenden Muskeln sind schlaff und entbehren fast vollkommen ihrer normalen Ruhespannung (Tonus). Auf die herabgeminderte Athem= und Blutbewegung, auf die herabgesetzte Arbeit der Verdauungsorgane wird der Haupttheil der durch Stoffumsatz disponibel werdenden Arbeitskraft verwendet. Bei dem Menschen sehen wir diesen Zustand des „minimalen Lebens" am häufigsten als sogenannte Altersschwäche oder in Folge schwerer consumirender Krankheiten und langdauernden Hungers auftreten. Eine Reihe von Nervenleiden bringt aber auch bei jugendlichen Personen eine äußerste Herabminderung aller Lebensfunktionen hervor. Und Claud Bernard, der berühmteste lebende Physiologe Frankreichs, hat uns gelehrt, daß ein solches minimales Leben durch Verletzungen gewisser oberer Abschnitte des Rückenmarks an Thieren experimentell hervorgerufen werden kann. Die Thiere leben nach diesen Verletzungen fort aber mit dem minimalen Stoffbedürfniß kaltblütiger Organismen.

Unsere Kenntnisse über die Bedingungen des „minimalen Lebens" haben in der neuesten Zeit durch Pflüger's Untersuchungen eine sehr wesentliche Erweiterung erfahren. Dem ersten Hauptsatz der mechanischen Ernährungstheorie entsprechend fand er bei gesunden animalen Organismen den Stoffverbrauch abhängig vor allem von der cerebrospiralen Reizung, d. h. von der normal durch die Thätigkeit der Centralorgane des Nervensystems regulirten mechanischen Arbeitsleistung des Organismus.

Es ist bekannt, daß die Zersetzungen und Oxydationen organischer und organisirter Gebilde bei höherer Temperatur rascher d. h. mit geringerem Kraftverbrauch vor sich gehen.

Bei Thieren, welche Pflüger nach der Bernard'schen Methode künstlich kaltblütig gemacht hatte, die nach dieser Operation, welche den Einfluß der nervösen Centralorgane der Hauptsache nach vernichtet, in den Zustand des minimalen Lebens versetzt waren, fand er diesem Gesetze entsprechend die Größe des Stoffverbrauchs innerhalb gewisser Grenzen fast ausschließlich regulirt durch die Temperatur des Gesammtkörpers und seiner Organe. Künstliche Erhöhung der Körper=Temperatur bringt in diesem Zustande eine Vermehrung, Verminderung der Temperatur dagegen eine Herabsetzung des Stoffverbrauches hervor.

Bei dem gesunden animalen Organismus kann sich diese Beeinflussung des Stoffumsatzes durch die Temperatur wenig bemerklich machen, meist schon darum nicht, weil er im Stande ist, seine Eigentemperatur durch die ihm zu Gebote stehenden Regulationsmittel in ziemlich engen Grenzen constant zu erhalten. Aber es ist sehr beachtenswerth, daß, wenn diese Wärme=Regulation wegfällt, der Stoffumsatz im lebenden Organismus denselben Gesetzen folgt, wie sie bisher nur für Organe constatirt waren, welche dem Gesammtlebenseinfluß entzogen wurden.

Diese Beobachtung wirft ein erfreuliches Licht auf die häufig beobachtete relative Herabsetzung der Körpertemperatur bei ausgesprochenen Fällen minimalen Lebens. Die hiebei beobachtete Verminderung des Stoffverbrauchs findet dadurch eine wesentliche Erklärung. Umgekehrt erscheint uns der gesteigerte Stoffverbrauch im Fieber, welches mit einer erhöhten Körpertemperatur und oft mit

mangelnder Energie der Thätigkeiten der nervösen Centralorgane einhergeht, in einem neuen Lichte. Und wir dürfen
nicht mehr unbeachtet lassen, daß auch im normalen thierischen Organismus die inneren Organe z. B. die Leber,
deren Stoffumsatz ein relativ so bedeutender ist, eine höhere
Eigentemperatur besitzen, als die peripherischen Organe.
Auch zeigen Kinder, namentlich neugeborene eine normal
etwas höhere Temperatur als Erwachsene was ihren
Stoffverbrauch beeinflussen d. h. relativ erhöhen muß.

Bei einem arbeitskräftigen aber ruhenden
Menschen ist die innere Arbeit der Organe im Verhältniß zu dem minimalen Leben sehr beträchtlich gesteigert.
Die Thätigkeit der Apparate des Athmens, des Kreislaufs, der Verdauung und Absonderung ist bei ihnen eine
beträchtlichere. Die Wärme- und Electricitätsentwickelung
erreicht einen höheren Stand. Die ruhenden Muskeln
sind nicht schlaff, sondern zeigen eine energische Ruhespannung (Tonus). Der Stoffverbrauch eines solchen
arbeitskräftigen menschlichen Organismus ist daher auch
bei Muskelruhe ein viel beträchtlicherer als in dem erst
besprochenen Falle, er ist äquivalent der in diesem Zustande erhöhten Produktion lebendiger Kräfte gesteigert.

Es gibt ein einfaches Mittel, die Kraftproduktion des
arbeitsfähigen Organismus bei Muskelruhe experimentell
sehr beträchtlich herabzusetzen. Auch bei dem arbeitskräftigen Menschen fällt bei Muskelruhe ein Haupttheil des
Kraftverbrauches auf die physiologische Arbeit der Organe,
welche der Athmung, der Cirkulation der Säfte, der Verdauung, der Ausscheidung vorstehen. Reichen wir einem
solchen Organismus keine Nahrung, lassen wir ihn hungern,
so ist er während des zweiten Hungertages, während der
zweiten 24 Stunden nach der letzten ausreichenden Nah-

rungsaufnahme, wie ich an mir selbst mehrfach beobachtet
habe, in dem Gefühle seiner Arbeitsfähigkeit, hervorgehend
aus dem normalen Fortgang der Mehrzahl der physiolo=
gischen Hauptfunktionen, noch nicht wesentlich herabgesetzt.
Die Verminderung der Organarbeit in der Mehrzahl der
Organe ist dann noch eine relativ geringe, dagegen ist die=
jenige Arbeitsgröße vollkommen ausgeschaltet, welche bei
einer normalen Nahrungsaufnahme für die Verdauung
der Speisen, für ihre Ueberführung in das Blut noth=
wendig ist.

Der hungernde Organismus leistet eine
absolut geringere Arbeit als derselbe Körper
bei normaler Ernährung. Dieser verringer=
ten Arbeit äquivalent sehen wir den Stoff=
verbrauch bei mangelnder Nahrungsaufnahme
herabgesetzt, dagegen finden wir bei Arbeit der
Verdauungsorgane durch Nahrungsaufnahme
den Stoffverbrauch in einem vor allem der
geleisteten Verdauungsarbeit äquivalentem
Maße gesteigert.

Etwas komplicirter, aber im Allgemeinen analog ge=
stalten sich die Verhältnisse, wenn wir denselben Menschen=
körper einmal bei möglichst vollkommener Muskelruhe ein
andermal bei starken mechanischen Leistungen seiner Stamm=
muskulatur auf seinen Stoffumsatz untersuchen. Auch hier
beobachten wir eine bedeutende Steigerung der Stoffzer=
setzung, welche der wahren bei der Muskelarbeit ein=
tretenden Steigerung der Kraftproduktion, welche von dem
Thätigkeitswechsel der Organe regulirt wird, äquivalent ist.

Der Stoff= und Kraftwechsel des Gesammtorganismus
ist eine Summe, welche sich aus den physiologischen Funk=
tionen aller Körperorgane zusammensetzt. Die einzelnen

Organe des Menschenkörpers tragen aber zu dieser Summe in sehr verschiedenem Grade bei.

Die Drüsen und unter diesen namentlich die Leber betheiligen sich an dem Stoff- und Kraftwechsel in relativ weit energischerer Weise als das Hautgewebe, die Knochen das Blut oder auch die ruhenden Muskeln und Nerven.

Das Verhältniß der Organe, zu denen wir auch die Blutmenge rechnen, zu einander und zu dem Gesammt- körper ist namentlich nach dem Gesetze, daß die stärker arbeitenden Organe eine stärkere Entwickelung zeigen, in den einzelnen Individuen nach Alter und Geschlecht aber auch je nach der physiologischen Arbeitsleistung, welche das Individuum von einer oder der anderen Organgruppe verlangt, wesentlich verschieden. In der Jugend ist eine relativ überwiegende Entwickelung der Drüsenorgane, da- gegen im erwachsenen Alter der Bewegungsorgane vor- handen. In analoger, aber nicht so stark hervortretender Weise ergibt sich ein Unterschied zwischen männlichen und weiblichem Geschlecht im erwachsenen Alter, der Mann zeigt eine relativ stärkere Entwickelung seines Gesammt- bewegungsapparates. Aber auch innerhalb des gleichen Alters und Geschlechts finden sich zwischen den einzelnen Individuen ganz entsprechende Unterschiede. Bei einem kräftigen Arbeiter mit starker Muskelthätigkeit, sind die Muskeln, bei einem gemächlichen Lebemann, dessen Haupt- thätigkeit in der Verdauung der übermäßig reichlich ge- nossenen Nahrung besteht, sind ihrer gesteigerten Arbeits- leistung entsprechend, die Verdauungsdrüsen besonders kräftig entwickelt. Die sitzenden Berufsarten der gelehrten Stände halten die normale Muskelentwickelung hintan, ebenso die sitzende Beschäftigung der Handwerker, zu deren Berufserfüllung zum Theil nur eine sehr geringe oder einseitige Muskelleistung erforderlich ist. Das Verhältniß der wichtigsten Körperorgane zu einander sehen wir daher nach Ständen und Berufsklassen schwanken. Dieselben Schwankungen zeigt auch das Einzelindividuum zu ver= schiedenen Zeiten je nach seiner vorwiegenden Beschäfti= gungsweise. Der Gelehrte, welcher seinen geschwächten Körper in den Ferien durch Muskelanstrengung zu neuer Geistesarbeit stählt, der Schneider, der im Militärdienst die sitzende Lebensweise mit einer alle Körpermuskeln in starke Thätigkeit versetzenden Beschäftigung vertauscht, ver= ändern durch stärkere Ernährung ihrer stärker arbeitenden Muskeln das bisher bestandene relative Verhältniß ihrer Körperorgane zu einander.

Dadurch wird die Gesammtsumme der vom Körper geleisteten Arbeit und damit der Stoffverbrauch und das Nahrungsbedürfniß auf das energischste beeinflußt.

Die Nahrungsmenge, welche den Organismus in dem vorigen Zustande erhielt thut das bei einem veränderten Zustand des Körpers nicht mehr, sie ist zu gering oder zu reichlich; sie muß den veränderten Körper=Verhältnissen angepaßt werden. Setzen wir experimentell der Nahrungs= aufnahme als Aufgabe, den Körper in dem im Augenblick bestehenden Zustande zu erhalten, so ist die Nahrungs= menge, welche wir dazu bedürfen nach den wechselnden Organverhältnissen des Individuums, nach Alter, Geschlecht, Beruf, wenn wir das gleiche absolute Körpergewicht der verglichenen Personen unserer Beurtheilung zu Grunde legen, ein sehr verschiedenes.

Der kräftige Körper eines ohne Muskelarbeit be= schäftigten Gelehrten verbraucht dann absolut weit weniger Stoff als der gleichschwere, gleichzusammengesetzte Körper eines muskelthätigen Arbeiters. Der letztere würde in

der Sonntagsruhe weniger Stoff bedürfen als während
der Arbeitstage der Woche, wenn er nicht seine ausfallende
Muskelarbeit mit Hülfe des Sonntagsschmauses durch eine
gesteigerte Thätigkeit seiner Verdauungsdrüsen compensiren
würde. Der Fresser, welcher seinen Drüsenapparat zu den
höchsten, an die Grenze des Physiologischen streifenden, oder
diese überschreitenden Arbeitsleistungen veranlaßt, verbraucht
für diese mehrgeleistete Arbeit nicht nur mehr Stoff als
der Mäßige bei Muskelruhe, sondern oft auch mehr als
der Arbeiter, da die Drüsenthätigkeit relativ mehr Kraft
und Stoff verbraucht als die Muskelthätigkeit.

Die überreichliche Mahlzeit zu verdauen, erfordert von
dem menschlichen Organismus eine angestrengte Arbeitsleistung; die Kraftmenge, welche zu derselben erforderlich
ist, wird von dem durch die Nahrung in reichlichster
Masse den Säften des Organismus zugemischten oxydirbaren
Material geliefert. Durch die gesteigerte, den Verdauungsorganen zugemuthete Arbeit steigert sich daher der Stoffverbrauch, so daß wir diesen bis zu einer gewissen Grenze
mit der Stoffaufnahme ansteigen sehen. —

Aus dem Gesichtspunkte, daß die Nahrung in erster
Linie den Kraftverbrauch des Organismus zu decken habe,
ergibt sich uns eine erste Werthbestimmung der einzelnen
Nahrungsstoffe für den menschlichen Organismus:

Je mehr Spannkräfte ein bestimmtes Gewicht Nahrung in den Organismus einführt, welche in dem Organismus frei und verwendbar werden, desto
größer ist der Ernährungswerth dieser Nahrung.

Wir haben wiederholt darauf aufmerksam gemacht, daß
bei Betrachtung gleicher Gewichte die Summe von Spannkräften, welche den hauptsächlichsten Nährstoffen des
Menschen zukommt, eine sehr verschiedene ist. Wasser,

Kochsalz, die übrigen Blutsalze, eine Anzahl der Genuß=
mittel und Gewürze, führen so gut wie gar keine Spann=
kräfte in den Organismus ein, welche derselbe zu seiner
Arbeitsleistung frei und verwendbar machen könnte. Durch
die im Körper oxydirt werdenden organischen Basen wird
jedenfalls nur eine minimale Kraftmenge dem Organismus
geliefert. Größer ist schon die Betheiligung an der Ge=
sammtkraftproduktion, welche den in der Nahrung einge=
führten organischen Säuren zukommt, soweit sie der Or=
ganismus zur Bestreitung seines Stoff= und Kraftwechsels
zu verwerthen vermag.

Die Hauptsumme von Spannkraft, über welche der
Mensch gebietet, wird ihm durch die Fette und die Kohle=
hydrate (Stärkemehl und Zucker) durch den Leim und das
Eiweiß und seine Verdauungsprodukte (die Peptone) in
der Nahrung zugeführt.

Frankland hat die Kraftsummen direkt gemessen, welche
bei der vollständigen Oxydation der Hauptnahrungsstoffe
des Menschen lebendig werden. Wir haben oben seine
absoluten Werthe angeführt.

Setzen wir die durch die Verbrennung eines bestimm=
ten Gewichtes von Zucker lebendig werdende Kraftsumme
= 100, so ergeben sich aus jenen Bestimmungen folgende
abgerundete relative Werthe:

Rohrzucker	=	100	lebendige Kraft (bei Verbrennung)
Ochsenfett	=	270	„ „ „ „
reines Eiweiß	=	150	„ „ „ „

Der Leim, für den wir noch keine direkten Kraftbe=
stimmungen besitzen, schließt sich auf das Genaueste an das
Eiweiß an; wir können ohne einen wesentlichen Fehler zu
fürchten, die Kraft=Größen beider Substanzen gleich an=
nehmen. Frankland fand die Verbrennungswärme der

reinen Ochsenmuskelfaser, welche der Hauptmasse nach aus
leimgebendem Bindegewebe und Eiweißstoffen besteht, nicht
kleiner als die des reinen Eiweißes, was unsere eben aus=
gesprochene Annahme zur Gewißheit zu erheben scheint.
(Dasselbe gilt von den Peptonen.)

Eiweiß und Leim führen also als Nahrung genossen
um 50%, Fett um 170% mehr Spannkräfte in den
menschlichen Organismus ein als Rohrzucker.

Es wäre aber ein gewaltiger Irrthum, wenn wir
annehmen würden, daß sich diese Hauptnahrungsmittel in
den eben mitgetheilten Verhältnissen nun auch wirklich an
der Kraftproduktion des Menschenkörpers betheiligen.

Nicht ihre absolute Spannkraftsumme ist der Werth=
messer der Nahrungsstoffe, sondern die Summe von leben=
diger Kraft, welche aus dieser absoluten Spannkraftsumme
stammend im menschlichen Organismus wirklich zur Wirk=
samkeit kommt.

Bei der Verwendung des Eiweißes, der Peptone und
des Leims zur Ernährung ist diese Einschränkung zum
Theil sofort verständlich. Beide werden im Organismus
nicht vollkommen bis zu ihren letzten Oxydationsprodukten
verbrannt, wie in Frankland's Versuchen. Ihr Stickstoff ver=
läßt der Hauptmasse nach als Harnstoff (Urea), also in einer
organischen Verbindung den Körper wieder mit einer nicht
unbeträchtlichen Spannkraftsumme, welche sonach von der
Gesammtkraftsumme des Eiweißes und Leims als nicht im
Organismus lebendig und verwendbar werdend abgezogen
werden muß.

Während das Eiweiß in runder Summe 5000 Wärme=
einheiten durch vollkommene Oxydation zu liefern vermag,
besitzt nach Frankland ein gleiches Gewicht Harnstoff
2200 Wärmeeinheiten. 100 Theile Eiweiß liefern, wenn

wir allen Stickstoff in Harnstoff umgewandelt denken,
30,3 Theile Harnstoff. Die in ihm enthaltene Kraftsumme
(669 W. E.) von der das Eiweiß abgerechnet, ergibt als
Rest 4329 W. E. Das Werth-Verhältniß zum Rohrzucker sinkt schon dadurch für Eiweiß, Peptone und Leim
von 150 : 100 auf 126 : 100.

Das Fett und der Zucker werden durch die oxydiren-
den Einflüsse des lebenden Organismus gerade auf in
Kohlensäure und Wasser verwandelt, wie bei vollkommener
Verbrennung außerhalb des Organismus. Aber auch bei
ihnen kommt für die physiologische Arbeitsleistung des
Körpers keineswegs ihre ganze Spannkraftsumme zur
Verwendung.

Zur Verdauung jeder Nahrung ist, wie wir oben gesehen haben, ein bestimmter Kraftaufwand erforderlich.
Von der absoluten Kraftsumme jedes Nahrungsstoffes
muß daher die Kraftsumme abgerechnet werden, welche zu
ihrer Verdauung theils als mechanisches Ergreifen, Kauen,
Schlucken und Darmbewegungen, Aufsaugung, theils als
Arbeit der Verdauungsdrüsen erfordert wird.

Dieser durch innere Arbeit sich verzehrende Kraftan-
theil ist, da die Verdauungsarbeit für jeden Stoff eine
verschiedene Kraftsumme verbraucht, für jeden Nahrungsstoff verschieden.

Das Publikum unterscheidet wie der Physiologe schwer-
verdauliche Nahrungsstoffe von leichtverdaulichen, das heißt
solche Stoffe, deren Verdauung eine größere, von solchen
bei denen sie eine kleinere Arbeit oder Kraftsumme verzehrt.

Alle Fettsorten sind relativ schwer verdaulich, wenn
wir sie mit dem Zucker vergleichen. Während das Fett
zu seiner Ueberführung in die Säftemasse des lebenden
Körpers die Leber, das Pankreas, die Darmdrüsen in

lebhafte Thätigkeit setzt, tritt der Zucker (wenn wir von
seiner theilweisen Zerlegung in Milchsäure absehen) in
einfacher physikalischer Lösung unter mechanischer Mitwirkung der Bewegungen des Verdauungsapparates theils
durch die Wirkung der Endosmose theils durch die Pump-
vorrichtungen des Darmkanals angesogen in die Säftemasse des Körpers ein.   Der Kraftverbrauch für seine
Aufnahme ist daher zwar nicht = 0, aber er ist, da,
abgesehen von der Arbeit der Verdauungsdrüsen, dieselben
Leistungen wie zur Zuckeraufnahme auch noch zur Aufnahme des Fettes erforderlich sind, weit geringer als der
bei der Fettverdauung.

Das Fett scheint auch schwerer verdaulich als das
Eiweiß und der Leim.   Wir werden zwar hören, daß die
Albuminate, welche in geronnenem Zustande als Nahrung
aufgenommen werden, zu ihrer Lösung und zu ihrer theilweisen Ueberführung in Peptone ebenfalls eine nicht unbeträchtliche Thätigkeit der Magendrüsen, des Pankreas
und der Darmdrüsen erfordern, der Kraftaufwand scheint
hiebei jedoch nach den Erfahrungen über Verdaulichkeit
unter jenem für Fett nöthigen zu bleiben.   Aber das ist
gewiß, daß von dem wahren Ernährungswerth sowie bei
allen Nahrungsstoffen so auch bei dem Eiweiß die für seine
Verdauung erforderliche Kraftsumme noch abgezogen werden muß, so daß sein Verhältniß zum Ernährungswerth
des Zuckers noch weiter herabgesetzt wird, als es schon
durch den Abzug des Harnstoffs geschah.   Der Meinung
der Physiologen nach spaltet sich das Eiweiß im Organismus, ehe seine Elementarstoffe der Oxydation unterliegen,
in einen stickstoffhaltigen (Harnstoff 2c.) und einen stickstofffreien Antheil (Fett, Glycogen, Zucker 2c.).   Derartige Tren-
nungen (Spaltungen) organischer Stoffe erfordern Kraft.

Diese zur Trennung verwendete Kraftsumme würde sonach auch noch von der Gesammtspannkraftsumme des Eiweißes abzurechnen sein. Analog wie mit dem Eiweiß verhält es sich mit dem Leim.

Die Kraftsumme, mit welcher sich die Nahrungsstoffe an der physiologischen Arbeit des Organismus zu betheiligen vermögen, ihr wahrer mechanischer Nahrungswerth ist daher niemals der Kraftsumme einfach proportional, welche bei ihrer vollkommenen Oxydation außerhalb des Körpers frei und lebendig wird. Bei allem findet ein relativ beträchtlicher Kraftabzug statt, welcher da er für die verschiedenen Stoffe ein sehr verschiedener ist, die Werth = Verhältnisse wesentlich umgestaltet.

Man kann daher den wahren Nahrungswerth eines Stoffes nur durch Ernährungsversuche feststellen, da die Größen, welche auf denselben von Einfluß sind, sich bisher wenigstens der Rechnung noch fast vollkommen entziehen.

Man hat vielfach den Nahrungswerth der Nährstoffe mit dem Heizwerth verschiedener Brennstoffe bei gleichbleibender Heizeinrichtung verglichen. Um den höchsten Heizeffect der verschiedenen Brennmaterialen zu erzielen, muß die Heizeinrichtung für jede eine verschiedene sein. Eine Heizeinrichtung, welche für Holzverbrennung berechnet ist, gibt für Steinkohlen und Koks einen geringeren Heizeffekt als es der bei einer zweckmäßigeren Verbrennung verwendbar werdenden Spannkraftsumme dieser Stoffe entsprechen würde. Den wahren Heizeffekt müssen wir also für eine gegebene Heizeinrichtung ebenso erst durch das Experiment bestimmen, wie den wahren Nährwerth der Nahrungsstoffe für die gegebenen physiologischen Einrichtungen des menschlichen Verdauungsapparates.

Man könnte nun glauben, aller Kraftverlust, welcher

sich durch die Verdauung der Nahrungsmittel im Ver=
dauungsapparat einstellt, müßte dann vollkommen weg=
fallen, wenn der hungernde Organismus von den Stoffen,
von Eiweiß und Fett 2c., zehrt, welche in seinen Organen
abgelagert sind. Das ist aber keineswegs der Fall.

Die Auflösung und Ueberführung der Organstoffe in
die Säftemasse des Körpers, wie sie den physikalischen
Bedingungen entsprechend in erhöhtem Maße im Hunger
erfolgt, wodurch an Stelle der mangelnden Nahrungsstoffe
der Kraftverbrauch des Körpers gedeckt wird, beruht inner=
halb der Organe auf einer wahren Verdauung. In allen
Organen finden sich die gleichen Verdauungsfermente und
unter ihrer Einwirkung die gleichen Verdauungsvorgänge
wie wir sie in jenen Verdauungsorganen eintreten sehen,
welche die Ueberführung der Nahrung in die Säftemasse des
Körpers vermitteln. Bei allen Organen kommt hiebei zur
chemischen Arbeit noch mechanische Kraftleistung hinzu. Da=
durch wird auch der wahre Nährwerth der bei Hunger lediglich
aus dem Körper selbst stammenden Nährstoffe herabgesetzt.

Für den Menschen sind die vergleichenden Bestim=
mungen des wahren Nährwerthes der Nährstoffe die
Bestimmungen der durch ihre Aufnahme im Körper ver=
wendbar werdenden Spannkräfte noch nicht ausgeführt.

Für den Hund haben v. Pettenkofer und Voit das
Verhältniß der wahren Nährwerthe des Zuckers und Fettes
wie 100 : 170 direkt bestimmt. Der wahre Nährwerth des
Eiweißes (der Peptone) und des Leims liegt zwischen
diesen beiden Größen, nach der obigen Betrachtung näher
am Zucker, von dem er nur wenig verschieden scheint.
Leider können wir diesen Werthen für die Beurtheilung
der Nährwerthe der Haupt=Nährsubstanzen für den Menschen
noch keine vollkommene Sicherheit zuerkennen.

Die Verdauungsapparate des Hundes sind nicht für die Zuckeraufnahme physiologisch eingerichtet. Der Nährwerth desselben muß daher für den Hund geringer ausfallen als für einen Organismus, welcher wie der Mensch für gemischte Nahrung eingerichtet ist, noch mehr für den Pflanzenfresser, dessen in Anspruch genommene Organe speciell der Zuckernahrung entsprechen.

Der Zucker bringt, wenn er in größeren Mengen genossen wird, dadurch, daß er sich in Magen und Darm theilweise in Milchsäure umsetzt, bei Hunden eine Reizung der Darmschleimhaut mit reflectorischer Verstärkung der Darmbewegungen und der Thätigkeit der Verdauungsdrüsen hervor. Schon die dadurch hervorgerufene Verdauungsstörungen setzen die durch die Zuckeraufnahme dem Organismus zur Verfügung gestellte Kraftsumme herab. Diese reflectorische Reizung der Verdauungsnerven durch Zucker fällt bei dem Pflanzenfresser geringer aus als bei dem Hunde, der Mensch steht zwischen Fleisch- und Pflanzenfresser mitten inne. Das Ernährungsäquivalent des Zuckers wird für den Menschen daher zwar kleiner als für den Pflanzenfresser aber größer als für den Fleischfresser ausfallen und damit muß sich auch das Ernährungsäquivalent der übrigen Nährstoffe auf Zucker bezogen ändern. Immerhin dürfen wir vorläufig, so lange direkte Bestimmungen fehlen, die v. Pettenkofer-Voitschen Aequivalentwerthe für Zucker und Fett auch für den Menschen benützen.

Die Wirkung, welche die aus der Zuckergährung hervorgehende Milchsäure auf den Kraftverbrauch des animalen (menschlichen) Organismus ausübt, führt uns zur Betrachtung der Rolle, welche den Gewürzen, den Genußmitteln, dem Wasser, den Salzen im Stoff- und Kraftwechsel des Körpers zukommt.

Wir haben oben ausgesprochen, daß sie keine oder wenigstens so gut wie keine Spannkräfte in den Organismus einführen, welche derselbe durch organische Oxydation zu seiner Arbeitsleistung frei und verwendbar machen könnte.

Alle diese Stoffe vermehren durch ihre Zufuhr in der Nahrung den Kraftverbrauch und dadurch den Stoffverbrauch des Organismus.

Das Wasser bedarf wie alle Nahrungsmittel zu seiner Bewegung in den Verdauungsorganen, zu seiner Aufsaugung eine bestimmte Kraftsumme. In die Säftemasse aufgenommen, vermehrt es die zur Cirkulation derderselben im Blutgefäßsystem, im Lymphgefäßsystem, im intermediären Kreislauf durch die Organe nothwendige mechanische Kraftsumme. Die Ausscheidungsthätigkeit der Drüsen, wie ich experimentell bewiesen habe: der Leber und Nieren, wird gesteigert. Alle exacten Beobachtungen über den Einfluß der Wasseraufnahme auf den Stoffverbrauch haben dem entsprechend eine Steigerung des letzteren ergeben.

Analog gestalten sich die Verhältnisse für den Genuß des Kochsalzes, überhaupt für den Genuß der Blutsalze. Sie bringen wie die Milchsäure eine reflectorische Erregung namentlich der Darmnerven und der Nerven der Verdauungsdrüsen hervor, welche wir die günstigsten Wirkungen auf die Verdauung der gleichzeitig genossenen Nährstoffe ausüben sehen. Aber da sie selbst keine Spannkräfte einführen, welche durch organische Oxydation frei und verwendbar werden können, so steigern sie äquivalent der durch sie erhöhten mechanischen Leistung des Organismus seinen Stoffverbrauch. Wir wissen dem entsprechend durch die Beobachtungen C. Voit's, daß durch Kochsalz

der Stoffverbrauch vermehrt wir. Es ist bekannt, daß ein
Uebermaß von Salzgenuß durch eine das Maß des Phy=
siologische übersteigende Erregung der Verdauungsnerven
ganz ähnliche Folgen herbeiführt, welche wir oben für die
Milchsäure angegeben haben.

Die Wirkung der Gewürze haben wir der physio=
logischen Wirkung des Kochsalzes entsprechend gefunden.
Die Beeinflussung des Kraft= und Stoffwechsels durch die
Gewürze muß daher in dem gleichen Sinne erfolgen wie
durch das Kochsalz. Doch dürfen wir nicht vergessen, daß
ein Theil der als Gewürze bezeichneten Stoffe dem Or=
ganismus noch eine bestimmte meist kleine Kraftsumme
durch organische Oxydation liefert.

Ein Theil der Genußmittel z. B. die wirksamen
Agentien der Fleischbrühe: Kreatinin, Milchsäure, phos=
phorsaures Kali ꝛc. wirken in dem Sinne des Kochsalzes.
Bier, Wein, Kaffee, Thee, Chokolade enthalten ebenfalls
die Blutsalze, welche in dem oben dargestellten Sinne den
Stoff= und Kraftwechsel beeinflussen. Die physiologische
Wirkung des Alkohols und der organischen Basen der
warmen Volksgetränke haben wir im Allgemeinen schon
kennen gelernt. Auch sie können danach zunächst den
Stoffverbrauch nur steigern, da sie die physiologische Ar=
beitsleistung des Organismus erhöhen. Hier treten aber,
wie wir sahen, vorzüglich deutlich bei habituellem Genuß
noch Nebenwirkungen namentlich auf das gesammte Ner=
vensystem und die Verdauungsorgane auf, welche schließlich
zu einer Herabsetzung der Gesammtlebensthätigkeit und
damit des Stoffverbrauchs des Organismus führen.

Sehen wir hier von diesen schon jenseits der Grenz=
marken des Physiologischen liegenden Wirkungen ab, so
haben wir allen den ebenbesprochenen Nährstoffen in Be=

ziehung auf die eigentliche Kraftzufuhr für den Organis=
mus nur einen negativen Werth zuzuerkennen. Ihre
günstigen Wirkungen auf die Ernährung beruhen zum
größten Theil auf einer Steigerung der physiologischen
Thätigkeit des Organismus, welche zwar mit erhöhtem
Kraft = und Stoffverbrauch verbunden ist, aber die Auf=
nahmsfähigkeit des Organismus für wahrhaft kraftliefernde
organische Stoffe vermehrt.

Der civilisirte Mensch ist durch die Art seiner Er=
nährung an eine bis zu einem gewissen Grade „reizende"
Kost gewöhnt. Obwohl die normalen Nahrungsmittel des
Menschen an sich schon „reizende" Einwirkungen auf seine
Verdauungsnerven ausüben, theils einfach mechanisch,
theils durch die in ihnen enthaltenen nervenerregenden
Stoffe: Zucker, Säuren, Blutsalze, Extractivstoffe 2c., so
fanden wir einen Zusatz von stärkeren Nervenreizmitteln
z. B. Kochsalz und Gewürze namentlich für das vorge=
rücktere Alter, in welchem die Nervenerregbarkeit im All=
gemeinen herabsinkt, für eine möglichst günstige Ernährung
unentbehrlich.

Man hat die Wirkung der betreffenden Stoffe mit
der des Maschinenöles verglichen, welches der Maschine
selbst keine Kraft für ihre Bewegung zuführt aber durch
Verminderung der inneren Reibung ihre für äußere Arbeit
disponible Kraftsumme vermehrt. Man kann sich ihre
Betheiligung an der Ernährung vielleicht noch klarer ver=
anschaulichen, wenn man sie mit den Klappen vergleicht,
welche den Luftzutritt bei der oben zum Vergleich heran=
gezogenen Heizvorrichtung reguliren. Bei schwer verbrenn=
lichem Heizmaterial wird durch die weitere Eröffnung der
Klappen die Verbrennung zu einer vollständigeren, weniger
Kohlentheile bleiben unverbrannt, die Ausnützung des

Brennmaterials ist eine vollkommenere, die durch die Ver=
brennung gelieferte Kraftsumme eine größere. In analoger
Weise steigern die Salze, Gewürze und Genußmittel die
Ausnützung der genossenen Nährstoffe, indem z. B. diesen
unter ihrer Mitwirkung in reichlicherem Maße die Ver=
dauungssäfte zuströmen, welche die Aufnahme der Näbr=
stoffe in die Säftemasse des Organismus und damit die
Möglichkeit ihrer Verwerthung für den Kraftverbrauch
desselben vermitteln.

2) Die Ausnützung der Nährstoffe.

Man hat bisher die Frage über die Ausnützung der
Nährstoffe im Verdauungskanal vielfach mit der Frage
über das Nahrungsäquivalent der Nährstoffe vermengt.
Wenn sich auch beide Fragen bei der Lösung praktischer
Ernährungsaufgaben gleichzeitig aufdrängen, so erfordern
sie theoretisch doch eine entschiedene Trennung.

Die Ausnützung der verschiedenen Nahrungsmittel
finden wir bei verschiedenen Organismen sehr verschieden.

Der Darm des Hundes ist nicht für vegetabilische,
der Darm des Pflanzenfressers nicht für animalische Nah=
rung physiologisch organisirt. Der Mensch steht in dieser
Beziehung zwischen beiden.

Das Heu und Gras, mit welchem sich der Pflanzen=
fresser ernährt, haben in der Form, wie dieser sie auf=
nimmt, für den Fleischfresser und den Menschen kaum eine
Bedeutung als Nahrungsmittel, da diese Stoffe für die
Verdauungsorgane der letzteren so gut wie unverdaulich
sind. Die reichlichen organischen Nährstoffe im Gras und
Heu sind in feste aus Cellulose, Zellstoff gebildete Zell=
hüllen eingeschlossen. Der Zellstoff, welchen die Verdau=
ungsorgane des Pflanzenfressers (oft nur unter Mitwir=

kung des Wiederkäuens) zu lösen vermögen, ist für den
Fleischfresser und den Menschen in ihren gröberen Formen
so gut wie ganz unlöslich. Die in Zellstoff eingeschlossenen
Nährstoffe können für den Menschen daher nicht zur Ver=
wendung kommen.

Dieses Beispiel gibt uns Anhaltspunkte für die erste
Beurtheilung der Ausnützungsfrage. Stoffe, denen ein
hohes Ernährungsäquivalent zukommt für animale Orga=
nismen, welche sie auszunützen vermögen, haben gar keine
oder eine geringe Bedeutung als Nährmittel für andere
Organismen, für die sie unverdaulich sind, bei denen sie
den Körper vollkommen oder theilweise unverändert wieder
verlassen.

Wenn wir ein Thier Eiweiß, Fett und Zucker in
einer Platinbüchse verschlossen als Nahrung verschlucken
lassen, so kommen diese werthvollen Ernährungsstoffe nicht
zur Wirkung, sie sind praktisch werthlos. Der Platinbüchse
wirkt für den Menschen eine Büchse aus gröberem Zell=
stoff, ein Einschluß der Nährstoffe in feste Zellhüllen voll=
kommen analog.

Für die rationelle Ernährung des Menschen müssen die
Zellhüllen der meisten Pflanzenzellen mechanisch gesprengt,
die darin enthaltenen Stoffe vollkommen befreit werden.

Das ist der Sinn, warum wir für den Menschen die
Körnerfrüchte zu dem feinsten Mehle verarbeiten; warum
wir durch Kochen mit Wasser oder durch trockenes Er=
hitzen die Zellhüllen zu zerstören suchen, in welche die
Nahrung solcher Früchte eingeschlossen ist. Je feiner die
Bearbeitung des Mehles, desto vollkommener sind die in
ihm enthaltenen Nährstoffe befreit, desto reichlicher ver=
mag sie daher der Mensch aufzunehmen. Feineres Mehl
ist daher viel verdaulicher als gröberes, grobkörniges.

Durch Nichtbeachtung dieser Verhältnisse kann praktisch der Nährerfolg einer Nahrung, welche chemisch alle erforderlichen Nährstoffe enthält, sehr bedeutend herabgesetzt werden.

Das aus grobkörnigem Mehle gebackene Westfälische Schwarzbrod, der Pumpernickel, wird aus den ganzen grobgemahlenen Körnern mit der Kleie ähnlich demjenigen Brode bereitet, welches vor Jahrtausenden die Bewohner der Pfahldörfer genossen, von dem wir bekanntlich noch Reste besitzen. Wenn wir allein die in ihm chemisch nachweisbaren Substanzen in's Auge fassen, sollte es nahrhafter sein als Weißbrod, welches (meist) weniger Eiweißstoffe enthält aber aus den feinsten Mehlsorten hergestellt wird.

Durch die Untersuchungen Ab. Mayer's wissen wir aber, daß der Mensch aus einem gleichen Gewicht Weißbrod weit mehr Nährsubstanzen aufzunehmen vermag als aus dem Pumpernickel; er muß also von dem letzteren entsprechend mehr an Gewicht aufnehmen, um die gleiche Nahrungsmenge daraus ziehen zu können. Schwarzbrod aus feinem Mehle dargestellt, welches chemisch die gleiche Zusammensetzung besitzt wie der Pumpernickel, dessen mechanische Bearbeitung aber eine rationellere ist, hat wirklich nach den Beobachtungen desselben Forschers einen seiner chemischen Stoffmischung entsprechenden höheren Nahrungswerth als das Weißbrod.[1] Um sich einen Tag vollkommen damit zu erhalten, hätte Mayer von dem Schwarzbrod 807 Gramm bedurft, von Weißbrod 15%,

---

[1] Dr. Mayer verdaute von Weißbrod 94,4%; von (sauerem!) Schwarzbrod, Roggenbrod 90%; von Pumpernickel, obwohl er als Westfale an dessen Genuß von Jugend auf gewöhnt ist, nur 80%.

von Pumpernickel sogar 44% mehr, trotzdem daß das (saure) Schwarzbrod relativ etwas weniger ausgenützt wurde als das Weißbrod.

Bei dem Menschen hatte man bisher auf die Steigerung der Ausnützbarkeit der vegetabilischen Nährmittel durch eine feinere mechanische Bearbeitung im Allgemeinen noch zu wenig geachtet. Bei den Pferden, welche den Hafer in ganzen Körnern ebenfalls nur theilweise auszunützen vermögen, weiß der Landwirth die Nährwirkung desselben durch Quellen, Quetschen, Mahlen und Verbacken in rationeller Weise zu steigern. Vollkommen entsprechend sind die Verhältnisse, wenn ein Mensch sich mit Leguminosensamen zu ernähren versucht. Die genossenen Linsen verlassen zu beträchtlichem Antheil gänzlich unverdaut den Körper wieder. Etwas geringer aber immer noch sehr bedeutend ist der Verlust an wahrem Nährstoff durch mangelnde Ausnützung bei Bohnen und Erbsen, welche in ganzen Körnern gekocht wurden. Dagegen gehört das feine Linsenmehl nach den Beobachtungen Beneke's zu den leicht verdaulichsten Nährmitteln, so daß er es sogar für Kinder und Reconvalescenten empfiehlt.

Der Mensch, der von überall her seine Nährmittel zu beziehen gelernt hat, muß für eine beträchtliche Anzahl dieser Stoffe die Verdauungseinrichtungen nachahmen und ersetzen, mit welchen die Natur diejenigen Thiere ausgerüstet hat, welche von ihr auf die betreffenden Nahrungsmittel angewiesen wurden.

Die körnerfressenden Vögel z. B. weichen zuerst in der Flüssigkeit ihres Kropfes die verschluckten Körner ein; die beiden starken Muskeln ihres Magens zerquetschen und zerreiben mit Hülfe verschluckten Sandes dann die gequollenen Körner zu dem feinsten Mehlbrei. Analog

wirken die mit Zähnen bewaffneten Kaumagen pflanzenfressender Insekten und das Wiederkäuen der Rinder.
Würden wir dem Heu eine möglichst feine mechanische
Zertheilung geben, so würde der Mensch wie der Pflanzenfresser aus diesem Heumehl für die Ernährung werthvolle Stoffe in reichlicher Menge aufnehmen können.

Derselbe Gesichtspunkt muß aber auch für die Frage
der Ausnützung animaler Nahrung eingenommen werden.
In rohes Fleisch dringt in größere Stücke der lösende
Magensaft schwerer ein als in gleich große Stücke von ge-
kochtem oder gebratenem Fleisch. Das zubereitete Fleisch
erscheint daher verdaulicher als das rohe. Das ändert
sich aber vollkommen, wenn wir das rohe Fleisch sehr fein
gehackt genießen lassen, dann löst es sich sogar rascher als
gekochtes.

Die mechanische Bearbeitung der Nahrungsmittel, für
welche uns die Natur mit dem Kauapparat, mit den
Zähnen beschenkt hat, ist daher für die möglichst vollkommene Ausnützung der genossenen Speisen sehr wesentlich.
Aus dem Alterthum und zwar aus den Ernährungsregeln
für Athleten stammt die Bemerkung, daß die Speisen um
so nahrhafter sind, je besser sie gekaut werden.

Zur möglichst vollkommenen Ausnützung der Nahrungsstoffe im Verdauungsapparat gehört auch eine bestimmte Zeit. Verweilen die Nährstoffe eine zu geringe
Zeit im Organismus, so werden sie zum Theil unverändert, unausgenützt wieder ausgeschieden.

Am bekanntesten ist in dieser Richtung die Wirkung
der Stärkemehl- und Zuckerhaltigen vegetabilischen Nährstoffe bei Menschen und Fleischfressern. Wie oben angegeben, wird durch Gährung in den Verdauungsapparaten
ein Theil des genossenen Zuckers (und Stärkemehls) in

20*

Milchsäure gespalten. Dieser Stoff wirkt in größeren
Mengen unter anderem reflectorisch reizend auf die Mus=
kulatur des Verdauungsschlauches, dessen verstärkte und
beschleunigte Bewegungen den Inhalt zu rasch auswerfen,
so daß, gemischt mit den reichlichen, flüssigen Verdauungs=
säften, welche bei normaler Verdauung zum allergrößten
Theil wieder resorbirt werden, werthvolle Nahrungsstoffe
ungenützt dem Körper verloren gehen. Neugeborene Kin=
der, welche physiologisch auf die Muttermilch als Nah=
rungsmittel angewiesen sind, sehen wir daher bei Mehl=
kost nur zu oft „atrophisch" d. h. aus Hunger zu Grunde
gehen, da sie wohl meist aus dem letztangeführten Grunde
die ihnen gebotene Nahrung nicht genügend zu verwerthen
vermögen. Die enorme Kindersterblichkeit im ersten Lebens=
jahr bezieht sich vornehmlich auf solche „verhungerte"
Wesen, denen der Mehlbrei verhängnißvoll wurde.

In Beziehung auf die Ausnützbarkeit der Nährstoffe
kommen wir nach diesen Betrachtungen zu den folgenden
Sätzen:

Die Nahrungsstoffe müssen dem menschlichen Organis=
mus in einer Form dargereicht werden, in welcher sie der
Einwirkung der Verdauungssäfte möglichst vollkommen und
rasch unterliegen.

Zum Zwecke ihrer möglichst vollkommenen Ausnützung
müssen die Nahrungsmittel eine längere Zeit — etwa
18 Stunden — in den Verdauungsorganen zurückgehalten
werden.

Hier schließt sich noch ein dritter praktischer Satz an:

Die Nährmittel werden besser ausgenützt, wenn die
für den Tag erforderliche Portion nicht in einer sondern
in mehreren Sitzungen genossen wird, welche so weit aus=
einander liegen, daß die Magenverdauung von einer zur

anderen vollkommen vollendet ist, die Speisen den Magen wieder verlassen, und die Verdauungsnerven und Drüsen der Mund= und Magenhöhle sich durch Ruhe für neue Thätigkeit gestärkt haben.[1]

Bei Mastthieren ist man noch von Seite der Land= wirthe auf eine vierte Bedingung der Ausnützung auf= merksam geworden.

Eiweißarme Nahrung wird für sich allein schlechter ausgenützt, als wenn man ihr noch in einem bestimmten Verhältniß eiweißreichere Nährstoffe zusetzt. Umgekehrt wird das Verhältniß, wenn der relative Eiweißreichthum der Nahrung eine bestimmte Grenze überschreitet. Wir können diesen Satz so formuliren: Die größte Ausnütz= barkeit zeigt ein Nahrungsgemisch in welchen die verdau= lichen eiweißhaltigen und eiweißfreien Nährstoffe in einem bestimmten, für jede Thierart — genauer für jedes In= dividuum — experimentell festzustellenden Verhältnisse ge= mischt sind.

Boussingault und J. Lehmann fanden bei ihren Mästungsversuchen an Schweinen, welche als Omnivoren sehr ähnliche Ernährungsverhältnisse wie die Menschen

---

1) Der Verfasser hat diesen durch die Erfahrung längst fest= gestellten Satz durch Beobachtung für die Fleischverdauung be= stätigt. Wurde die gesammte Fleischmenge, welche ein erwachsener Mensch zur Bestreitung seines Stoff = und Kraftverbrauches in 24 Stunden bedarf, in einer Sitzung genossen, so wurde ein be= trächtlicher Antheil desselben unverändert und ungenützt wieder ausgeschieden: die Aufnahme betrug 88%. Wurde diese Menge auf drei Mahlzeiten vertheilt, welche 4 resp. 6 Stunden ausein= ander lagen, so stieg die Aufnahme bis auf 95%. Analoge Verhältnisse finden sich für Stärkemehl und Fett. Der physio= logische Grund ergibt sich aus dem Gesagten von selbst.

zeigen, daß diese bei reiner Kartoffelnahrung, in welcher die beiden Klassen der Nährstoffe sich verhalten wie 1 : 9 an Gewicht abnahmen, dagegen sich mästeten bei einem Zusatz von eiweißreicherem Nährmaterial von Roggen, Erbsen, Molken 2c. wenn dadurch das Verhältniß des Eiweißes zu den eiweißfreien Nährstoffen auf 1 : 5,5 stieg. Steigerte Lehmann die relative Eiweißmenge noch höher, auf 1 : 3, so nahmen die Thiere wieder an Gewicht ab.

Diese auch sonst z. B. von Haubner für Hämmel bestätigten Versuche lassen die relative Nahrungsmischung auch für den Menschen von größerer Wichtigkeit erscheinen.

In der Milch ist das Verhältniß des Stickstoffs (aus den Eiweißstoffen) zum Kohlenstoff (aus jenen und den eiweißfreien Bestandtheilen) 1 : 11. In der Nahrung der mittleren, keine starke mechanische Arbeit leistenden Stände fand ich das Stickstoff = Kohlenstoffverhältniß ebenfalls wie 1 : 11 oder wie 1 : 12. In der Nahrung des Arbeiters verlangt Moleschott dieses Verhältniß wie 1 : 15, v. Pettenkofer und Voit wie 1 : 18. Bei reiner Fleischnahrung ist es wie 1 : 3,7. Am zweiten Hungertage eines vorher wohlgenährten Individuums fand ich das Stickstoff = Kohlenstoffverhältniß der vom Körper abgegebenen Stoffe wie 1 : 20,5. Bei stickstofffreier Kost, wobei das Eiweiß vom Körper geliefert wird, sah ich das Verhältniß steigen auf 1 : 25.

Für den Menschen kann ich die Beobachtung der Landwirthe (Lehmann's) in sofern bestätigen, als bei reiner Fleischnahrung, bei welcher das Stickstoff = Kohlenstoffverhältniß auf 1 : 3,7 sinkt, der Mensch an Fett und Körpergewicht abnimmt, während er bei einer Nahrungsmischung, in welcher das Verhältniß von 1 : 11 bis 1 : 15 steigt, sein Körpergewicht erhält und unter Umständen sogar ver-

mehrt. Die obere zulässige Grenze des Nahrungsverhält=
nisses scheint für den Menschen bei reiner Brodnahrung,
in welcher dasselbe (bei Schwarzbrod) 1 : 19 wird, schon
überschritten, da sich wenigstens Ab. Mayer mit Brod allein
ebensowenig wie ich mit Fleisch vollkommen ernähren konnte.

3) Der zweite Hauptsatz.

Alle innerhalb der Grenzen ihrer nor=
malen physiologischen Lebensbedingungen und
Leistungsfähigkeit arbeitenden d. h. lebenden
Organe nehmen, genügende Nahrungsmenge
vorausgesetzt, an Masse zu, alle relativ unge=
brauchten Organe nehmen an Masse ab.

Am leichtesten kann die Wahrheit dieses allgemeinen
Satzes für die Muskulatur erwiesen werden, die Verhält=
nisse sind hier allgemein bekannt. Der auf dem Fechtboden
oder Turnplatz geübte Arm nimmt an Umfang beträcht=
lich zu.

Diese Umfangszunahme hat ihren Grund aber zu=
nächst noch nicht in einem gesteigerten Wachsthum der
arbeitenden Muskulatur sondern der Hauptsache nach in
einem gesteigerten Blutzufluß zu den arbeitenden Organen
und einem daraus sich ergebenden erhöhten Blutgehalt
derselben. Bestimmen wir den Umfang eines unserer Be=
wegungsglieder z. B. der Wade vor und nach starker
Arbeit (Bergsteigen, Fußwanderung, Lauf) so finden wir
ihn im letzteren Falle nicht unbeträchtlich vergrößert nach
meinen Beobachtungen um 1—1,7 CM. Nach länger dauern=
der Ruhe sinkt dagegen der Umfang wieder auf die vor
der Arbeitsleistung gemessene Größe. Erst wenn durch
methodische Fortsetzung der gesteigerten Arbeitsleistung das
Organ eine längere Zeitperiode hindurch den Einfluß des

reichlicher zuströmenden Ernährungssaftes — des Blutes — erfahren hat, wird eine wahre Massenzunahme, ein wahres Wachsthum des Organs merkbar. Daher zeigen ganze Bevölkerungen aus der verschiedenen Uebung einzelner Muskelgruppen hervorgehende charakteristische Differenzen ihrer Körperentwickelung. Die männliche Landbevölkerung der fruchtbaren schwäbisch = bayerischen Ebene, des Rieses, pflegt zum Sonntagsschmuck hohe, wie Lederstrümpfe bis über das Knie heraufgezogene Stiefeln von erstaunlicher Enge des Schaftes zu tragen. Dagegen fällt die starke Entwickelung der Wade bei der ländlichen Bevölkerung unseres bayerischen Gebirges jedem Beobachter sofort als günstige Wirkung des Bergsteigens in die Augen.

Diese Massenzunahme stärker arbeitender Organe findet sich aber nicht nur bei den Muskeln sondern auch bei den inneren Körperorganen z. B. bei den Drüsen und zwar aus demselben Grunde. Auch hier erfolgt zu dem stärker arbeitenden Organ zunächst ein gesteigerter Blutzufluß, bei habitueller Mehrleistuug stellt sich ein wahres Wachs= thum, eine wahre Massenvergrößerung des Organes ein.

Schlachtet man ein Thier während der Verdauung, so sieht man seinen ganzen Verdauungsapparat mit den Drüsen von Blut strotzen, geröthet, während außer der Verdauungszeit dieselben Organe verhältnißmäßig blaß und blutleer erscheinen. Frerich's hat uns gelehrt, bei jedem gesunden Menschen die Anschwellung der Leber während der Verdauungsarbeit (durch Percussion) zu bestimmen, ebenso ihre fortschreitende Verkleinerung nach Beendigung der Verdauung. Steigert man die Arbeit der Verdauungs= drüsen für längere Zeit bei möglichster Abhaltung von Muskelbewegung, so nehmen sie, namentlich die Leber, beträchtlich an Masse zu. Das ist die Methode der Er=

zeugung der mächtigen Fettleber der Straßburger Gänse, ein Zustand der unter den gleichen Ursachen auch bei dem Menschen eintritt.

Unsere Experimente beweisen, daß im lebenden Organismus überhaupt nur die arbeitenden Organe und zwar im Verhältnisse zu der von ihnen geleisteten Arbeit Nahrungsstoffe in sich aufnehmen.

Vergleichen wir experimentell das Verhalten lebensfrischer geruhter und durch Arbeit angestrengter Organe (z. B. Muskeln oder Nervensubstanz) zu indifferenten Lösungen von Nährstoffen (z. B. 0,7% Kochsalz) so sehen wir, daß die geruhten und ruhenden Organe von diesen Lösungen so gut wie Nichts in sich aufnehmen, während dieselben Organe nach angestrengter Arbeitsleistung die ernährenden Flüssigkeiten begierig in sich einsaugen. Der Grund für diese fundamentale Erscheinung liegt zum größten Theile in der durch die Arbeitsleistung erfolgten chemischen Umwandlung des Protoplasmas und der Zellhüllen. Bei mechanischer Arbeitsleistung der Muskeln documentirt sich, wie E. du Bois-Reymond zuerst gefunden hat, der hiebei stattfindende Stoffverbrauch in einer Bildung von Fleischmilchsäure aus den im Muskelprotoplasma enthaltenen Stoffen. Unter der Einwirkung dieser Säure werden die Lebenseigenschaften des Protoplasmas und seiner Hüllen auf das wesentlichste verändert. Wir benennen diese Veränderungen physiologisch als Ermüdung. Elasticität und Cohäsion nehmen hiebei ab, das Imbibitionsvermögen dagegen zu. Aehnlich wie die Milchsäure wirken, wie experimentell erwiesen werden konnte, auch noch einige andere im thätigen Protoplasma entstehende oder freiwerdende Stoffe, z. B. das saure phosphorsaure Kali, Kreatinin, Kohlensäure. Wir können alle physikalischen und physiolo-

gischen Ermüdungserscheinungen an dem ruhenden Protoplasma hervortreten lassen, wenn wir dasselbe mit den
„ermüdenden Stoffen" z. B. der Säure imprägniren, sie
verschwinden, wenn wir die Säure neutralisiren und aus-
waschen.

Dieser physikalischen Umgestaltung durch chemische meist
bei der physiologischen Arbeit selbst erzeugte Stoffe bedarf
das Protoplasma sowohl wie seine etwaigen Zellhüllen,
um indifferente ernährende Flüssigkeiten einsaugen zu
können, und die Organ=Masse dadurch zu vergrößern.
Je mehr von diesen „ermüdenden Stoffen" durch gesteigerte
Arbeitsleistung in einem Organ sich anhäuft, desto mehr
wird die Elasticität und Cohäsion seiner anatomischen
Elementartheile vermindert und das Einsaugungsvermögen
im umgekehrten Maße gesteigert, desto stärker wird aber
auch seine Massenzunahme durch Auffaugung von Ernäh-
rungsstoffen.

So lange das Leben des Organes währt, existirt in
ihm, wie wir gesehen haben, niemals vollkommene Ruhe,
Leben und Arbeit sind identische Begriffe. Die Arbeit
der „ruhenden" Muskulatur, der „ruhenden" Verdauungs=
drüsen ist aber kleiner als die von den „thätigen" Organen geleistete Arbeitsgröße.

Dem entsprechend ist die Ernährung der „ruhenden"
Organe eine geringere. Sie reicht nicht aus, um das
Organ auf die Dauer arbeitskräftig zu erhalten. Das
krankhaft zu dauernder Ruhe verurtheilte Organ, z. B. ein
gelähmtes Glied, nimmt an Masse ab, schwindet atrophirt.
Umgekehrt ist die Ernährung der energisch arbeitenden
Organe, eine reichliche. Sie reicht nicht nur aus um den
mit der Arbeit verbundenen Organverlust zu ersetzen, sie
führt dem Organ noch mehr Stoffe zu, wodurch ein

Wachsthum des Organes, eine Maſſenzunahme deſſelben
ermöglicht wird. Der Arzt ſucht daher das gelähmte
Glied durch electriſche Reizung oder paſſive Gymnaſtik zur
geſteigerten Arbeitsleiſtung zu veranlaſſen, um der drohen=
den Atrophie vorzubeugen oder die eingetretene zu beſeitigen.

Es geht aus dieſen Betrachtungen hervor, daß es
nicht ſowohl die geſteigerte Blutzufuhr zu dem arbeitenden
Organe an ſich iſt, welche eine geſteigerte Ernährung des=
ſelben bedingt. Die Urſache liegt zunächſt in dem Organ
ſelbſt, in der durch die Arbeitsleiſtung erfolgenden phyſi=
kaliſchen Umgeſtaltung der Eigenſchaften des Protoplasmas
und ſeiner Hüllen. Wenn dieſe eingetreten iſt, kann aus
dem reichlicher zuſtrömenden Nährſtoffe mehr aufgenommen
werden, während derſelbe an dem „ruhenden" Organ
relativ ungenützt vorüberſtrömt.

Der bisher beſchriebene Vorgang der Organernährung
iſt nicht der einzige.

Der phyſikaliſchen Aufſaugung indifferenter d. h. das
Protoplasma nicht reizender Ernährungsflüſſigkeiten geht
zur Seite eine durch von außen einwirkende Reizung des
Protoplasmas hervorgerufene theils ebenfalls endosmotiſche,
theils active Stoffaufnahme in das Protoplasma. Auch
hier findet alſo die Aufnahme in das „gereizte" in das
„arbeitende" Organ ſtatt.

In analoger Weiſe, wie die Milchſäure oder das
ſaure phosphorſaure Kali, in dem arbeitenden Proto=
plasma ſelbſt zur Wirkung gelangend, die endosmotiſchen
Verhältniſſe deſſelben zu Gunſten einer geſteigerten Flüſſig=
keitsaufnahme umgeſtaltet, wirken dieſe beiden und eine
Reihe anderer Stoffe auch wenn ſie von außen her z. B.
in der Ernährungsflüſſigkeit gegen das Protoplasma ein=
dringen. Wir wiſſen, daß ſie zunächſt einen Reizzuſtand

desselben und in dessen Gefolge eine stärkere Endosmose hervorbringen. Das ist der Grund, warum das phos=phorsauere Kali sich im Protoplasma, in den festen Or=ganen anhäuft, wo es, z. B. an Eiweißstoffe gebunden, seine reizenden Eigenschaften verliert. Sie kehren ihm zurück, wenn diese Verbindungen durch die bei der Arbeit auftretende Stoffzersetzung wieder gelöst sind.

Das Zellenprotoplasma hat aber, wie wir bei der Besprechung der Verdauungsvorgänge noch näher sehen werden, auch die Fähigkeit, Stoffe, selbst wenn sie fest oder nicht in wahren Lösungen ihm dargeboten werden, activ durch „Einschlucken" in sich aufzunehmen und mit seiner Masse zu verschmelzen. Diese active Stoff=aufnahme des Zellenprotoplasmas ist für die Ernährungs=theorie von der größten Wichtigkeit, da auf ihr die Auf=nahme der wichtigsten Ernährungssubstanzen: der wahren Eiweißstoffe in den Protoplasmaleib der Zellen und in die aus Zellen bestehenden Organe basirt.

Die Menge, in welcher die dem Organaufbau dienen=den Stoffe, wahres Eiweiß, Wasser und die Blutsalze, nothwendig werden, hängt, wie wir sahen, wesentlich von dem Maße der Arbeitsleistung des Körpers und seiner Organe ab. Ein Mensch, welcher durch gesteigerte Mus=kelthätigkeit ein erhöhtes Wachsthum seiner Muskulatur hervorruft, bedarf, um diesem zu genügen, eine gesteigerte Zufuhr wahren Eiweißes zu seinen wachsenden Organen. Ebenso bedarf ein Individuum mit relativ mächtig ent=wickelter Muskulatur, auch wenn ein Beharrungszustand in den Organleistungen eingetreten ist, zur Erhaltung der größeren Muskelmasse mehr Eiweiß als ein anderer Mensch mit schwächlicher, dem Gewichte nach geringerer Musku=latur. Die gleiche Bemerkung gilt für alle Organe. Je=

bes berſelben bebarf zu geſteigertem Wachsthum mehr
wahres Eiweiß, und auch im Beharrungszuſtand richtet
ſich die zum Wiederaufbau der Organe nöthige Eiweiß=
maſſe nach der größeren oder geringeren quantitativen
Entwickelung derſelben. Mit der im allgemeinen geſteigerten
Organmaſſe nimmt im allgemeinen das Eiweißbedürfniß
des Organismus zu. Der Satz gilt aber auch mit der
nöthigen Einſchränkung für alle Nahrungsſtoffe. Je mäch=
tiger bie normale quantitative Entwickelung eines Organes
oder des Geſammtkörpers iſt, deſto größer iſt im allge=
meinen bie zur Erhaltung· des Organs, zur Erhaltung
des Geſammtkörpers nöthige Nahrungsmenge.

Es wird alſo das Stoffbedürfniß des Menſchen nicht
allein von dem Kraftverbrauch ſondern auch von der Or=
ganmaſſe und von den Bedürfniſſen des Wachsthnms der
Organe geregelt. Während für den Kraftverbrauch die
verſchiedenen, Spannkräfte einführenden Nährſtoffe ſich
innerhalb gewiſſer Grenzen vollkommen zu vertreten ver=
mögen, erfordert die Organerhaltung und das Wachsthum
ganz beſtimmte chemiſche Stoffe, deren Spannkraft=
werthe zunächſt gar nicht in Betracht kommen:
wahres Eiweiß, Waſſer und die Blutſalze.

4) Das Organverhältniß in ſeinem Einfluß
auf den Stoffverbrauch des Organismus.

Die beiden Hauptſätze der mechaniſchen Ernährungs=
theorie reichen aus, um theoretiſchen Aufſchluß über die
Bedürfniſſe und Aufgaben der Ernährung des Menſchen
in allen Hauptfragen zu geben.

Organarbeit, Organwachsthum, Organmaſſe haben
wir als die drei Hauptfactoren, welche die Ernährungs=
bedürfniſſe regeln, kennen gelernt; der Stoffbedarf nach

seiner quantitativen und qualitativen Seite ist eine Funk=
tion dieser drei Größen.

Es ist Aufgabe des Experimentes, den Antheil
jedes dieser drei Factoren im allgemeinen und im beson=
deren Falle an der Gesammtgröße des Stoffbedürfnisses
zu bestimmen.

Wir haben anschließend an die theoretische Betrach=
tung des ersten Hauptsatzes, welcher sich auf die Organ=
thätigkeit, und ihren Einfluß auf das Stoffbedürfniß be=
zieht, einen Theil der hier experimentell zu lösenden
wissenschaftlichen Fragen schon, so weit es nach dem
Stande unseres heutigen Wissens möglich schien, zu be=
antworten versucht. Es handelte sich hier vor allem um
die Bestimmung der durch die Einfuhr der Nahrungsstoffe
für den menschlichen Organismus frei und verwendbar
werdenden Spannkräfte, mit anderen Worten, um die
mechanische Werthbestimmung der Nährstoffe
für den organischen Stoff- und Kraftwechsel. Wir ge=
langten hiebei zu Werthangaben, welche für die Haupt=
nährstoffe im Allgemeinen schon geeignet erscheinen, wenig=
stens vorläufig mit Näherungswerthen eine mathematische
Behandlung der Aufgabe zu ermöglichen.

Die Größe, mit welcher sich das Organwachs=
thum an dem Stoffbedürfniß betheiligt, ist gleich der
Massenzunahme des Organs selbst. Die Zunahme der
Organmasse kann am lebenden Körper, mit den für alle
derartigen Wägungen nöthigen Kautalen,[1]) durch Gewichts=
bestimmung des Gesammtkörpers constatirt und gemessen
werden. Nehmen wir, was für die Zwecke der Ernäh=

---

1) Bezüglich der Körperausscheidungen und des schwanken=
den Körperwassergehaltes.

rungslehre für's Erste ausreicht, eine mittlere chemische
Mischung aller menschlichen Körperorgane an, so ergibt
uns die Massenzunahme des Körpers auch qualitativ die
für die gesteigerten Stoffbedürfnisse erforderlichen Zahlen=
werthe.

Die Größe der Betheiligung der einzel=
nen Organe und Organgruppen an dem Stoff=
und Kraftwechsel des Organismus kann, wie die
bisher aufgeführten Werthe, ebenfalls nur experimentell,
durch den Versuch bestimmt werden.

Es wurde schon mehrfach darauf hingedeutet, daß der
Antheil, welcher den einzelnen Organen und Organgruppen
an dem Gesammtwechsel der Kraft und des Stoffes zu=
kommt, ein quantitativ sehr verschiedener ist. Wir haben
oben den Drüsen einen relativ weit höheren Antheil daran
zugeschrieben als dem Bewegungsapparate. Es fragt sich
nun, wie weit wir im Stande sind, diesen Antheil quan=
titativ zu bestimmen.

Resultate, welche uns eine exacte Berechnung des
Antheils der einzelnen Organgruppen am Stoffverbrauch
gestatten, können wir nur erhalten, wenn wir an dem=
selben Individuum unter sonst vollkommen gleichbleibenden
Bedingungen den Stoffverbrauch unter einem Wechsel
des Organverhältnisses bestimmen.

Würden wir z. B. bei einem gesunden Menschen den
Stoffverbrauch vor und nach der Amputation eines Gliedes
messen, so müßte der Stoffverbrauch nach dieser Abtren=
nung eines Theils des Bewegungsapparates, wenn alle
sonstigen Bedingungen gleich bleiben, um diejenige Größe
vermindert sein, welche von dem abgetrennten Theile
des Bewegungsapparates beansprucht wird.

Derartige Versuche gelingen mit aller Schärfe an

kaltblütigen Thieren, an Fröschen, welche sich durch ihre
bekannte Reactionslosigkeit gegen Verwundungen auszeich=
nen. Sie ertragen die Abtrennung eines Körpergliedes
bei Vermeidung von Blutverlust ohne eine bemerkbare
Störung ihres allgemeinen Körperbefindens.

Es wurde vermittelst eines sehr exact arbeitenden
Respirationsapparates von entsprechender Größe die Koh=
lensäureausscheidung solcher Thiere als Maß des gesamm=
ten Stoffverbrauchs vor und nach der Absetzung je einer
hinteren Extremität bestimmt. Nach Beendigung der Re=
spirationsversuche konnte die Gewichtsbestimmung des Be=
wegungsapparates und des Drüsenapparates an demselben
Individuum ausgeführt werden. Indem man die hiebei
erhaltenen Werthe mit dem Gesammtkörpergewicht und
dem Gewichte des ausgeschalteten Theils des Bewegungs=
apparates verglich, hatte man alle nothwendigen Daten,
um die Betheiligung der beiden Hauptorgangruppen an
dem Stoff= resp. Kohlenstoff=Verbrauch während der ge=
wählten Untersuchungsperioden zu bestimmen.

Der Drüsenapparat der Frösche beträgt im Mittel
11 ^{0}/$_0$ des Gesammtkörpergewichtes. Er betheiligte sich
aber im Mittel aus den angestellten Versuchen mit 40 ^{0}/$_0$
an der Gesammtkohlensäureproduktion. Auf den Bewe=
gungsapparat, welcher 89 ^{0}/$_0$ des Gesammtkörpers aus=
macht, entfielen dagegen nur 60 ^{0}/$_0$. Im Maximum be=
theiligten sich, nach den Versuchsergebnissen, die Drüsen
mit 46,7 ^{0}/$_0$ an der Kohlensäureausscheidung, so daß wir
annehmen dürfen, daß bei Muskelruhe ziemlich die Hälfte
des gesammten Stoff= resp. Kohlenstoff=Verbrauchs auf
Rechnung der Drüsen zu setzen ist. Im Mittel be=
theiligte sich der Drüsenapparat 5,4 mal stärker

an dem Gesammt-Stoffverbrauch als der Bewegungsapparat.

Dieses Resultat gilt zunächst exact nur für den Frosch
bei Muskelruhe und zwar für männliche Individuen, welche
ausschließlich zu diesen Versuchen dienten. Es ist aber
bei der allgemeinen Analogie der physiologischen Verhältnisse von vorneherein sehr wahrscheinlich, daß bei Säuge-
thieren und Menschen die relativen Werthe für den Stoffverbrauch des Drüsen- und Bewegungsapparates wenn
nicht die gleichen doch ganz entsprechende sein werden.

Wir sind im Stande, gestützt auf unanfechtbare Beobachtungen an kaltblütigen Thieren, auch dieser Frage
näher zu treten. Sie ergaben das weitere Resultat:

Die Betheiligung der beiden Haupt-Organgruppen
an dem Stoffverbrauch des Gesammtkörpers entspricht
ihrem absoluten Blutgehalt.

Sehen wir nämlich von der Blutmenge ab ($^1/_3$ =
33,3%), welche bei Fröschen gleichzeitig in den großen
Blutleitungsorganen befindlich, an dem Organstoffverbrauch
so gut wie unbetheiligt ist, so trifft von der in den Organen thätigen Blutmenge ziemlich genau die eine Hälfte
auf den ruhenden Bewegungsapparat die andere Hälfte
auf den Drüsenapparat.

Dadurch wird uns der Blutgehalt der Organgruppen zu einem relativen Maße ihrer Betheiligung am Stoffverbrauch des animalen Organismus. Ehe
wir dieses Verhältniß näher motiviren, müssen wir zunächst unsere Aufmerksamkeit auf die Blutvertheilung in
den Hauptorgangruppen der Säugethiere und der Menschen
richten.

Bei dem Kaninchen von mittlerer Größe beherbergt
der ruhende Bewegungsapparat im Mittel 39,8% der

Gesammtblutmasse. Die Blutmenge in den großen Blut=
leitungsorganen ist im Mittel 22,7%. Für den Drüsen=
apparat entfallen danach 37,5% der Gesammtblutmenge.
Auch hier beträgt sonach der Blutgehalt in dem gesammten
Bewegungsapparat ziemlich genau die gleiche Größe wie
in dem Drüsenapparate, obwohl letzterer nur etwa 26% des
Gesammtkörpergewichtes ausmacht.

Unserer oben angegebenen Erfahrung nach entspricht
also der Betheiligung der Organe des Drüsenapparates
an dem Gesammtstoffverbrauch die ganze Hälfte dieser
Größe, d. h.: der Drüsenapparat betheiligt sich bei ruhen=
den mittelgroßen Kaninchen — wenn wir aus dem Blut=
gehalt der Organe schließen — 5,2 mal stärker am
Gesammtstoffverbrauch als der Bewegungsapparat. Bei
Fröschen ergab die obige direkte Bestimmung des Stoff=
verbrauchs für den Drüsenapparat im Mittel eine 5,4 mal
stärkere Betheiligung am Gesammtstoffverbrauch als für
die Organe des Bewegungsapparates. Die beiden Re=
sultate stimmen, wie wir vermuthen durften im Allgemeinen
vollkommen überein. Ganz analoge Verhältnisse ergaben die
Bestimmungen der Blutvertheilung bei Hunden und Katzen.

In den letzten Tagen haben wir nun auch außer=
ordentlich werthvolle Bestimmungen über den absoluten
Blutgehalt des Bewegungsapparates des Men=
schen von Paul Bruns erhalten. Er fand den Blutgehalt
der menschlichen unteren Extremität, welchen er bei Am=
putationen bestimmte, im Mittel aus 4 Versuchen zu 3,8%
des Organgewichtes. Es ist das genau dieselbe Größe,
wie sie sich für den Menschen berechnet, wenn wir die
vom Verfasser für Fleischfresser (Hunde, Katzen) gefun=
denen relativen Werthe des Blutgehaltes der Rechnung zu
Grunde legen.

Damit haben wir die erste exacte Grundlage gewonnen für die Beurtheilung der Blutvertheilung in dem lebenden Menschenkörper. Die Gesammtblutmenge des erwachsenen gesunden Menschen beträgt nach den Bestimmungen an Hingerichteten, welche Th. L. von Bischoff ausführte, $\frac{1}{13}$ des Körpergewichtes = 76 pro mille. E. Bischoff hat bei einem (gesunden) 33jährigen Manne das Organverhältniß bestimmt. Von 1000 Theilen Gesammtkörpergewicht mit 76 Blut treffen danach 911 auf den Bewegungsapparat und 89 auf den Drüsenapparat. Der ruhende Bewegungsapparat des Menschen (mit 3,8% Blut) beherbergt also von den 76 der Gesammtblutmenge 34,62 d. h. weniger als die Hälfte. Rechnen wir, indem wir den für Kaninchen gefundenen Werth zu Grunde legen, $\frac{1}{4}$ = 19 der Gesammtblutmenge als in den großen Kreislauforganen enthalten und daher an dem Stoffumsatz relativ nicht betheiligt ab, so bleibt von den 76 Blut für den Drüsenapparat mit einem Gewicht von 89 noch 21 Blut übrig. Daraus berechnet sich der Blutgehalt des gesammten Drüsenapparates des Menschen zu 23,6%. Setzen wir wieder den relativen Blutgehalt gleich dem relativen Werth des Stoffumsatzes der beiden Hauptorgangruppen, so bekommen wir das Verhältniß wie 3,8 : 23,6, mit anderen Worten: der Drüsenapparat des Menschen betheiligt sich relativ etwa 6 mal stärker an dem Gesammtstoffverbrauch als der ruhende Bewegungsapparat. Der so gefundene Nährungswerth = 6 stimmt also sehr nahe mit dem experimentell für kaltblütige Thiere exact gefundenen Werth von 5,4 überein. Es erscheint daher der Satz, daß sich der Drüsenapparat im Ganzen relativ 5,4 mal stärker an dem Gesammtstoffverbrauch betheiligt als der Bewegungsapparat, auch für den Menschen, das

Hauptobject unserer Beobachtung so lange direkte Bestimmungen für ihn abgehen, anwendbar.

Es kann keinem Zweifel unterliegen, daß die Beobachtung, daß sich die Haupt=Organgruppen im Verhältnisse ihres Blutgehaltes am Gesammtstoffwechsel betheiligen, auch für die einzelnen diese Gruppen bildenden Organe Geltung behaupten muß.

Damit ist uns das erste Mittel geboten, den Antheil zu bestimmen, welchen relativ und absolut die einzelnen, den Menschen und Thierkörper zusammensetzenden Organe an dem Gesammtstoffverbrauch besitzen.

Für mittelgroße Kaninchen stehen die direkten mittleren Ergebnisse derartiger Bestimmungen in folgender Tabelle:

Blutvertheilung bei Kaninchen in Procenten der
Gesammtblutmenge:

1) Milz	0,23%
2) Gehirn und Rückenmark	1,24%
3) Nieren	1,63%
4) Haut	2,10%
5) Gedärme	6,30%
6) Knochen	8,24%
7) Große Blutleitungsorgane	
(Herz, große Blutgefäße, Lungen)	22,76%
8) ruhende Muskeln	29,20%
9) Leber	29,30%

Da, wie wir gesagt haben und wie es sich in der Folge noch weiter ergeben wird, das Blut in den großen Blutleitungsorganen an dem Gesammtstoffwechsel relativ nicht betheiligt ist, so erfordern diese Werthe insofern eine Correction, um die wahre Betheiligung der Organe am Gesammtstoffwechsel zu erfahren, als wir die 22,76%, welche in jenen Organen enthalten sind, abziehen und erst die bleibenden Werthe auf 100 berechnen müssen.

In runden Zahlen dürfen wir nach den angestellten Experimenten annehmen, daß von der Gesammtblutmenge beim mittelgroßen Kaninchen enthalten ist:

in den großen Kreislaufsorganen . . . . ¼
in der Leber . . . . ¼
in den ruhenden Muskeln . . . . ¼
in den übrigen Organen . . . . ¼

Rechnen wir das ¼ der Blutmenge in den großen Kreislaufsorganen als am Stoffverbrauch relativ nicht betheiligt von der Gesammtblutmenge ab, so vertheilen sich die restirenden ¾ auf die Hauptorgane, und damit stellt sich ihr Antheil an dem Gesammtstoffverbrauch folgendermaßen:

die ruhenden Muskeln . . . . ⅓
die Leber . . . . ⅓
die übrigen Organe . . . . ⅓

Bei Kaninchen ist der Magen und Verdauungskanal beständig gefüllt, die Verdauungsdrüsen in Thätigkeit. Es bezieht sich sonach der Zustand der Blutvertheilung bei Kaninchen, wie er eben dargestellt wurde, auf Individuen, deren Muskeln relativ in Ruhe deren Drüsenapparat aber sich in Verdauungsthätigkeit befindet. Aus einer Anzahl von Gründen dürfen wir weiter schließen, daß die am mittelgroßen Kaninchen beobachteten Werthe der Blutvertheilung nicht sowohl den Verhältnissen im erwachsenen sondern denen im kindlichen Menschen ähnlich sind.

Halten wir uns zunächst an den direkt bestimmten Werth, daß der Bewegungsapparat (Haut, Muskeln, Nervenmasse, Knochen) als Ganzes sich in relativ 5,4 mal

geringerem Grade an dem Stoffverbrauch betheiligt, als
der gesammte Drüsenapparat (alle Eingeweide), so kommen
wir danach für den Menschen zu folgenden Schlüssen.

Rechnen wir auf 1000 Gramm Körpergewicht, so be=
steht, wie wir sahen, der Körper eines erwachsenen Mannes
(33 Jahre alt) nach Ernst Bischoff aus:

<blockquote>
89 Gramm Drüsenapparat und
911 „   Bewegungsapparat.
</blockquote>

1000 Gramm des erwachsenen Mannes verbraucht
nach meinen Bestimmungen in 24 Stunden bei Muskelruhe
3,00 Gramm Kohlenstoff.

1 Gramm des Bewegungsapparates würden nach dem
Gesagten nur verbrauchen 0,00215 Gramm Kohlenstoff.
Wir rechnen also:

<blockquote>
Drüsenapparat:
</blockquote>

$$89 \times 0,00215 \times 5,4 = 1,04 \text{ Gramm Kohlenstoff} = {}^1\!/_3$$

<blockquote>
Bewegungsapparat:
</blockquote>

$$11 \times 0,00215 \times 1 = 1,96 \text{ Gramm Kohlenstoff} = {}^2\!/_3$$

1000 Gramm $= 3,00$ Gramm Kohlenstoff.

Bei dem Manne trifft bei Muskelruhe $^1/_3$ des ge=
sammten Stoffverbrauches auf den Drüsenapparat, $^2/_3$ auf
den Bewegungsapparat.

Bei dem erwachsenen Weibe (22 Jahre alt) treffen
nach E. Bischoff's Bestimmungen von 1000 Gramm

<blockquote>
106 Gramm auf den Drüsenapparat
894 „   „   „ Bewegungsapparat.
</blockquote>

Bei dem neugeborenen Knaben:

<blockquote>
145 Gramm auf den Drüsenapparat
855 „   „   „ Bewegungsapparat.
</blockquote>

Bei dem neugeborenen Mädchen:

<blockquote>
166 Gramm auf den Drüsenapparat
834 „   „   „ Bewegungsapparat.
</blockquote>

In derselben Weise, wie wir oben für den Stoffver=
brauch des Mannes die Rechnung ausgeführt haben, lassen
sich nach diesen Angaben die Werthe für den Stoffver=
brauch bei Frauen und Kindern berechnen.

Führen wir diese Rechnung bei Kindern durch mit
den Mittelwerthen des Stoffverbrauchs des Bewegungs=
apparates wohlgenährter Erwachsener, so ergibt sich für
den kindlichen Organismus ein relativer Mehrverbrauch
an Stoff von 17%. Nach unseren obigen direkten Ver=
gleichungen bleibt diese Steigerung aber beträchtlich unter
den wirklich dafür beobachteten Werthen zurück.

Der Rest der relativen Steigerung des Stoffver=
brauches bei Kindern trifft also auf die im kindlichen Or=
ganismus neben dem verschiedenen Organverhältniß
gleichzeitig wirkenden, den Stoffverbrauch hebenden Mo=
mente. Davon sind namentlich schon jetzt bekannt, eine
gesteigerte relative Gesammtblutmenge und eine Beschleu=
nigung der Blutcirkulation, überhaupt ein relativ größerer
Kraftverbrauch (Wärmeabgabe).

Ehe wir diesen Gegenstand verlassen, haben wir noch
einen Blick auf die Verhältnisse des Stoffverbrauchs bei
Hunger zu werfen.

Wenn wir einem bisher wohlgenährten Menschen bei
Muskelruhe keine Nahrung reichen, so schalten wir dadurch
am zweiten Hungertage die Verdauungsarbeit des Ver=
dauungsapparates aus, während die übrigen Körperver=
hältnisse noch keine bemerkbare Störung erkennen lassen
und ihre physiologische Arbeit in (annähernd) derselben
Weise verrichten wie früher.

Ein Erwachsener von 70 Kilogramm scheidet im
Hungerzustande am zweiten Hungertage aus 181 Gramm
Kohlenstoff = 2,59 pro mille. Sein Organverhältniß ist

das gleiche wie bei dem Wohlgenährten: 89 : 911. Der
Bewegungsapparat, welcher die gleichen Leistungen macht
wie bei dem Wohlgenährten, beansprucht auch denselben
Stoffverbrauch in 24 Stunden also für 911 Gramm 1,96
Gramm Kohlenstoff. Es bleiben noch 0,63 Gramm Koh=
lenstoff für den Verbrauch durch den Drüsenapparat zu
decken d. h. der Stoffverbrauch bei Muskelruhe und Hunger
ist am zweiten Hungertage im Drüsenapparate noch um
3,3 mal größer als im Bewegungsapparate. Der Stoff=
verbrauch und die Gesammtleistungen des Drüsenapparates
sind also am zweiten Hungertage nur im Verhältnisse wie
3,3 zu 5,4 vermindert.

Die Verminderung des Stoffverbrauches fällt vor=
zugsweise auf die geringer arbeitende Leber. Ob dieses
Organ stärker oder schwächer arbeitet, hat überhaupt den
größten Einfluß auf die Gesammtgröße des Stoffverbrauchs.

Wenn wir durch Fettnahrung die Galleproduktion und
damit die Arbeit der Leber durch Anhäufung von Fett in
den Leberzellen — analog wirkend der physiologischen
Fetteinlagerung und der krankhaften fettigen Entartung in
anderen Zellen und Zellenabkömmlingen — herabsetzen,
so tritt damit ein Sinken des gesammten Stoffverbrauchs
des Organismus ein; steigt unter dem erhöhten Eiweiß=
gehalt der Nahrung mit der Entlastung der Leberzellen
von Fett die Galleproduktion und damit die Leberarbeit
an, so sehen wir den Stoffverbrauch des Gesammtkörpers
beträchtlich gesteigert.

Analog wie die Leber verhalten sich der Fettnahrung
und Eiweißnahrung gegenüber wohl die Mehrzahl oder
alle drüsigen Organe. Wenigstens für die Milchdrüse er=
scheint das gleiche Verhalten constatirt. Steigt die Fett=
einlagerung in die Organzellen aus physiologischen oder

pathologischen Ursachen, so sinkt bei allen die Arbeitsfähig=
keit, die Arbeitsleistung und der Stoffverbrauch. Das
Fett schließt sich in dieser Beziehung den „ermüdenden
Stoffen" an, welche nachgewiesener Maßen lediglich durch
ihre mechanische Anwesenheit im Organ die Organfunk=
tionen herabdrücken.

Die Leber ist eine der Bildungsstätten des Blutes.
Sinkt ihre physiologische Thätigkeit im Allgemeinen, so
sinkt auch ihre Betheiligung an der Blutbildung mit. Die
Blutmenge wird dadurch vermindert. Nach dem Eben=
gesagten dürfen wir das gleiche Verhalten für alle „Blut=
bildner" unter den gleichen Bedingungen voraussetzen. So
sehen wir in Folge gesteigerter längere Zeit andauernder
Fettzufuhr in der Nahrung auch die Blutmenge des Or=
ganismus, einen wichtigen Factor des Stoffumsatzes, sich
veringern. [1])

Wir nahmen in der obigen Rechnung den Kohlen=
stoffverbrauch als direktes Maß des Stoffverbrauches
überhaupt. Da der Kohlenstoffverbrauch bei dem ruhen=
den Erwachsenen eine auffallend konstante Größe ist, so
sind wir dazu weit mehr berechtigt als die ältere Ernäh=
rungsphysiologie, welche in der Stickstoffausscheidung ein
Maß des Stoffverbrauches finden wollte. Liebig hatte
diesen Satz lediglich für den Umsatz der Organeiweißstoffe
postulirt. Nur im Hungerzustande nähern wir uns in
etwas diesem von Liebig angenommenen Verhältnisse an.

---

1) Ob hier auch die Bemerkung Brücke's herbeigezogen
werden darf, daß vielleicht das Lecithin und analoge Stoffe in
der Nahrung eingeführt werden müssen, welche der Nahrung
aus reinem Fett und Kohlehydraten fehlen, bleibt für jetzt noch
dahin gestellt.

In den späteren Stadien des Hungers stammt fast aller
Stickstoff der Ausscheidungen aus den Organen und wird
uns ein Maß des dann in ihnen stattfindenden Umsatzes
stickstoffhaltiger Stoffe. Am zweiten Hungertage ist dieser
Zustand exact noch nicht eingetreten. Wir dürfen aber
einstweilen, da andere Angaben für den normalen Menschen
noch fehlen, sogar ohne einen großen Fehler zu fürchten,
mit den dort gewonnenen Werthen für die Stickstoffaus=
scheidung rechnen. Der Stickstoffverbrauch bezieht sich
dann auf die oben bestimmte herabgeminderte Thätigkeit
der Verdauungsapparate.

Es stellt sich die merkwürdige Thatsache heraus, daß
durch die Arbeit des Verdauungsapparates der Minimal=
Stickstoffverbrauch des Menschen nicht oder nur sehr un=
wesentlich gesteigert wird. Im Minimum fand ich den
Stickstoffverbrauch des Menschen am zweiten Hungertage
zu 8,02 Gramm in 24 Stunden bei einem Körpergewicht
von 70 Kilogramm. Arbeiteten die Verdauungsapparate
ohne Zufuhr von Eiweißnahrung bei rein stickstofffreier
Kost, so stieg der Stickstoffverbrauch nur auf 8,16 Gramm
in der gleichen Beobachtungszeit. Die Steigerung beträgt
nur 1,7 %! Wir werden dieses Resultat unten noch
weiter zu verwerthen haben.

Derartige Versuche werden uns auch Werthangaben
über die verschiedene Größe der Verdauungsarbeit
bei Verwendung verschiedener Nährstoffe z. B. bei Eiweiß=
kost, stickstofffreier und gemischter Kost liefern.

5) Der Einfluß der Blutmenge auf den Stoff= verbrauch des Organismus.

Das Blut ist ein flüssiges Organ. Wir müssen daher
die Betheiligung des Blutes an dem Stoffverbrauch des

Organismus an die Lehre von der Betheiligung der ein=
zelnen Organe an dem Stoffverbrauch anschließen; doch
sind die Verhältnisse für das Blut so selbstständiger Art,
daß sie eine gesonderte Darstellung verdienen.

Liebig hat bis zu letzt an der Annahme festgehalten,
daß das Blut an dem „Stoffwechsel" in seinem Sinne sich
nicht betheilige. Das Blut ist der Hauptträger der chemi=
schen Umsatzbedingungen für den gesammten Organismus.
Würden diese Bedingungen im Blute selbst wirksam, so
könnte es seine Vermittlerrolle für die Organe nicht spielen.
Keineswegs wollte Liebig damit aber ein vollkommenes
Fehlen des Stoffumsatzes im Blute in unserem Sinne
aussprechen.

Das Blut besteht wie jedes Organ aus wahren
Zellen — den weißen Blutkörperchen — und aus einer
die Zellen umgebenden Zwischensubstanz, Intercellularsub=
stanz, welche aber bei dem Blute nicht fest sondern flüssig
ist (Plasma). Neben den weißen Blutzellen, enthält das
Blut in weit größerer Zahl die sogenannten „rothen Blut=
körperchen", welche sich im strengen Sinne nicht mehr als
wahre Zellen documentiren.

Die Lebensthätigkeit der Blutzellen ist wie die aller
Zellen mit einem Stoffverbrauch verknüpft den mechanischen
Leistungen der Zellen äquivalent. Pflüger hat den con=
stanten Stoffumsatz im lebenden Blute nachgewiesen. Es
verbraucht wie alle Organe Sauerstoff und gibt dafür
Kohlensäure ab. Affanassiew fand, daß dieser Stoffver=
brauch in den Blutzellen stattfinde.

Die mechanischen Leistungen der Blutzellen in einem
bestimmten Gewichte Blut sind relativ geringer als die
Leistungen eines gleichen Gewichtes Drüse oder Muskel.
Auch der Stoffumsatz im lebenden Blute ist außerhalb der

Organe dem entsprechend ein relativ nur unbedeutender, wenn er auch nicht wirklich gleich Null ist, wie wir oben der Einfachheit wegen angenommen haben.

Es ist a priori gewiß, daß, da das Blut einen geringen Eigenstoffumsatz besitzt, die Gesammtgröße des Stoffumsatzes des Organismus, wenn alle sonstigen Bedingungen dieselben bleiben, schon aus diesem Grunde eine etwas (wenig) höhere werden muß, wenn die Blutmenge des Organismus größer ist; umgekehrt niedriger bei einer geringeren Blutmenge. Auch die neuen Beobachtungen Forster's mit Einspritzung von Blut in die Blutgefäße, sprechen für diesen Satz.

Wir haben schon oben angedeutet, daß nach dem Resultate unserer Berechnung die im Jugendalter relativ sehr beträchtlich gesteigerte Blutmenge mit der gleichzeitig gesteigerten Circulationsgeschwindigkeit des Blutes an dem höheren Stoffverbrauch jugendlicher Individuen im Vergleiche mit Erwachsenen den wesentlichsten Antheil nimmt.

Beobachtungen an blutarmen und blutreichen gleichaltrigen Kaninchen über die normale Nahrungsaufnahme = Stoffbedürfniß haben festgestellt, daß relative und absolute Blutarmuth Hand in Hand gehen mit einem geringeren Stoffbedürfniß unabhängig von einer Veränderung des Organverhältnisses.

Ebenso correspondirt Blutarmuth und Fettreichthum.

Was für den Gesammtkörper gilt, läßt sich auch für die einzelnen Organe nachweisen.

Ein blutreicherer Muskel leistet unter sonst absolut gleichen Verhältnissen eine größere Summe mechanischer Arbeit als ein blutärmerer. Eine blutreichere Leber arbeitet stärker, sondert in der gleichen Zeit mehr Galle ab als eine blutärmere. Sinkt ihr Blutgehalt unter eine be-

stimmte untere Grenze, so hört die Sekretion vollkommen
auf, während Nerv und Muskel und das Gesammtleben
sich noch relativ ungestört zeigen. Die gleichen Bedingungen
gelten für die Arbeit der Nieren, für ihre Ausscheidungs=
verhältnisse. Die Arbeitsleistung und damit der Stoffver=
brauch von Muskeln und Drüsen steigt also und fällt mit
ihrem Blutgehalt.

Nur zum geringsten Theil beruht diese Steigerung
des Stoffverbrauches im blutreicheren Organ, im blut=
reicheren Organismus auf dem geringfügigen Eigenstoff=
wechsel des Blutes. Wir haben uns hier an einige secun=
däre Wirkungen des Blutes zu erinnern.

Da das Blut chemische Stoffe und Agentien in sich
enthält, welche das Protoplasma der Organe reizen und
dadurch ihr Imbibitionsvermögen erhöhen, (z. B. freie,
aus der Nahrung und dem Stoffumsatz stammende Kali=
salze, Kohlensäure ꝛc.), so findet mit dem gesteigerten Blut=
gehalt auch im „ruhenden" Organ ein gesteigerter Stoff=
verkehr und eine gesteigerte Arbeitsleistung statt. Das
Blut liefert auch zum Theil die Fermente zur Spaltung
der Organstoffe, zu ihrer Vorbereitung auf die organische
Oxydation, zur letzteren auch den nöthigen Sauerstoff,
welcher, da die Organe niemals „freien" Sauerstoff ent=
halten, nach Pflüger stets in die Organe wie in ein Va=
cuum einströmen muß. Je mehr das Blut „differente",
organreizende Stoffe in sich enthält, in desto höherem
Grade wird es auch in dem „ruhenden" Organe zu einem
Vermittler eines gesteigerten Stoffumsatzes und einer ge=
steigerten Kräfteproduktion. Dieses Verhältniß erhöht sich
noch, wenn durch normale oder krankhaft gesteigerte Ar=
beitsleistung die Fähigkeit des Organes, Nährstoffe aus
dem Blute aufzunehmen, aus den oben besprochenen inneren,

im Organ selbst liegenden Ursachen gesteigert ist. Dann
erscheint der Blutgehalt des Organes in noch höherem
Maße als ein Theil der Organmasse selbst. Das Organ
arbeitet zum Theil auf Kosten des in ihm enthaltenen
Blutes.

Wir sehen von der Natur die wunderbare Einrichtung
getroffen, daß im animalen Organismus durch Einwirkung
der die Blutcirkulation und die Gefäßweite regulirenden
Nerven zu dem stärker arbeitenden Organ eine der Stei=
gerung seiner Arbeitsleistung entsprechende größere Blut=
menge geleitet wird. Das ist der Grund, warum der
Blutgehalt des Organes normal als eine
Funktion der Organarbeitsleistung erscheint.

Das stärker arbeitende Organ erhält aber nicht nur
eine gesteigerte Blutmenge sondern es nimmt in ihm auch
der Blutstrom an Geschwindigkeit zu.

Der physiologische Erfolg einer gesteigerten Blut=
durchströmung des Organs, ist zunächst der gleiche, wie
der einer absoluten Vermehrung des Blutgehaltes. An=
dererseits resultiren aus ihr noch außerordentlich wichtige
Ergebnisse für die Erhaltung der Organarbeitsfähigkeit.
Die aus dem Stoffverbrauch des Organes hervorgehenden
Zersetzungsprodukte — „die Gewebsschlacken" — besitzen
eine sehr energische Einwirkung auf das Organ selbst. Die
Milchsäure, die freien Kalisalze, das Kreatinin, die Kohlen=
säure erhöhen nicht nur die Aufnahmsfähigkeit des Pro=
toplasma's und seiner Membranen für die Ernährungs=
flüssigkeiten, sondern sie wirken auch als „ermüdende
Stoffe" sie hemmen in größeren Mengen angehäuft die
Organarbeitsleistung. Um die Arbeitsfähigkeit des Or=
ganes zu erhalten, müssen sie aus dem Organe theils weg=
geschafft theils neutralisirt werden. Nach beiden Richtungen

entfaltet der Blutstrom seine Wirksamkeit. Er wäscht, wie experimentell erwiesen ist, theils mechanisch Gewebsschlacken aus dem arbeitenden Organe aus, theils neutralisirt sein Alkali die bei dem Organumsatz entstandenen ermüdenden Säuren.

Das Blut erweist sich sonach als der Regulator der Arbeitsfähigkeit, im speciellen Falle der Arbeitsleistung und des Stoffumsatzes der Körperorgane. Da es auch die Wärmeabgabe des animalen Organismus regulirt, so erscheint es als ein Hauptfactor des Stoffumsatzes, trotzdem daß es sich an dem Gesammtstoffverbrauch durch seinen Eigenstoffumsatz normal nur in geringer, beinahe verschwindender Quantität betheiligt.

Es läßt sich experimentell beweisen, daß das Blut mit seinem Stoffmaterial im arbeitenden animalen Körper mitarbeitet. Die Blutmenge wird durch gesteigerte Organthätigkeit (Muskelthätigkeit) primär vermindert. Bei Fröschen beträgt bei aufreibender Muskelthätigkeit diese Verminderung der Gesammtblutmenge im Mittel 26%. Dagegen finden wir, wenn bei genügender Nahrung unter der gewohnten gesteigerten Muskelthätigkeit ein Beharrungszustand des Körpers eingetreten ist, die Gesammt-Blutmenge nicht unwesentlich vermehrt.

Auch dadurch wirkt das Blut regulirend auf den Stoffverbrauch, daß in Folge einer gesteigerten Arbeitsleistung einzelner Organe und Organgruppen eine Veränderung der Blutvertheilung im Organismus eintritt.

Dem stärkeren Blutgehalte der arbeitenden Organe und Organgruppen entspricht eine relative Blutverminderung, Blutarmuth der während derselben Zeit ruhenden. Mit anderen Worten, während die Arbeitsleistung und der Stoffverbrauch in einem Organe oder einer Organgruppe gesteigert ist, ist normal Arbeitsleistung und Stoffverbrauch in den übrigen Organen relativ vermindert. Daher kommt es vor allem, daß der Stoffverbrauch des Gesammtorganismus, wenn eine Organgruppe z. B. die Muskeln stärker arbeiten, nicht um eine dieser höheren Arbeitsleistung äquivalente Größe gesteigert erscheinen kann. Hier wirkt, neben anderen experimentell erwiesenen, im arbeitenden Organe selbst unter der Wirkung der „ermüdenden Stoffe, der Gewebsschlacken" eintretenden Compensationsvorgängen des Stoffverbrauches, vor allem das Blut als Regulator.

Denken wir uns eine Dampfmaschine von bestimmter Arbeitsleistung, welche vermittelst einer Transmission verschiedenen Arbeitsmaschinen Arbeitskraft zuführt. Jede Vermehrung der Arbeit einer der Arbeitsapparate, durch rascheren Gang oder durch Vermehrung der Widerstände, wird eine Reduktion entweder der Gesammtarbeit aller anderen Arbeitsmaschinen oder einzelner derselben herbeiführen.

Bis zu einem gewissen Grade ist der menschliche Organismus eine solche Arbeitsmaschine von bestimmter Arbeitsleistung. Wie sich in unserem Gleichniß die Kraftzufuhr aus dem Kraftreservoir zu dem stärker Arbeitenden Apparate steigerte, so strömt aus einem Kraftreservoir des animalen Körpers, aus der Säftemasse, zunächst dem Blute ein stärkerer Strom von Spannkräften zu dem arbeitenden Organe. Und wie dort, während der eine Apparat in gesteigerter Thätigkeit ist, die anderen in ihrer Kraftleistung entsprechend vermindert sind, so findet auch hier ein analoges Wechselverhältniß zwischen der Thätigkeit der einzelnen Organe statt. Während der erhöhten Thätigkeit des einen ist die Thätigkeit des anderen herabgesetzt.

Dieses Wechselverhältniß der Organe in Beziehung auf ihre Arbeitsleistung bezeichnen wir als Thätigkeits=wechsel der Organe.

Das Experiment zeigt aber, daß die Regulirung des Kraft= und Stoffverbrauches im menschlichen (animalen) Körper durch den Thätigkeitswechsel seiner Organe keine vollkommene ist.

Das in seiner Arbeitsleistung gesteigerte Organ ver=braucht nicht nur Spannkräfte aus dem Blute sondern auch solche, welche aus ihm selbst stammen. Bei gestei=gerter Arbeitsleistung der Muskeln wird der Blutstrom im Allgemeinen beschleunigt ꝛc. Der Gesammtstoffverbrauch des Organismus wird daher durch gesteigerte Organarbeit erhöht, aber diese Erhöhung entspricht nur der wahren Steigerung der Gesammtarbeitsleistung des Körpers, welche in Folge des Thätigkeitswechsels seiner Organe wesentlich beschränkt wird.

Man hat von Seite einiger Forscher bis in die neueste Zeit an der alten Meinung Liebig's festgehalten, daß die Kraft zur Action der Muskeln von der Oxydation der Eiweißstoffe dieser Organe geliefert werde. Liebig hatte ursprünglich angenommen, daß die Kraft der Organisation, welche die Eiweißstoffe in den Organen gleichsam belebt, daß die von ihm angenommene Lebenskraft es sei, welche als Quelle der Muskelaction angesprochen werden müsse; erst wenn diese Lebenskraft die Eiweißstoffe verlassen habe, sollten sie der organischen Oxydation unterliegen. Die or=ganische Oxydation der übrigen Körperstoffe sollte Wärme, vielleicht auch Electricität liefern.

Liebig war in den letzten Jahren seines Lebens, im Bewußtsein von der Einheit der mechanischen Kraft, von diesen alten Annahmen, daß die Oxydation der Eiweiß=

stoffe die einzige Quelle der Muskelkraft sei, zurückge=
kommen.

Die modernen Ansichten suchen den alten Liebig'schen
Satz gerade umzukehren. Nicht die Eiweißstoffe sondern
nur die stickstofffreien Stoffe sollten der Produktion der
Muskelkraft vorstehen.

Man gelangte zu dieser Meinung zuerst durch die
Beobachtung C. Voit's, daß durch angestrengte Mus=
kelthätigkeit der Eiweißverbrauch des Hundes nur un=
wesentlich und keineswegs im Verhältniß zur geleisteten
Arbeit gesteigert werden könne. Voit's Resultate ließen
dagegen erkennen, daß die durch die annähernd gleiche
Arbeit der Muskeln gesetzte Steigerung des Eiweißver=
brauchs beim Hunde um so größer ausfiel, je reicher an
Eiweiß die Nahrung des Versuchsthieres war.

Eine relativ geringfügige Vermehrung des Eiweiß=
verbrauchs durch Muskelarbeit wurde vom Verfasser und
einer Anzahl anderer Autoren auch für den Menschen mit
aller Sicherheit nachgewiesen. Die Steigerung kann sich
in so engen Grenzen halten, daß sie durch den bei Ernäh=
rungsversuchen am Menschen meist unvermeidlichen Ver=
suchsfehler verdeckt wird.

Der Eiweißverbrauch des Gesammtkörpers wird
durch die Arbeit der Verdauungsorgane um ebenso wenig
gesteigert wie durch Muskelarbeit. Es ließen das die von
v. Bischoff und C. Voit angestellten Ernährungsversuche
mit eiweißfreier Kost am Hunde schließen. Wie der oben
mitgetheilte analoge Ernährungsversuch am Menschen er=
gibt, gilt dieser Satz auch für das Hauptobject unserer
physiologischen Betrachtung.

Diese Bemerkungen weisen wie es scheint mit aller
Sicherheit darauf hin, daß der wahre Eiweißverbrauch

des animalen Organismus in normalen Verhältnissen eine für jeden Körperzustand annähernd konstante Größe ist, welche zwar nach dem Gesetze des Thätigkeitswechsels zum Theil von einem Organe in das andere verlegt werden kann, die Normalhöhe aber nur in geringfügiger Weise zu übersteigen vermag.

Das organisirte, im Protoplasma enthaltene Eiweiß betheiligt sich als solches wohl gar nicht an der organischen Oxydation. Damit es derselben zu unterliegen vermag, bedarf es einer meist auf Fermentwirkung beruhenden vorläufigen Umgestaltung, einer Verdauung. Nach C. Voit's und Forster's Angaben kann alles Eiweiß, welches nicht im Protoplasma gebunden ist, verhältnißmäßig leicht oxydirt werden. Die Eiweißmenge, welche wir in der Nahrung genießen, wird zum beträchtlichen Theil schon in den Verdauungsorganen so weit umgestaltet, daß wir sie nicht mehr als wahres Eiweiß bezeichnen dürfen. Es wird dasselbe unter einem auf Fermentwirkung beruhenden Spaltungsvorgang in „Peptone" umgewandelt. Nur derjenige Theil des Eiweißes der Nahrung, welcher ohne tiefere chemische Umgestaltung den Organen des Körpers einverleibt wird, kann zum Ersatz der verbrauchten Eiweißstoffe der Organe dienen. Peptone von Eiweißstoffen sind dazu ebensowenig im Stande als Peptone von Leim oder Leim selbst. [1])

Die Entdeckung der Verdauungsfermente in den Or=

---

1) Die Peptonbildung aus Eiweißstoffen bei der Verdauung steht in vollkommener Analoge zur Bildung von Milchsäure aus Stärkemehl und Zucker, zur Bildung von Fettsäuern und Glycerin aus Fetten. Sie beruht ebenfalls auf einem Excreß der Verdauungswirkung.

ganen beweist uns, daß auch in ihnen, vielleicht theilweise
unter Mitwirkung der in denselben entstehenden Säuren,
eine auf Fermenten beruhende verdauende Wirkung eintreten muß. Zum größten Theil werden aber die Verdauungsfermente aus den Verdauungsorganen mit den ver-
bauten Nährstoffen in die Säftemasse, in das Blut übergeführt, und treten vom Blute aus in die Organe ein.
Das durch sie umgewandelte Eiweiß unterliegt dann leicht
der organischen Oxydation.

Da der animale Organismus stets derartig umge-
wandeltes Eiweiß, Peptone in sich enthält, so betheiligen
sich diese stets in einem ihrer relativen Menge entsprechenden Grade an dem Stoffumsatz und also auch an der
Steigerung desselben während gesteigerter Arbeitsleistuug
einer Organgruppe.

Daß das Nahrungsbedürfniß für Eiweiß bei
gesteigerter Arbeitsleistung zunimmt, hat die Erfahrung
des Menschengeschlechtes, die so alt ist als dieses selbst,
festgestellt. Den Grund fanden wir zunächst in dem durch
gesteigerte Arbeit erhöhtem Wachsthum der arbeitenden
Organe, welche der Hauptmasse ihrer festen Stoffe nach
aus Eiweiß bestehen.

Wir schließen diese Betrachtungen damit, daß wir
den Satz Liebig's, daß „die Lebenskraft", die Kraft,
welche die lebende Organisation der Organe bedingt zur
Muskel- (=Organ-) Arbeit Verwendung findet, wenigstens zum Theil rehabilitiren.

Wir haben als Kraftquelle der Organarbeit ausschließlich die organische Oxydation angesprochen. Dieser
Satz behauptet in allen Fällen seine absolute Gültigkeit.
Sicher werden aber die chemischen Umsetzungen, welche
die Kraft der Organe liefern, zum Theil nicht erst in dem

Augenblicke gemacht, in welchem die Organaction erfolgt. An der allgemeinen Kraftproduktion der arbeitenden Organe betheiligen sich auch Spannkräfte, welche durch physikalische Veränderung der Organstruktur frei und verwendbar werden.

Das normale physikalische Verhalten des ruhenden Organs, sein Molekularbau, seine Elasticität, seine Dehnbarkeit, sein Imbibitionsvermögen erscheinen als Folgen seines normalen Stoffumsatzes. In der Cohäsion der Moleküle ist eine Kraftsumme aufgespeichert, welche durch plötzliche Veränderung in Folge von Organreizung — z. B. Säuerung in Folge der Nervenreizung — ausgelöst werden und zur Verwendung kommen kann. Am Muskel sind diese Verhältnisse bisher am genauesten bekannt, obwohl sie in allen lebenden Organen in analoger Weise sich finden. Die stärkere Dehnbarkeit des contrahirten Muskels, seine höhere Imbibitionsfähigkeit beweist uns, daß in Wahrheit Veränderungen in der Cohäsion seiner Moleküle eingetreten sind, durch welche Kraft lebendig wird. Nach den neuesten Experimental-Ergebnissen liefert auch die Imbibition selbst Kräfte, welche sonach zur Organarbeit mit Verwendung finden können.

In mechanische Anschauungen übersetzt lebt dadurch die alte Liebig'sche Meinung über die Betheiligung der in der Organstruktur aufgespeicherten Kräfte an der Organarbeit wieder auf. Aber auch diese Kräfte stammen in letzter Instanz aus dem organischen Stoffumsatz und mit diesem aus der großen gemeinschaftlichen Kraftquelle des Universums.

———

Capitel VII.

Zur Geschichte unserer Nahrungsmittel.

————

Nahrungsthiere und Nahrungspflanzen.

1) Die Nahrungsmittel der Vorzeit.

Die Ernährungsweise des Menschen ist auf das Innigste an die Culturstufe, auf welcher er steht, geknüpft. Auf analoger Culturhöhe und bei ähnlichen örtlichen Lebensbedingungen sehen wir die primitiven Völker, welche in der Zeit durch Jahrtausende von einander getrennt sind, in der gleichen Weise ihren Nahrungsunterhalt suchen von den gleichen Nährmitteln sich erhalten.

Die ältesten Berichte lehren uns, wie einfach die Nahrung, wie wenig zahlreich die Nahrungsmittel der europäischen Vorzeit gewesen sind. Mit den Fortschritten der Cultur, welche aus dem ungebundenen nomadischen Jäger zuerst den Hirten bildete, dann den Ackerbauer und endlich den ansässigen Landmann und Städter, werden die Nahrungsmittel andere, zahlreichere. Zuerst ist, da ursprünglich einheimische Nährfrüchte dem euro-

päischen Continent fast vollkommen mangeln, welche in
glücklicheren Ländern dem Menschen freiwillig Nahrung
geben, das Fleisch der Jagdthiere in Wald und Wasser
die Hauptnahrung; dann tritt der Ertrag der Heerden
mit Milch, Butter und Käse mehr und mehr neben sie
und an ihre Stelle. Schon der nomadisirende Hirte baute
an Orten, an denen er längere Zeit verweilte, eine rasch=
reifende Körnerfrucht. Aber erst mit dem Bau festerer,
dauernder Wohnstätten tritt die Mannigfaltigkeit der Nah=
rungsmittel, die Mannigfaltigkeit der Nahrungsbedürfnisse
ein, welche aus glücklicheren Himmelsstrichen Hausthiere,
Ackerfrüchte, Gemüse und Fruchtbäume einzubürgern und
künstlich zu acclimatisiren lehrt.

Die moderne Naturforschung gibt uns, abgesehen von
den vergleichenden Untersuchungen der Naturgeschichte,
Mittel an die Haud, um uns einen Begriff von der
Lebensweise der alten Bewohner Europas zu verschaffen,
aus Zeiten, von welchen die Geschichte Nichts zu erzählen
weiß. Es sind das die bekannten prähistorischen Funde,
welche die alte Anwesenheit des Menschen auf unserem
Continente erweisen, zu einer Zeit, in welcher der Mensch
noch mit dem Höhlenlöwen und dem Höhlenbären das
Jagdgebiet theilen mußte, in welchem der Urochse und das
Rennthier wohl auch Nashorn und wollhaariges Mamuth
der Jagdpreis waren.

Wir finden Kochstellen, aus Steinen und Stein=
platten gebaute Herde an den Eingängen der Felshöhlen
und Grotten, welche den ältesten Bewohnern Europas zur
Wohnung dienten. Um die Feuerstellen liegt noch der
Pyrith, welcher zum Feuerschlagen diente, liegen in Haufen
die angebrannten und abgenagten Knochen, die großen
Röhrenknochen aufgeschlagen, um das Mark auszusaugen.

Zwischen den Knochen zeigen sich zerstreute Kohlenreste des Kochfeuers, dazwischen Feuersteininstrumente, Instrumente aus Horn und Knochen wie die Kinnbacken vom Höhlenbären, welche zum Abziehen der Haut, zum Zerschneiden des Fleisches, zum Zerschlagen der Knochen gebraucht wurden, neben Bruchstücken rohester Töpferwaare. Aus den Resten des Mahles können wir die Thiere noch bestimmen, welche zur Nahrung dienten. Vor allem war es das Rennthier, welches bis gegen die historische Zeit auf dem ganzen europäischen Continent verbreitet war, in Germanien fand es noch Cäsar. Die Rennthierreste wurden an manchen Orten so häufig gefunden, daß französische Forscher daraus schließen zu dürfen glaubten, die Menschen hätten schon damals das Rennthier als Heerdethier zu zähmen verstanden und hätten nomadisch mit den Rennthierheerden gelebt wie heute z. B. die im hohen Norden Norwegens mit ihren Rennthieren umherziehenden Lappen.

Daneben wurde das Fleisch aller Thiere, deren man durch Jagd habhaft werden konnte gegessen. Das junge Nashorn ebenso wie die Urochsen und Büffel, die Riesenhirsche, Edelhirsche, und Rehe. Aber auch die Knochen vom Polarfuchs und Vielfraß, sowie die vom wilden Bären und Höhlenbären finden sich um die Kochstellen angebrannt, abgenagt und zerschlagen. Auch das wilde Pferd, jene kleine oben erwähnte Rasse wurde wie es scheint gegessen. Auch Reste von Fischen hat man in den Abfällen der Mahlzeiten der alten Höhlenbewohner gefunden. Die Indianer des nördlichsten Amerika's leben noch heute in ähnlicher Weise wie die Urbewohner des noch kalten Europas von Jagd und namentlich im Winter vom Fischfang in den Flüssen. Sobald in der kalten Jahreszeit das Jagdwild auf dem Lande seltener wird, errichten sie ihre einfachen Wohnungen unter Felsenschutz an den Ufern der übereisten Flüsse oder auf dem Eise selbst. Mit primitiven Instrumenten zum Theil noch aus Stein schlagen sie Löcher durch die Eisdecke um Trinkwasser zu bekommen, und um mit Angeln, Netzen und Speeren der einfachsten Art der Fische habhaft zu werden, von welchen sie in dieser Jahreszeit vorzugsweise leben.

Die älteste Nahrung des europäischen Menschen bestand nach diesen Funden vorwiegend aus Fleisch und Fischen. Die in den Knochen eingeschlossenen Fettmasse, das Mark der Knochen zeigt sich als ein vorzügliches Nahrungsmittel geschätzt. Wir sehen das Aufschlagen und Aussaugen der Knochen als ein Zeichen der Körperstärke noch in der germanischen Götter= und Heldensage eine Rolle spielen. Die hohe Bedeutung des Fettes, des Marks für die Ernährung spiegelt sich in der alten sprachlichen Verwandtschaft der Begriffe von Mark und Kraft.

Auch nach dem Aussterben der gigantischen Dickhäuter und der wilden Höhlenfauna zeigt sich wenigstens im nördlichen Europa die Nahrungsweise noch wenig von dieser primitiven verschieden. Man hat an verschiedenen Stellen aber namentlich in Dänemark „Küchenabfälle" der alten Bewohner gefunden, welche in Dänemark am genauesten untersucht wurden, so daß die dänische Bezeichnung: Kjökkenmöddinger d. h. Küchenabfälle für die betreffenden Funde sich in allen europäischen Sprachen eingebürgert hat.

Die alten Bewohner Dänemarks, welche um die verschwundenen Wohnstätten ihre Küchenabfälle massenhaft hinterließen, lebten vorzugsweise neben dem Fleisch der Jagdthiere von Fischen, Muscheln und Schnecken. An vielen Orten findet man namentlich in der Nähe der

Küste, seltener tiefer im Land, von Erde bedeckt, manch=
mal im Wald mit Bäumen bewachsen, Muschelhaufen
oft von gewaltiger Ausdehnung. Meist von rund=
licher Gestalt oft den alten Wohnplatz ringförmig umge=
bend. Man hat auch wallartige Muschelhaufen bis zu
300 Meter Länge gefunden. Die Dicke der Haufen ist
meist in der Mitte am bedeutendsten von $1\frac{1}{2} - 2 - 3$
Meter Höhe. Stets findet man nur annähernd oder ganz
ausgewachsene Exemplare von eßbaren Schalthieren, welche
entweder in jenen Meeren, deren Salzgehalt sich vermin=
dert hat, gar nicht mehr vorkommen, oder wenigstens
nicht mehr die Größe erreichen, in welchen man sie hier
so überaus zahlreich antrifft. Natürliche Muschelbänke
können es also nicht sein, welche etwa für einen ehemals
höheren Stand des Meeres an jenen Küsten sprechen
würden, da man in solchen natürlichen Bänken die Schaal=
thiere von jedem Alter gemischt vorfinden müßte. Ueber=
dieß findet man zwischen den Muschel= und Schnecken=
Schaalen neben anderen Abfällen des Mahles z. B. an=
gebrannten und abgenagten Knochen noch die Erzeugnisse
der primitiven Kultur: Steinwerkzeuge und rohgearbeitete
Topftrümmer. Manche derartige Haufen bestehen fast
lediglich aus Austerschaalen, stets ist die Auster (Ostrea
edulis) in der Hauptzahl vertreten. Daneben ebenfalls
häufig: die Miesmuschel (Mytilus edulis), die Herzmuschel
(Cardium edule) und die Strandschnecke (Littorina littorea),
welche heute noch gegessen werden. Eine Reihe anderer
Muscheln und Schnecken findet sich noch neben den ge=
nannten aber relativ weit seltener, so daß diese offenbar
nicht zu den beliebten Speisen der alten Muschelesser ge=
hört haben. Auch Krebse und Krabben waren, wie es
scheint, wenig gesucht, dagegen findet man unzählige Reste

von Fischen. Am häufigsten wurde der Häring (Clupea harengus) gefangen und gegessen, dann der Schellfisch (Gadus callarias), die Scholle (Pleuronectes. limanda), der Seeaal (Murena anguilla).

Aus den Resten von Vögeln, welche sich in den Kiöktenmöddingern finden, läßt sich erkennen, daß die alten Muschel= und Fischesser, welche sie aufhäuften, zu einer Zeit in diesen Gegenden lebten, in denen das Klima noch kälter und rauher war als jetzt. Die älteste diluviale Flora und Bewaldung Dänemarks war eine entschieden arktische; neben der Zwergbirke hochnordische Weiden. Dann finden sich in einer späteren Epoche Esche und Föhre als die wichtigsten Waldbäume; darauf folgen Eiche und Erle und gegenwärtig ist die Buche, der charakteristische dänische Waldbaum. In den Küchenabfällen findet sich nun häufig der in Dänemark längst verschwundene Auer= hahn, den seine Nahrung an Nadelholzwälder bindet, welche, wie gesagt, schon lange nicht mehr in Dänemark als Waldbestände vorkommen. Neben dem Auerhahn wurde noch der erst in unserem Jahrhundert in Island, seinem letzten Zufluchtsort, ausgestorbene große Wasser= vogel, der Alk (Alca impennis), und der Singschwan ge= gessen, welcher jetzt nur noch im Winter so weit süd= lich zieht.

Die übergroße Mehrzahl der Knochen von Säuge= thieren (nach Steenstrup 97% aller gefundenen Knochen) lieferten Hirsch, Reh und Wildschwein. Doch finden sich auch Knochen vom Auerochsen (Bos urus), vom Bär, Wolf und Fuchs, vom Luchs, der Wildkatze, dem Marder und der Fischotter. Auch eine Seehundart, der Delphin, der Biber, die Wasserratte, die Hausmaus, der Igel haben in den Abfällen des Mahls ihre Knochenreste hinterlassen.

Sicher wurde das Fleisch aller dieser Thiere gegessen. Man findet ihre Knochen angebrannt und abgenagt mit deutlichen Einschnitten von Kieselmessern herrührend; die Röhrenknochen aufgeschlagen, um das Mark aussaugen zu können.

Das Fleisch wurde meist gebraten, vielleicht aber auch, wie die rohen Kochgeschirrreste zu erweisen scheinen, gekocht. Reste vegetabilischer Nahrung finden sich nicht, so daß also auch die alten dänischen Muschelesser ausschließlich oder wenigstens sehr vorwiegend von Fleisch sich nährten. Man findet keine Handmühlen zum Zerquetschen von Vegetabilien, wie sie sich in späteren Zeiten so häufig erhalten haben; dagegen Netzbeschwerer und drei- bis vierzackige kammartige Werkzeuge aus Bein, denen ganz ähnlich, wie sie die Grönländer zum Stricken ihrer Netze noch jetzt gebrauchen. Alles deutet auf ein ärmliches Nomadenvolk von Jagd und Fischerei lebend. Das Rind von geringer Größe findet sich in verhältnißmäßig seltenen Resten, es war wohl schon als Hausthier gezähmt; sicher tritt aber nur der Hund als Hausthier auf, eine kleinere Rasse, dessen Fleisch, wie die Schnittspuren von Steinmessern auf den gefundenen Knochen beweisen, auch nicht verschmäht wurde.

Die alten Pfahldörfer, deren erstes Auffinden in der Schweiz so gewaltiges Aufsehen gemacht hat, scheinen in der ältesten Culturperiode, welche man vielleicht etwa mit der der dänischen Küchenabfälle parallelisiren darf, ebenfalls von einer fischenden und jagenden Bevölkerung bewohnt gewesen zu sein. Die Wohnungen standen bekanntlich auf Plattformen, welche auf Pfählen, in den Seegrund eingerammt, ruhten. Die Hütten, einige von 30' Länge und 20' Breite waren zum Theil von rechteckiger Gestalt,

ihre Wände bestanden aus Flechtwerk auf Stangen gestützt und mit Lehm beworfen. Die Dächer waren wie es
scheint aus Stroh oder Schilf. In der Mitte des Wohn-
raumes, welcher keine weiteren Abtheilungen erkennen
läßt, war der aus Steinplatten gebaute Herd.

Die Bewohnung mehrerer dieser Pfahldörfer dauerte,
wie man in einigen Pfahlbauten namentlich aus den
Funden römischer Münzen mit Sicherheit nachweisen kann,
bis an die Grenze der historischen Zeit jener Gegenden
herab. Wir können uns daher nicht verwundern, wenn
wir nach und nach bei ihren Bewohnern zahlreiche Hausthiere sowie Getreidebaue auftreten sehen.

In Pfahlbauten (Robenhausen und Wangen), deren
Bewohner sich noch hauptsächlich der Steininstrumente be-
dienten, wurden schon drei Sorten von Weizen, darunter
der ägyptische Weizen (Triticum turgidum) aufgefunden.
Auch Gerste wurde schon angebaut und zwar vorwiegend
die sechszeilige Gerste, welche auch bei Aegyptern, Griechen
und Römern die gebräuchliche Sorte war. Erst in den
Pfahlbauten, in welchen man schon Eisengeräthe findet,
tritt der Hafer auf. Man hat auch den ächten Hirse
(Panicum miliaceum) gefunden, dagegen niemals Roggen.

Auch die wildwachsenden Waldfrüchte: Holzäpfel,
Schlehe, Vogelkirsche, Haselnuß, dann die Beerenarten
wurden häufig gegessen.

Das Getreide verstand man zu einem Brod zu ver-
backen aus grob gemahlenen Getreidekörnern bestehend.
Die Mühlsteine zum Zerreiben des Getreides finden sich
zahlreich. Es sind etwas ausgehöhlte (ausgeriebene)
Steinplatten und dazu gehörige längliche abgerundete
Steine, mit welchen man auf den Platten die Getreide-

körner zerquetschte. Die Aepfel wurden in Stücken ge=
trocknet (Schnitze).

Unter den Hausthieren der Pfahldörfer erscheint als
das wichtigste das Rind. Es tritt von Anfang an in
zwei Hauptrassen auf, von denen man die eine als Ab=
kömmlinge des Urochsen (Bos primigenius) ansieht, die
andere scheint ihre wilden Stammältern nicht in Europa
vielleicht in Asien oder Afrika zu haben. Analog ist es
mit dem Schwein, von welchem man auch zwei Haupt=
rassen unterscheidet: das kleinere Torfschwein, welches das
gezähmte Wildschwein zu sein scheint und unser wohl auch
aus dem Süden eingeführtes Hausschwein. Mehrere
Hunderassen und Pferde, letztere hier erst ganz sicher als
Hausthiere, treten auf; seltener Ziege und Schaf.

Die Kochgeschirre sehen wir zum Theil schon sehr
vervollkommnet. Große und kleine Töpfe zum Aufbe=
wahren; irbene Kochtöpfe und Schüsseln; dann große
Löffel und Quirle, letztere wahrscheinlich zum Buttern
aus Holz, haben sich erhalten. Seiherartige Gefäße dienten
zur Käsebereitung; es sind Töpfe, in deren Obertheil
eine Reihe von Löchern angebracht ist zum Abgießen der
Molke von dem geronnenen Käse.

Wir sehen in der Vorgeschichte die alten Bewohner
unserer Gegenden aus jagenden Nomaden zu einer an=
sässigen, landbauenden und viehzüchtenden Bevölkerung ge=
worden. Wenn auch noch die Jagd und der Fischfang
einen wichtigen Bestandtheil der Nahrung lieferte, so daß
man an einigen Stellen unter den Kochresten sogar mehr
Hirschknochen als Knochen vom Rind gefunden hat, so
bildeten doch die Milch, Käse und Butter der Rinder,
Schafe und Ziegen dann das Fleisch dieser Hausthiere

und zwar namentlich des Schweins, das Brod und die
Früchte schon die Hauptbasis der Ernährung.

Alles scheint darauf hinzudeuten, daß diese Verfeine=
rungen des Lebens zum großen Theil aus dem Süden
über Italien und vielleicht zum Theil auch aus dem
Osten sich verbreitet habe.

Namentlich die Erzgeräthe und Waffen deuten mit
großer Sicherheit auf einen früheren Handelszusammenhang
des inneren Europas mit Etrurien. Auf demselben Wege
sind vielleicht theilweise die Hausthiere und Kulturpflanzen
eingeführt worden, deren Reste den Pfahlbauten und anderen
vorgeschichtlichen Fundstellen enthoben wurden. Es haben
aber auch die in den Zeiten der ältesten vorgeschichtlichen
Völkerwanderungen aus Osten nach Europa einbrechenden
Völkerstämme aus ihren früheren Wohnsitzen Hausthiere
und Kulturpflanzen mit sich gebracht. Doch spricht die
Zähmung des Hundes, des Rennthiers[1]), des Urochsen
und des Torfschweines, welche wir bei der Urbevölkerung
Mittel = und Nord = Europas mit mehr oder weniger großer
Gewißheit begegnen, dafür, daß der Mensch hier wie
anderwärts auch die Thiere zu Hausthieren zu erziehen
verstand, welche ihm die wilde Natur darbot.

Noch zu den Zeiten, über welche Cäsar, Tacitus
und Strabo berichten, war Deutschland in weiter Aus=
dehnung mit Wäldern und Sümpfen bedeckt; das Clima
erschien so rauh und feucht, daß sich ein Italiener oder

---

1) Die älteste historische Nachricht über das gezähmte Renn=
thier, welches noch heute in Europa bei den Lappen, in Asien bei
den Samojeden und Rennthier = Tunzusen Heerdethier ist, findet
sich wohl bei Aelian, welcher von gezähmten Hirschen bei den
Scythen redet.

Grieche, deſſen Heimath die Cultur ſchon ſeit Jahrhun=
derten in einen blühenden, immergrünen Garten verwan=
delt hatte, nicht vorſtellen könnte, daß hier der Weinſtock
oder die ſonneliebenden Fruchtbäume gedeihen könnten, deren
Früchte er für das Leben für faſt unentbehrlich hielt.

Es war vergeſſen, daß die alten europäiſchen Cul=
turländer: Griechenland und Italien mit ihren Inſeln,
als die Einwanderung der indogermaniſchen Stämme von
Oſten her begann, auch noch mit Fichten= und Eichen=
Wäldern und Sumpf bedeckt waren, und daß auch bei
ihnen eine faſt ein Jahrtauſend alte Cultur dazu gehört
hatte, die Wildniſſe zu lichten, die Sümpfe auszutrocknen,
für den Oelbaum und den Weinſtock, für die Getreide=
pflanzen und die Feige der Sonne Raum zu ſchaffen.

Bei den Dichtern klingen die alten Erinnerungen an
jene einfache Zeit des Waldlebens, an das „goldene Zeit=
alter" und die primitive Einfachheit ſeiner Lebensbedürf=
niſſe aus, als das Getreide noch unbekannt war und auch
hier die Menſchen von den Früchten des Waldes, des
immergrünen Eichbaums[1]) und vom Ertrag der Heerden
und der Jagd lebten.

Ausgrabungen in Italien, namentlich in Oberitalien,
haben es ſichergeſtellt, daß auch dort eine der Civiliſations=
ſtufe der älteren Pfahlbauer analoge Periode der höheren
Cultur vorher ging.

Der Weinbau war dem goldenen Zeitalter unbekannt.

---

1) Die Sitte des Eicheleſſens war noch nach Strabo's Be=
richt bei den bergbewohnenden Iberern üblich: „ſie bedienen ſich
zwei Drittel des Jahres hindurch der Eicheln; man trocknet und
ſtößt ſie, dann werden ſie gemahlen und zu Brod gebacken; ſo
bewahren ſie dieſelben auf, bis zur Zeit, da ſie ſie brauchen."

Ein berauschender aus wildem Honig bereiteter Trank,
Meth, vertrat die Stelle des Weines. In dem Orphi=
schen Gedicht erhält Zeus von der Nacht den Rath,
Kronos seinen Vater zu binden, „wenn er honigberauscht
unter den Eichen liege."

Die Nahrung der Homerischen Helden ist
noch sehr einfach.

Ihr Hauptbestandtheil ist gebratenes Fleisch der Haus=
und Jagdthiere, dann Brod und Mehl und als Getränk
der mit Wasser gemischte Wein.

Auf Seereisen diente als Schiffskost Mehl und Wein.
Telemachos bittet für seine Reise zu Nestor die Schaff=
nerin Eurykleia: „Mütterchen, eile mir Wein in gehenkelte
Krüge zu schöpfen, lieblichen; — Zwölf nun fülle mir an
und spünde sie alle mit Deckeln. Dann auch schütte mir
Mehl in wohlgenähete Schläuche; zwanzig seien die Maße
des fein gemahlenen Kernmehls." Bei keiner besseren
Mahlzeit fehlte neben dem gebratenen Fleisch der Mast=
schweine, fetten Rinder, Schafe und Ziegen das Brod.
Das Ehrenstück der Könige und geehrten Fremblinge ist
der Rücken des Schlachtthiers. Der bräunliche Held Mene=
laos reicht dem ihn besuchenden Telemachos „den Rücken
des Stiers, den fetten gebratenen dar, in den Händen
gefaßt, der ihm zur Ehre bestimmt war"; und Odysseus
läßt durch den Herold dem phääkischen Sänger, dessen
heimathliche Klänge ihm die Thränen entlockt hatten, ein
Stück seines Festbratens reichen: „sondernd des Rückens
ein Theil — doch blieb ihm Mehreres übrig — vom
weißzahnigen Schwein und mit blühendem Fette bedeckt
war's". Die Schenkel der Opferthiere zwiefach mit Fett
umwickelt wurden bei Opfermahlen den Göttern verbrannt.
Bei gewöhnlichen Mahlzeiten genügte für die Götter das

Stirnhaar des Schlachtthieres. Das Fleisch und die Eingeweide wurden an Spießen gebraten, wenn es rasch
gehen sollte in kleine Stücke zerschnitten, in den Häusern
der Edlen mehr im Ganzen, wo es dann der Vorschneider
zerlegte.

Das Brod der Heroenzeit war rund, scheibenförmig,
wenn wir Virgil glauben dürfen, welcher seine Helden bei
einer Mahlzeit zur witzigen Sühnung des Fluches, daß
sie einst aus Hunger ihre Tische essen sollten, die Brode
zuerst als Teller für das Fleisch benützen und dann verzehren läßt.

Von weiteren Gerichten erzählt Homer nur wenig,
fast Nichts.

Von animalen Speisen erwähnt er der Blutwürste,
welche als eine beliebte Kost erscheinen: „Hier ja sind
Geißmagen gelegt auf glühende Kohlen, welche mit Fett
und Blute gefüllt wir braten zur Nachtkost" und an einer
anderen Stelle, wo Odysseus unruhig bei Nacht auf dem
Lager in seinem ihm fremd gewordenen Hause den Unter-
gang der übermüthigen Freier plant: „doch er selbst noch
wälzte sich hierhin und dorthin. Wie wenn den Magen
ein Mann an gewaltiger Flamme des Feuers, welcher
mit Fett und Blute gefüllt ward, hierhin und dorthin
stets umdreht, und in Eile verlangt, ihn gebraten zu
sehen: also hierhin und dorthin bewegt er sich, tief nach-
denkend."

Von Getreidearten werden Weizen, Spelz und Gerste
Triticum saticum, Tr. spelta und Hordeum hexastichum
und distichum erwähnt. Hafer ist unbekannt. Die Pferde
wurden „mit Spelz und gelblicher Gerste" gefüttert. Von Hülsenfrüchten werden Bohnen und Erbsen genannt. In Griechenland wurde nach der Schilderung der athenienfischen Sitten

bei Mexander in der ältesten Zeit mehr Gerste, im alten
Latium nach Plinius Bericht vorwiegend Weizen (Dinkel
oder Spelz) als Getreidefrucht gebaut. Die Griechen zogen
bis in die nachchriftliche Zeit den Gerstengries allen an=
deren Griessorten vor, während das Gerstenbrod, das bei
den Alten gewöhnlich war, früh von dem Weizenbrod ver=
drängt wurde und später fast nur noch als Futter für das
Vieh Verwendung fand. Der Gerstenschleim, das Gersten=
wasser war in der hippokratischen Medicin eines der be=
kanntesten und gepriesensten Heilmittel.

Aus den alten Götterdiensten läßt sich ein Schluß
ziehen auf die ältesten Zubereitungsweisen des Getreides,
da in dem Götterdienst die alterthümlichsten Sitten auf das
Strengste festgehalten wurden.

In Rom gehörten zu den ersten der Sage nach von
Romulus gestifteten Priesterkollegien die Flurbrüder, welche
alle auf die Landwirthschaft bezüglichen Götterdienste zu
besorgen hatten. Ihr heiliges Abzeichen war ein mit einer
weißen Binde zusammengehaltener Aehrenkranz, der älteste
Kranz bei den Römern. Numa verordnete, daß die Götter
mit gesalzenem Schrot, mit grobem mit Salz gemischten
Mehl, mit welchem man, wie in den Homerischen Gedichten
die Opferthiere bestreute, verehrt würden. Die alten
Griechen verwendeten dazu Gerstenmehl, was darauf
deutet, daß die Gerste die älteste Getreideart war. Auf
Numa geht auch das Rösten des Getreides, welches das=
selbe gesünder und verdaulicher macht, zurück; nur ge=
röstetes Getreide war rein genug zum Götterdienst. Er
hatte die Fornacalia, das Ofenfest eingeführt, an welchem
nur geröstetes Getreide genossen wurde. Den Neuver=
mählten wurde ein Getreidekuchen vorgetragen. Denn
das Verbacken zu Brod war nicht die älteste Benützung

der Getreidefrüchte in Italien. Die Römer der alten Zeit
lebten neben Fleisch und Milch vorwiegend von Muß und
Klößen. Ennius, der älteste römische Dichter sagt in einer
uns von Plinius aufbewahrten Stelle, indem er die
Schrecken der Hungersnoth bei einer Belagerung beschreibt: „Vom Hunger getrieben entrissen die Väter den
weinenden Kindern den Kloß (offa)". So bestanden die
Opfer nach altehrwürdigem Gebrauch, die Geschenke bei
Geburtstagen bis zur christlichen Periode in Rom aus
geröstetem Muß.

Das Oel diente noch nicht als Nahrungsmittel;
Butter wird von Homer aber nicht erwähnt, dagegen
Käse: Ziegenkäse, und zwar an einer Stelle, wo auch
einer Gemüspflanze der Heroenzeit gedacht wird: der
Zwiebel und einer Art flüssigen Mehlspeise: Weinmus.
Diese ungewöhnlichen Genüsse finden sich im Zelte des
alten Nestor:

„Weinmus mengt jetzt ihnen die lockige Hekamede
Sie nun rückte zuerst die schön geglättete Tafel
Mit stahlblauem Gestell vor die Könige; mitten darauf dann
Stand ein eherner Korb voll trunkeinladender Zwiebeln,
Gelblicher Honig dabei sammt heiligem Kerne des Mehles,
Auch ein stattlicher Kelch, den der Greis mitbrachte aus Pylos.
Hierin mengte das Weib, an Gestalt Göttinnen vergleichbar,
Ihnen des pramnischen Weins, und rieb mit eherner Raspel
Ziegenkäse darauf, mit weißem Mehl ihn bestreuend,
Nöthigte dann zu trinken, da wohl sie bereitet das Weinmus".

Obst und Früchte sind vom Wein abgesehen noch fast
ganz ungebräuchlich. Man sieht aus der nicht einmal dem
„älteren Homer" angehörenden Beschreibung der Gärten
des Alkinoos, des reichen Königs der Fäaken, wie neu
und ungeübt im Ganzen noch die Gartenkultur war. Die

Fruchtbäume, offenbar seit verhältnißmäßig kurzer Zeit erst an vereinzelten Orten eingebürgert, erscheinen in dem ihnen noch fremden Klima der besonderen Pflege und geschützter Standorte sowie künstlicher Bewässerung bedürftig. Der Garten und Park ist eine der Hauptzierden des üppigen Königsschlosses:

„Außer dem Hof erstreckt ein Garten sich, nahe der Pforte,
Eine Huf im Geviert, und rings umläuft ihn die Mauer.
Dort sind ragende Bäume gepflanzt mit laubigen Wipfeln,
Voll der saftigen Birne, der süßen Feig und Granate,
Auch voll grüner Oliven, und rothgesprenkelter Aepfel.
Diesen erleidet die Frucht nie Mißwachs, oder nur Mangel,
Nicht im Sommer noch Winter, das Jahr durch, sondern beständig
Vom anathmenden West treibt dieß, und anderes zeitigt.
Birne reift auf Birne heran, und Apfel auf Apfel,
Traub auf Traube gelangt, und Feige auf Feige zum Vollwuchs;
Dort auch prangt ein Gefild von edelem Weine beschattet.
Einige Trauben umher auf ebenem Raume gebreitet,
Dorren am Sonnenstrahl, und andere schneidet der Winzer,
Andere keltert man schon, hier stehen Herlinge vorwärts,
Eben der Blüt' entschwellend, und andere bräunen sich mählich.
Dort auch zierlich bestellt sind Beet' am Ende des Weinlandes,
Reich an manchem Gewächs und stets schönprangend das Jahr
            durch".

Wie noch heute in südlichen Gegenden Europas wurde danach der Wein schon in jener Zeit aus Beeren gekeltert, welche zuerst an der Sonne theilweise getrocknet waren, um den Wein stärker und haltbarer zu machen.

Das frühere griechische Alterthum hatte von den nördlicheren Theilen Europas nur eine sehr unvollkommene Vorstellung. Dort kann man wie Sophokles (bei Strabo) sagte:

„Zu der Erde Rand,
Zum Quell der Nacht, und zu des Uranos Ruhbett
Und Phöbos altem Garten —."

Nach Homer lebten jenseits des Landes der Thracier die Milchtrinker, die Galaktophagen und die Pferdemelker die Hippomolgen:

„Welche bei Milch arm leben, ein Volk der gerechtesten Männer."

Strabo erklärt sie für die auf Wagen wohnenden Scythen und Sarmaten, trennt sie aber nicht genau von keltischen und germanischen Stämmen. Nach Posidonius sollten sie sich alles Lebendigen als Speise enthalten, auch des Fleisches der Zuchtthiere aus Frömmigkeit. Sie nähren sich von Honig, Milch und Käse.

Wir dürfen vielleicht annehmen, daß germanische Stämme, welche damals noch weiter ostwärts als Nomaden und Halbnomaden lebten, unter dem Homerischen Volk der „gerechtesten Männer" mit begriffen waren.

Wo die Germanen in die Geschichte eintreten, finden wir sie theils in festen Sitzen, theils mit ihrer Habe und Familien auf rinderbespannten Wagen, während das Pferd fast ausschließlich zum Reiten verwendet wurde. Pferdemilch ist ihre Speise nicht, obwohl sie bei nahen östlicheren Stämmen ein gebräuchliches Nährmittel ist.

„Ihr Trank — sagt Tacitus — ist ein Gebräu aus Gerste oder Korn, zu einer Art schlechten Weines verarbeitet. Die nächsten am Rheinufer erhandeln auch Wein. Ihre Kost ist einfach: wilde Baumfrüchte, frisches Wildbret, oder saure Milch; ohne Aufwand, ohne Gaumenkitzel treiben sie den Hunger aus. In den Mitteln wider den Durst beweisen sie nicht die gleiche Nüchternheit".

Ihr Ackerbau war nach Tacitus ebenfalls noch sehr primitiv:

„Sie wechseln alljährlich mit dem Ackerlande, und Land haben sie mehr als genug. Denn sie wetteifern nicht durch Bearbeitung mit der Ergiebigkeit und der Ausdehnung ihres Bodens, daß sie Obstgärten pflanzen, gesonderte Wiesen und Gärten mit künstlicher Bewässerung anlegen. Nur Getreide ist's, was man vom Boden begehrt. Darum theilen sie auch das Jahr nicht in so viele Abschnitte: Winter, Frühling und Sommer hat bei ihnen seinen Begriff und seine Benennung; vom Herbst kennen sie so wenig den Namen als die Gaben."

Ihr Getreide war vor allem Gerste und Korn, Plinius erwähnt später den Hafer, den er für eine in dem schlechten Klima ausgeartete Getreideart hält.

Die Einfachheit des germanischen Tisches mußte dem Römer um so mehr auffallen in einer Zeit, als der Hauptstadt der Welt die erlesensten und kostbarsten Nahrungsmittel aus allen bekannten Welttheilen zuströmten und die Produkte der verschiedensten Klimate und Länder künstlich für die Genußliebe der Vornehmen in Italien selbst gezogen wurden.

Nach Plinius Angabe lebten die Germanen von Haferbrei.

Zu Cäsar's Zeiten war die von Tacitus gerügte Trinklust der Germanen und ihr Bier noch nicht Gegenstand der Beachtung geworden. „Sie leben", nach Cäsar's bekannten Worten, „nicht sowohl von Getreide", obwohl der Ackerbau ganz allgemein war, „sondern größtentheils von der Milch und dem Fleisch ihrer Heerden und sind außerdem eifrige Jäger". „Die Einfuhr des Weines ist bei ihnen geradezu verboten, sie meinen der Mensch werde dadurch verweichlicht und unfähig, Strapazen zu ertragen." An einer anderen Stelle wird neben Milch und Fleisch

speciell Käse genannt. Daß bei Festgelagen berauschende
Getränke üblich waren, geht auch aus Cäsar's Worten
hervor. Die Hörner der Ure, der Auerochsen, „sind bei
den Germanen sehr gesucht; man beschlägt sie am Rand
mit Silber und gebraucht sie dann bei Gastmählern, wo
es hoch hergehen soll, als Trinkgeschirre". Das berauschende Getränk war ursprünglich wohl Meth, erst später
scheinen sie von den ackerbauenden keltischen Völkern, mit
welchen sie in Berührung kamen, die Bereitung einer Art
von Bier aus Getreide gelernt zu haben.

2) Die Herkunft der wichtigsten Nahrungsthiere und Nahrungspflanzen.

I. Die Hausthiere und ihre Produkte.

Wo das Stammvaterland unserer zahmen Rinder,
Schafe und Ziegen sei, wo sie im wilden Zustande
leben oder lebten, läßt sich kaum mit aller Sicherheit bestimmen. Bei Rindern scheint es, wie wir theilweise schon
oben angaben, wahrscheinlich, daß von verschiedenen Völkern
verschiedene ursprünglich wilde Arten gezähmt und in Heerden vereinigt wurden.

Im Alterthum glaubte man, daß Indien die Urheimath der zahmen Haussäugethiere sei. Aelian behauptete, unsere Hausthiere, Schafe, Ziegen und Rinder fänden
sich in den indischen Gebirgen wild. Varro hielt Afrika
für das Stammland des Schafs, von wo es Hercules
nach Griechenland gebracht habe. In Cypern und Per-
sien, in Nordafrica, in Sardinien, Corsica und Südspanien finden sich kurzschwänzige wilde Schafarten
(drei), welche als Muflon bezeichnet werden und die man
vielfach — eine oder die andere Species — als Stamm-

art des zahmen Schafs angesprochen hat. In den asiati=
schen Bergen lebt eine andere wilde Schafart: der Argali
(Ovis Ammon). In den Gebirgen des mittleren Asiens
ist die Schafzucht noch heute sehr verbreitet. Vielleicht
lebte die alte, jetzt ausgestorbene Stammart des Schafs
in den Gebirgen von Kaschmir und Tibet, wo das zahme
Schaf dem wilden Zustand noch näher scheint als irgend
wo anders. Das Aussterben der wilden Stammrasse ist
auch bei anderen Hausthieren z. B. dem Dromedar be=
obachtet. Vielleicht sind wie bei den Rindern auch bei den
Schafen von verschiedenen Völkern verschiedene in ihrem
Lande wild lebende Arten zu Hausthieren gezähmt worden.

Dasselbe gilt wohl auch von der Z i e g e. Wilde
Ziegen fanden sich im Alterthum in Italien und auf den
griechisch = italischen Inseln, auch (nach Strabo) in Spanien.
Auf Persiens Gebirgen und im Caucasus finden sich noch
in Heerden wilde Ziegen (Capra aegagrus Gm.) welche
man als die Stammart unserer Hausziege anzusprechen
pflegt.

Die M i l c h der Rinder und des Kleinviehes tritt als
wichtiger Nahrungsbestandtheil in der Ernährung unserer
Vorfahren auf. Aus dem Berichte des Tacitus sehen wir,
daß sie theils ohne weitere künstliche Veränderung genossen
wurde. Theilweise wurde sie zu einem einfachen K ä s e,
Quark, wie uns Plinius erzählt, und zu B u t t e r ver=
arbeitet.

Die B u t t e r war dem griechischen und römischen
Alterthum der klassischen Zeit so gut wie unbekannt. Da=
gegen werden uns nördliche und südliche, namentlich aber
alle Hirtenvölker als butteressend geschildert. Herodot be=
schreibt zuerst als etwas ganz besonderes die Butterbe=
reitung aus Pferdemilch bei den Scythen. Noch Plinius

und Galen halten es für nothwendig, die Bereitung der
Butter ihren Lesern ausführlich zu schildern. In der
Medicin hatte sie schon hie und da als Salbe Verwendung
gefunden. Die Perser, die Altväter der Juden, nach
Strabo die Aethiopen und die Lusitanier essen Butter.
Seit 1491 gestattet die römische Kirche den Genuß der
Butter an Fasttagen.

Bei Griechen und Römern vertrat in der nachhomeri=
schen Zeit wie noch heute das Oel der Olive die Stelle
unserer Butter.

Der Oelbaum wie der Feigenbaum wurden von
den semitischen Völkern des südlichen Vorderasiens in alter
Zeit schon durch die Pflege der Cultur veredelt. Bei den
Juden des alten Testamentes wird Oel zu Speisen und
Opfern gebraucht. Dagegen erzeugte Aegypten kein Oli=
venöl.

Die Homerische Zeit kennt in Griechenland das Oel
als köstliche Salbe. Zuerst auf jonischem Küsten= und In=
selboden, dann in Attika finden wir den zahmen Oelbaum,
der bald zum Symbol der Fruchtbarkeit des Landes wird.
Nach dem Berichte des Plinius wurde der Oelbaum in
Italien erst nach der Zeit der Tarquinier allgemeiner.
Von Italien aus hat sich der Oelbaum seine heutige Ver=
breitung über die Küsten der Mittelmeerländer erobert.

Neben der Milch und ihren Produkten, von welchen
die Germanen das berauschende Getränk, welches die
scytischen Roßhirten wie damals so noch heute aus Pferde=
milch bereiten, nicht kannten, ist das Fleich das wichtigste
Nahrungsmittel.

Das Fleisch des Heerdenviehes und das der Jagd=
beute wurde gegessen. Cäsar beschreibt unter der letzteren
das Rennthier, das Elenthier und den riesenhaften Ur=

ochsen, dessen Erlegung für besonders rühmlich galt und
den er für unzähmbar erklärt. Aber aus späteren Nach-
richten sehen wir, daß auch Pferdefleisch, das Fleisch von
Bibern, Hasen 2c. und von allerlei wildem Geflügel gegessen wurde. Der heilige Bonifacius fand den Gebrauch
des Pferdeessens bei den Germanen noch allgemein vor
und gestattete ihn anfänglich. Papst Gregor III. (um 732)
ließ ein strenges Verbot dagegen ausgehen: „Du hast
Einigen erlaubt das Fleisch von wilden Pferden zu essen,
den Meisten auch das der zahmen. Von nun an heiligster
Bruder, gestatte dies auf keine Weise mehr". Später
(751) verbot die Kirche den Germanen durch Bonifacius
auch den Genuß anderer Fleischsorten. Papst Zacharias
gebot den Christen sich von dem Genuß des wilden Ge-
flügels und zwar der Krähe oder des Hähers (Craculus),
des Raben (corniculus) und der Störche zu enthalten.
Noch mehr seien die Biber und Hasen und vor allem die
wilden Pferde (equi silvatici) zu meiden. Diese Kirchen-
verbote hatten anfänglich keinen durchschlagenden Erfolg.
Noch ums Jahr 1000 spricht der St. Galler Mönch
Eckehard den Tischsegen über das Pferdefleisch: „Süß sei
das Fleisch des wilden Pferdes im Kreuz Christi." (B. Hehn.)

Die Ente und die Gans scheinen im mittleren Eu-
ropa und zwar schon im hohen Alterthum zu Hausthieren
erzogen worden zu sein. Die weiße Gans ist von den
Römern durch Zucht zu einer festen Rasse ausgebildet
worden. Bei den Römern wurde zuerst die große (krank-
hafte) Gänsefettleber künstlich erzeugt. Die Indier und
Griechen bewunderten die Schönheit des fremden Vogels.
Penelope erfreute sich an einer kleinen Heerde von 30
Gänsen. Die Wachsamkeit der Gänse als Hüterinen des
Hofes und Hauses war bei den Griechen berühmt vor

der bekannten Rettung des Kapitols. Auf dem Grabe
einer guten Hausfrau fand sich auch eine Gans als Sinn-
bild der häuslichen Wachsamkeit der Verstorbenen abgebildet.

Der Haushahn hat sein Vaterland in Indien, der
Bankivahahn in Java scheint die wilde Stammart zu sein.
Von dort aus verbreitete er sich erst verhältnißmäßig spät
weiter nach Westen; Homer nennt ihn nicht. Dem alten
Testament ist er unbekannt; die alten ägyptischen Denk-
mäler bilden ihn nicht ab. Erst seit den medisch-persischen
Zügen wird er an der Mittelmeerküste bekannter. Die
Aegyptier, welche nach Aristoteles schon die Eier von an-
derem Hausgeflügel künstlich auszubrüten verstanden, er-
fanden nach Diodor die Brutöfen für die künstliche Hühner-
Zucht.

Der Hahn erscheint etwa um die zweite Hälfte des
sechsten Jahrhunderts in Griechenland. V. Hehn meint,
daß wir daher seine Ankunft im inneren Europa nicht vor
das fünfte Jahrhundert vor Christi setzen dürfen. Cäsar
fand ihn in Britannien, er wurde aber nicht gegessen:
„Hasen, Hühner und Gänse zu essen gilt für Sünde“.
Wie sich das Thier im mittleren und nördlichen Europa
verbreitete, ob direkt durch den Landverkehr aus Asien
oder durch Griechen und Römer, läßt sich nicht mit Sicherheit bestimmen. Die Edda kennt den Hahn. In der Vö-
luspa erweckt ein goldkammiger Hahn im Walde singend
die Helden.

Der Truthahn, Puter, lebt truppenweise wild in
den Wäldern Nordamerikas. Seit 1542 ist er in ganz
Europa von Amerika aus als Hausthiere verbreitet.

Die einheimische Waldtaube war in Europa zu
einer Art halben Zähmung gelangt; eine eigentlich gezähmte Rasse, die Haustaube kam erst im Beginn des

fünften Jahrhunderts vor Christi zu den Griechen. Sie
war der Vogel der Aphrodite, ein Opfer und Wechsel=
Geschenk Liebender; später ein vielverwendetes Symbol
christlicher Mystik.

Der Pfau stammt aus Indien. Das Perlhuhn aus
Afrika, jetzt ist es in Amerika verwildert; der Fasan aus
den Ländern südlich vom kaspischen Meere; der Goldfasan
aus China.

Schließlich erwähnen wir noch des Kaninchens,
welches heute eine größere Verbreitung als Nahrungsthier
erhält. In der Geschichte tritt es bei Polybius um die
Mitte des zweiten vorchristlichen Jahrhunderts zuerst auf
und zwar in Spanien als ein Hausthier der iberischen
Völker, welches aber leicht verwilderte. V. Hehn glaubt,
daß es mit dem iberischen Volksstamm über Afrika in das
westliche Europa gekommen sei. Von Spanien hat es sich
als Hausthier nun über ganz Europa verbreitet, die als
Lapin bezeichnete als Speise beliebte Rasse von Frankreich
aus. Ihr Leben in unterirdischen Gruben unterscheidet
die Kaninchen von dem ihnen sonst sehr nahstehenden Wald=
hasen, bei welchem sich nur Spuren der Kunst, Gruben
anzulegen, finden.

II. Die Mehlfrüchte.

Von unseren Getreidearten erscheint kaum eine
einzige auf dem europäischen Kontinente ursprünglich ein=
heimisch. Das Urvaterland der Mehrzahl der Cerealien
ist nicht mit Sicherheit bekannt. In dem Grenzlande
Mesopotamiens, in Syrien, auf der Hochfläche von
Hauran, sollen nach Griesebach einige unserer Getreide=
arten wild wachsen.

Die älteste nähere Nachricht über die vegetabilische

Nahrung der Nordvölker, zu welchen wir auch die Germanen zu zählen haben, findet sich bei Strabo nach Pytheas, dessen Zeit wohl bald nach Aristoteles angesetzt werden darf. Er erzählt, daß in den nordeuropäischen Gegenden „die zarteren Früchte und Thiere theils gar nicht, theils selten fortkommen, und daß man von Hirse, Kräutern, Beeren und Wurzeln lebt. Wo Getreide und Honig gewonnen wird, macht man auch ein Getränk davon. Das Getreide dreschen sie, weil sie keinen reinen Himmel haben, iu großen Häusern aus".

Hier tritt also der Hirse (Panicum miliaceum)[1]) als eine auch nordische Hauptnahrungsfrucht auf. Wir haben schon erwähnt, daß Hirse auch in den Pfahlbauten der Schweiz aufgefunden wurde. Auch unter den Nahrungsfrüchten der Thracier d. h. der griechischen Nordvölker wird uns im Alterthum der Hirse genannt. Vielleicht ist in Europa dem Bau der reichhaltigeren Getreidefrüchte der Hirsebau vorausgegangen, welcher früher schon im Osten und Westen Europas als eine allverbreitete Fruchtpflanze erscheint. In Italien wird er wie in Arabien zu Brod verbacken. Er stammt aus Ostindien, kann aber, da er eine schnelle Reife besitzt, auch in kälteren Gegenden angebaut werden.

Die germanischen Sprachen bezeichnen als Korn nicht eine bestimmte Getreideart; das Wort wird für die Hauptnahrungspflanze des Landes verwendet. Der scandinavische Norden nennt die Gerste Korn; im nördlichen Deutschland wird der Roggen so benannt, im südlichen der

---

1) Man unterscheidet von dem Panicum miliaceum das kleinere Panicum italicum oder germanicum.

Weizen an einigen Orten der dort vorzugsweise gebaute Spelzweizen.

Von Weizen und Gerste haben wir schon oben das Nähere angeführt. Die Weizenarten erfordern von unseren Getreidepflanzen bekanntlich die meiste Wärme und zwar eine mittlere Sommerwärme von 14°; dadurch ist nach Norden ihre Verbreitungsgrenze gezogen. In Schottland wird er bis zum 58° der Breite, in Skandinavien bis zum 64° gebaut. Südlich geht er bis in die subtropische Zone.

Die Gerste ist unsere nördlichste Getreideart. Sie erreicht in Lappland begleitet von der Kartoffel beinahe die Baumgrenze. In den Alpen Mitteleuropas wird sie noch in 3000 Fuß Höhe gebaut. Noch weit höher in den Gebirgen Südamerikas und auf dem Himalaya.

Der Hafer wurde im griechisch-römischen Alterthum nicht gebaut. Auch in den älteren Pfahlbauten wurde er nicht gefunden. Zu Plinius Zeit war dagegen der Haferbau bei den Germanen gebräuchlich. Sie lebten wie wir oben anführten vom Haferbrei. Die Nordgrenze des Hafers ist in Schottland der 58 1/2° in Norwegen der 65°. Der Hafer scheint wie der Roggen, der dem Alterthum fast ganz unbekannt war und der auch in den Pfahlbauresten vollkommen fehlt, erst später (mit den Germanen?) aus dem mittleren oder nördlichen Asien eingewandert, während wie oben erwähnt, die anderen Getreidegräser wohl eine südlichere asiatische Heimath voraussetzen lassen. Plinius sagt über den Roggen: „der Roggen, welchen die Tauriner am Fuße der Alpen Asia nennen, ist äußerst schlecht und dient nur zu Abwehrung des Hungers. Er hat einen fruchtbaren, obgleich dünnen Halm und ein trauriges schwarzes Aussehen. Um

seine Bitterkeit zu mildern, mischt man ihm Dinkel bei;
aber auch so ist er dem Magen sehr beschwerlich. Er
wächst auf jedem Boden mit hundertfachem Ertrag und
dient selbst als Dünger".

Der Reis wurde Europa direkt von Indien her,
wo er die Hauptnahrungspflanze ist, bekannt, genauer
durch die Feldzüge Alexander's des Großen. Die Mittel-
meerküsten erreichte der Reisbau erst durch die Araber.
Sie machten ihn zunächst im Nildelta einheimisch und
verpflanzten seine Cultur nach Südspanien namentlich
Valencia. Noch später fällt die Einführung seines An-
baues in Oberitalien wo seine Cultur, welche eine sumpf-
artige Bewässerung verlangt, aus sanitären Rücksichten beschränkt werden mußte. Der meiste Reis wird zu uns
bekanntlich aus Ostindien, Java und dem südlichen Amerika eingeführt.

Den Mais fand Columbus bei der Entdeckung in
Amerika schon allenthalben angebaut. Seit dem Anfang
des 16. Jahrhunderts verbreitete er sich in Europa. Jetzt
nährt er einen großen Theil Südeuropas, der Levante.
Er ist bis nach China und Japan ja bis tief nach Inner-
africa vorgedrungen. In Deutschland wurde der Mais
von zwei Seiten her bekannt, wie die Namen türkischer
Weizen und Welschkorn (welsch = italienisch) beweisen. In
Italien wetteifert jetzt die Maiskultur mit dem Weizenbau.

Im Laufe des 15. Jahrhunderts wurde in Mittel-
europa der Buchweizen (Polygonum fagopyrum) eingeführt, der sich, obwohl er eine dikotyledone Pflanze und keine
Grasart ist, hier seiner mehlreichen Samen wegen anschließt.
Er scheint aus dem südlichen Sibirien und der Mongolei zu
stammen, erträgt seiner raschen Fruchtreife wegen aber
noch einen nördlichen Anbau. Er wurde in Norddeutsch-

land, namentlich in Holstein als Grütze eine beliebte Volks=
speise. Sein Name Heidenkraut wird auf seine Ein=
führung durch heidnische Stämme z. B. Hunnen oder
Zigeuner gedeutet. Die Türken= und Mongolenstämme
brachten ihn zuerst in die europäischen Grenzländer.

Wie der Mais so stammt aus Amerika bekanntlich
auch unsere Kartoffel, wo auf den Höhen der Anden
ihre Ur=Heimath ist. Sie geht weit über die Nordgrenze
aller Getreidecultur hinaus, sogar in Island konnte eine
Varietät der Kartoffel eingebürgert werden.

Von Hülsenfrüchten erwähnt, wie oben gesagt,
Homer die Erbsen und Bohnen; Helenos, Priamos
Sohn, schoß auf Menelaus den Pfeil ab, welcher vom
Panzergewölbe zurücksprang:

„Wie von der breiten Schaufel herab auf geräumiger Tenne
Hüpfet der Bohnen Frucht, der gesprenkelten oder der Erbsen,
Unter des sausenden Windes Gewalt, und dem Schwunge des
Worflers".

Linsen gehören zu den ältesten Nahrungsfrüchten,
welche im alten Testament erwähnt werden; von den
Semiten werden sie wie so viele andere Feld= und Gar=
tenfrüchte den Griechen zugekommen sein. In der Mitte
des fünften Jahrhunderts nach Christus ist bei letzteren die
Linse die Nahrung des niederen Volks, deren sich die Be=
güterten enthalten. Der alte Cato lehrt den Anbau der
Linsen und ihre Behandlung mit Essig.

Das Enthalten von Hülsenfrüchten hatte bei den Alten
nicht allein die bekannten diätetischen Ursachen, zum Theil
scheint es auch einen religiösen Grund gehabt zu haben.
Pythagoras verbot bekanntlich den Genuß der Leguminosen
ganz. Den Verstorbenen wurden bei Todtenmählern Linsen
und Salz vorgesetzt. Die Seelen der Verstorbenen sollten

sich in Bohnen sogar aufhalten. Bohnenbrei gehört jedoch als altes römisches Nahrungsmittel zu den ursprünglichen Götteropfern. Plinius berichtet als alte, von vielen Völkern geübte Sitte, Bohnenmehl unter die übrigen Mehlsorten, namentlich unter Hirse zu mischen, was ganz den modernen physiologischen Anschauungen entspricht.

III. Grüne Gemüse und Gartenfrüchte.

Ein großer Theil unserer grünen Gemüse war, im Gegensatz gegen die bisher genannten Früchte, in Europa ursprünglich heimisch. Der Kohl, wohl das wichtigste unserer Gemüse, wuchs und wächst in Europa wild. Die Griechen schätzten ihn nicht, dagegen nahm er zu Cato's Zeit schon die erste Stelle in den römischen Gemüsegärten ein. Man unterschied drei Sorten, welche unserem Wirsing, dem Kopfkohl und dem Grünkohl mit ausgebreitetem Blatt entsprechen. Die Kohlzucht ist, wie die Namen der Kohlarten sagen, nach Deutschland von Italien eingeführt. Verhältnißmäßig der neuen Zeit gehört auch von dorther die Einführung der Kohlrabi an. Der Blumenkohl kam aus dem Morgenland; er wanderte über Italien und Antwerpen erst kurz vor Beginn des dreißigjährigen Krieges nach Deutschland. Die Artischocke ist eine in Europa einheimische durch Cultur veredelte Distel, deren Bau Plinius beschreibt. Auch Rüben und Möhren sind europäischen Ursprungs. Das Rübenkraut wurde in Italien am liebsten als eine Art Sauerkraut gegessen. So dürfen wir wohl die Stelle bei Plinius deuten: das Rübenkraut ist nicht weniger beliebt als das Kohlkraut und zwar noch weit mehr wenn es gelb geworden und abgestorben ist, als wenn es frisch ist. Das Sauerkraut scheint in Deutschland übrigens wie die saure Gurke slavischen Ursprungs.

Die Gurken stammen aus Südasien, Indien. Sie waren in verschiedenen Sorten bei Griechen und Römern bekannt und beliebt. Auf der Tafel des Kaiser Tiberius durften sie keinen Tag fehlen. Seine Gemüsegärtner zogen sie nach Plinius auf beweglichen Beeten, welche sie auf Rädern in die Sonne schoben und an winterlichen Tagen unter den Schutz der Fensterscheiben zurückbrachten. Nach Deutschland scheinen sie spät und zwar durch die nördlichen slavischen Völkerschaften gebracht. Bei den Russen spielt die „saure Gurke" eine sehr wichtige Stelle als Zuspeise. Das Wort Gurke findet sich nach Hehn erst vom siebzehnten Jahrhundert an in Deutschland.

Der Spargel wächst noch jetzt in Deutschland wild. Seine künstliche Cultivirung war, als der alte Cato sein Buch über Landwirthschaft schrieb, etwas Neues. Nach Plinius sind die Gefilde des oberen Germaniens mit einer wilden aber zarten Spargelart angefüllt, was Tiberius Cäsar bemerkt haben soll. Auch in Italien wuchs Spargel überall wild auf Bergen.

Als ursprünglichste Gewürzpflanzen, welche meist weniger der Nahrung wegen als wegen der stärkeren Anregung des Geschmacksinnes genossen wurden, dienten im Alterthum namentlich: Zwiebeln mit Lauch und Knoblauch, Rettig, Kümmel und Senf.

Das Heimathland der gemeinen Zwiebel und der vorzüglichsten als Gewürzpflanzen genossenen Alliumarten, ist unbekannt, wahrscheinlich aber auch das innere Asien. In Aegypten und bei den Juden gehörte sie seit den ältesten Zeiten zu den Bedürfnissen des Volks, sie vertrat hier wie der Lauch und Knoblauch geradezu die Stelle eines Nahrungsmittels. Im Orient wird eine Zwiebelsorte von milderem Geschmack und Geruch gebaut, welche frisch aus

der Hand, wie wir das bei den Homerischen Helden sahen,
gegessen werden konnte. Besonders in Aegypten werden
die Zwiebeln groß und geschmackvoll. Dort werden sie
wie in Südeuropa geröstet und mit Brod als Mahlzeit
vom Volk genossen. Nach Deutschland kam die Zwiebel
aus Italien über den Rhein in ältester Zeit. Dem Lauch
wurde von den keltischen Stämmen sowie auch im ger=
manischen Norden eine magische Kraft zugeschrieben. Wie
der Wäl'sche Fluellen in Shakespeares Heinrich V. trägt
Sigmund, Helgis des Hundingstödters Vater, siegreich
aus der Schlacht heimkehrend als Helmzier Lauch. Lauch
in den Trank gelegt schützte vor Verrath. Auch Knoblauch
tritt, wie die Zwiebel, bei den Griechen und Römern als eine
wahre Speise auf von den Gebildeten höchlichst verachtet.

Der Gartenrettig stammt aus Asien (China), der
Monatrettig, das Radieschen scheint dagegen in Griechen=
land seine wilde Stammart zu besitzen.

Aus dem Orient als seinem ursprünglichen Heimath=
lande wanderte auch der Pfefferkümmel oder römischer
Kümmel (Cuminum cyminum) in alter Zeit nach Eu=
ropa. Ebenso scheint die Bekanntschaft und die Benützung
des Senfs, welcher bei uns als Ackerunkraut wild wächst
(Brassica oder Sinapis nigra und alba), aus dem Orient
über Griechenland und Italien zu den Deutschen gelangt.

Auch die Bezeichnungen und daher wohl auch die
Pflanze von Salat, Lattich, Endivie, Cichorie,
Kresse, Sellerie, Petersilie, Fenchel, Anis ꝛc.
gelangten aus Italien zu den Germanen.

Nur noch mit einigen Worten haben wir über die
Herkunft unserer Obstfrüchte zu sprechen.

Nur einige wenige Beeren und Fruchtsträucher dann
die Vogelkirsche und der Holzapfelbaum wuchsen in Ger=

maniens Wäldern wild. Alle anderen kamen über Italien
und die Rheingegenden in das Herz Deutschlands. Nach
Italien selbst waren sie meist aus dem Orient gebracht
und dort durch Cultur einheimisch gemacht.

Weinstock und Feigenbaum haben die Griechen
und Römer mit den Oliven in alter Zeit von den Semiten
erhalten. Das Vaterland des Weinstocks ist, wie aus den
anziehenden Schilderungen Moritz Wagner's hervorgeht,
südlich vom Südrande des Kaspischen Meeres oder zwischen
Kaukasus, Ararat und Taurus zu suchen. Dort wächst die
edle Traube noch wild im Wald, dessen Bäume sie mit arm=
dickem Stamme umschlingt. In Syrien und Palästina ist
das ursprüngliche Heimathland des Feigenbaums und der
ächten Olive, welche dort zuerst fruchttragend gemacht worden
war. Edle Aepfel und Birnen kamen ursprünglich aus den=
selben Gegenden, ebenso Granat=Apfel und Quitte;
sie waren schon dem Homerischen Griechenland bekannt.

Von den Pflaumenarten ist nur die Schlehe
(Prunus spinosa) bei uns sicher einheimisch, vielleicht in
den Mittelmeergegenden auch die bei uns verwilderte
Schlehenpflaume (P. insititia). Dagegen stammen die edlen
Pflaumen sicher aus dem Orient. Die Zwetsche (P.
domestica) kam zu Catos Zeit nach Italien und ver=
breitete sich in ihren Spielarten von dort bis in rauhe
Gegenden. Die Aprikose wurde zur Zeit Alexanders
des Großen nach Italien gebracht aus Armenien (P.
armeniaca, bei Plinius: Armeniaca mala Armenische
Aepfel). Der Pfirsich stammt ebenfalls aus dem inneren
Asiens und wurde im ersten nachchristlichen Jahrhundert in
Italien bekannt.

Die Sauer=Kirsche (P. cerasus) brachte erst
Lucullus aus Cerasunt in Kleinasien nach Italien. Die

süßen Kirschen, welche wir in den Pfahlbautenresten
antreffen, stammen von der in den schattigen europäischen
Hochwäldern einst wildwachsenden P. avium, der Vogelkirsche.

Auch Mandel, Wallnuß und wohl auch die ächte
Kastanie stammen aus dem Orient, während die ge=
wöhnliche Haselnuß bei uns ursprünglich einheimisch ist.
In Italien wird von Cato (gegen Mitte des zweiten vor=
christlichen Jahrhunderts) weder die Wallnuß noch die
Mandel oder Kastanie genannt, während dagegen damals
der Mandelbaum in Griechenland schon altbekannt ist.
Diese Bäume, welche jetzt wie alteinheimisch in den
Mittelmeergegenden, die ächte Kastanie sogar als Wald=
baum, auftreten und sich zu uns verpflanzt haben, sind
demnach in Italien wie Hehn bemerkt erst seit jener Zeit
eingeführt. Die Roßkastanie kam gegen Ende des 16. Jahr=
hunderts zu uns über Wien aus der Türkei.

Der Hopfen stammt vielleicht aus dem Osten Eu=
ropa's. Linné behauptete, der Hopfen sei zur Zeit der
Völkerwanderung aus dem Inneren Rußlands eingewan=
dert. Er tritt erst nach der Mitte des neunten Jahr=
hunderts häufiger auf. Aus der Zeit Ludwig's des
Deutschen werden Hopfengärten erwähnt; der Hopfenbau
wurde in den späteren Jahrhunderten in Deutschland
immer häufiger. Der Hopfen, welcher das Bier haltbar
macht, wurde im höheren Alterthum durch Eichenrinde,
bittere Wurzeln, in Schweden durch Schafgarbe (Achillea
millefolium) und Porsch (Ledum palustre) ersetzt.

Die Hausthiere in der indogermanischen Mythologie.

Wir haben versucht, im allgemeinen Umriß ein Bild
der Culturentwickelung unserer Vorfahren in Beziehung

auf Nahrungsmittel, Nahrungspflanzen und Nahrungs=
thiere zu entwerfen.

Wenn wir Geologie, Naturgeschichte, Geschichte und
Linguistik nach dieser Richtung befragen, so finden wir
doch noch so Manches unaufgehellt, noch manche Zweifel
bleiben übrig und zwar gerade über Fragen von beson=
derer Wichtigkeit.

Ueber die verhältnißmäßig neue Einführung der
Mehrzahl der jetzt allgebräuchlichen Nahrungspflanzen auf
europäischem Boden vom Oriente her kann kaum eine
Meinungsverschiedenheit bestehen. Wann haben aber die
indogermanischen Völker den Hund, das Rind, die Schafe
und Ziegen, den Eber und das Roß gezähmt? Wann
tritt der Haushahn in Lebensgemeinschaft mit dem Men=
schen? Die Antworten, welche wir oben auf diese Fragen er=
hielten, lauteten mehr oder weniger unbestimmt und unsicher.

Es gibt noch eine Quelle, aus welcher wir im Vor=
hergehenden noch nicht oder nur im Vorbeigehen schöpften.
Die alte Vereinigung der indogermanischen Völker zeigt
sich nicht nur in den Resultaten der Sprachforschung, sie
läßt sich ebenso erkennen in dem organischen Zusammen=
hang ihres Götterglaubens, ihrer heiligen Mythen, welche
noch heute in Aberglauben und Volkssitten, in Märchen,
Sagen und Heiligenlegenden verwandelt sich erhalten haben.
Sie legen durch ihre kräftige Lebenszähigkeit Zeugniß ab
dafür, daß sie Nichts willkürliches, sondern tief begründet
sind in den primitiven Lebens= und Naturanschauungen
des Jugendalters unseres Stammes, an welche sich seine
Glieder nach der langen Trennung von der paradiesischen
Urheimath im kalten Norden noch wie im Traum erinnern.

Wir haben schon oben bemerkt, daß in den Vor=
schriften des Götterkultus sich am längsten uralte Gebräuche

in verhältnißmäßiger Reinheit erhalten haben, so daß wir
aus ihnen auf sonst längst aus der Uebung gekommene
Volkssitten zurückschließen dürfen.   Aehnliches gilt von
den in Mythen verkörperten Naturanschauungen.

Die überraschende Analogie in der Mythenbildung der
indogermanischen Völker bezieht sich zum Theil auch auf
die Thiere, namentlich die gezähmten Hausthiere, welche
in den heiligen Erzählungen auftreten. Wir können nicht
zweifeln, daß diese Uebereinstimmung sich darum so entschieden hat erhalten können, weil die Wesen, um welche es
sich handelt, den indogermanischen Stämmen durch ihre Ein-
wanderuug nach Europa nicht aus dem Gesicht gekommen sind.
Wo es sich um Hausthiere handelt, müssen wir also annehmen, daß sie als Begleiter die Völkerzüge mitgemacht haben.

Im Gegensatz dazu bemerken wir, daß der Mythus
der nach Europa eingewanderten Indogermanen die Thiere,
welche wie der Elephant sie auf ihren Zügen nicht beglei-
teten, vollkommen vergessen oder bei wilden Thieren die
Rollen vertauscht hat, wie zwischen dem in der indischen
Mythe im Allgemeinen als ein heldenhaftes Thier auftretenden Affen oder dem Löwen und dem Bären.

So beweist uns die Mythologie, daß die Bekanntschaft
der indogermanischen Stämme mit dem Rind, dem Schaf,
der Ziege, dem Pferd, dem Hund als Hausthiere auf das
gemeinsame Leben in der Urheimath des Stammes, auf
welche uns auch die wichtigsten Getreidefrüchte hinwiesen,
zurückgeführt werden muß; daß die Bekanntschaft mit
diesen Thieren nie verloschen ist oder nur verdunkelt wurde.

Angelo de Gubernatis beginnt seine vergleichende Er-
zählung der indogermanischen Mythen mit einem Hirten-
idyll. Der Schauplatz ist das weite Tafelland Innerasiens;
gigantische Berge entsenden nach allen Seiten Ströme;

seine Weiden und Wälder durchziehen wandernde Hirten=
stämme; der Hirt oder Herr der Kühe, ist König; der,
welcher die meisten Heerden besitzt, am mächtigsten. Die
Zahl der Kühe zu mehren, sie milchreich und fruchtbar zu
machen, sie gut zu halten, ist der Traum des alten Ariers.
Der Stier, der Befruchter, ist der Typus aller männlichen
Vollkommenheit und das Symbol der königlichen Macht.

Es ist natürlich, daß die beiden hervorragendsten
Thiergestalten in dem mythischen Himmel die Kuh und der
Stier sein mußten. Die Kuh ist die willige, liebende,
treue, segensreiche Vorsehung des Hirten.

Im Himmel existirt eine wohlthätige, segenspendende
Macht, welche die Kuh heißt, und ein wohlthätiger Be=
fruchter dieser Macht, der Stier. Der feuchte Mond, die
feuchte Morgenröthe, die Gewitterwolke, das ganze Him=
melsgewölbe, welches den belebenden und erfrischenden
Regen spendet, alle werden mit besonderer Vorliebe als
die wohlthätige Kuh der Fülle dargestellt. Der Herr dieser
vielgestaltigen Himmelskuh, der sie fruchtbar und milch=
gebend macht, die Frühlings = oder Morgensonne, die
regengebende Sonne, tritt oft als ein Stier auf.

Aehnlich wie Stier und Kuh finden wir Schaf,
Widder und Ziege am und im ursprünglichen indoger=
manischen Himmel. Die Jungfrau Aurora entläßt am
Morgen ihre glänzende Lämmer= und Ziegenheerde aus
dem Stall. Die Sonne, welche vor dieser Heerde her=
schreitet ist selbst bald der junge Schäferkönig, bald das
Lamm, der Widder oder der Bock.

Gubernatis zeigt an einer überreichen Fülle von Bei=
spielen, wie die Indische Götter= und Thiersage in Eu=
ropa in der alten Mythologie erhalten ist, wie die gleichen
Thiere zur Bezeichnung gleicher Göttergestalten auftreten.

J. Grimm berichtet uns von der göttlichen Verehrung der
Kühe bei den Schweden. Kühe und Stiere zogen heilige
Wagen. In den Vedischen Hymnen wird Indra der
Donnergott wie bei Griechen und Römern Zeus als
Stier dargestellt; wie Indra von der Weltkuh, so werden
die Erzeuger Odins und der anderen höchsten scandina-
vischen Götter von der Kuh Audhumala, der Kuh der
Fülle hervorgebracht. Das Brüllen des Donners ist in
allen alten mythologischen Anschauungen mit dem Brüllen
des Wolkenstiers verglichen. Aurora und der Mond treten
gelegentlich in der indischen und römisch-griechischen Götter-
geschichte in der Gestalt einer Kuh auf; bei Luna mahnen
die beiden Hörner auf ihrer Stirne an diese Personificirung.
Man hat in den Pfahlbauten ein Götterbild (?) in der
Form des Mondes gefunden, welche der gehörnten Rin-
derstirn nachgebildet ist. Jo und Europa, welche von
Zeus geliebt werden, erscheinen als Kühe. Fast unzählig
sind die Anklänge und Uebereinstimmungen z. B. der
deutschen Volksmärchen mit den ältesten indogermanischen
mythologischen Darstellungen; im deutschen Sprüchwort
und Aberglauben treten Züge auf, welche sich genügend
nur durch die älteste indische Göttersage deuten lassen.
Wie mit Stier und Kuh so ist es auch mit Schaf und
Ziege. Widder oder Bock sind die Embleme Thor's, eines
der höchsten nordgermanischen Götter, wie Indra als
Widder und Bock erscheint; und auch in der griechisch-
römischen Mythologie tritt der höchste Gott mit der Ziege
(Amalthea) verbunden auf. Hier liegen die Anknüpfungen
unserer heutigen naiven Naturbetrachtung an die älteste
arische sogar noch offener zu Tage als bei Stier und Kuh.

    In der altarischen Mythologie erscheint der Reiter
als der schönste Typus des Helden, das Roß das ihn

trägt, ist das edelste Thier. Die Sonne selbst erscheint
als Held und als Roß. Die beiden glänzenden, feurigen
Renner Indras, mit welchen er gedankenschnell dahinfliegt,
sind wohl dieselben Rosse, welche jeden Tag den Sonnenwagen
ziehen. Aurora dagegen wird von rothen Kühen gezogen.

Auch in der altdeutschen Sage ist nach J. Grimm
das Pferd das edelste, klügste, vertrauteste Hausthier, mit
dem der Held freundliche Gespräche führt, das seinen
Kummer mitfühlt und sich seiner Siege mitfreut. Die
nordische Mythologie weist fast jedem Gott sein besonderes
mit Wunderkräften ausgerüstetes Pferd zu. Das achtfüßige
Roß Odins hieß Sleipnir. Tacitus berichtet uns über
die Verwendung des Pferdes im Cultus der Germanen.
In der Edda erhält Skirner von Freyer ein Pferd, das
wie das Roß Sigurds oder Sifrits seinen Reiter unverletzt
durch Nebel (Wasser) und Flammen trägt. Es ist das
das Bild der Morgensonne, welche in der Fülle der Kraft
aus den Flammen der Aurora auftaucht; am Abend aber,
wenn die Sonne sich in den Flammen der Abend=Aurora
verliert, scheint der Sonnenheld zu sterben und sein Pferd
wird wie das Pferd Balders in der Edda auf dem Schei=
terhaufen verbrannt, geopfert. Die Neubelebung des todten
Helden und seines Pferdes finden zu gleicher Zeit statt. Der
Pferdekopf, welcher aus dem Fenster hervorragt, wie er sich
auf altgriechischen Gräbern dargestellt findet, und in deutschen
Bräuchen bewahrt ist, ist ein Symbol der Auferstehung.

Die mythologische Gestalt des Hundes als Begleiter
des Menschen erscheint ebenfalls in der gesammten indo=
germanischen mythologischen Sage vollkommen ähnlich.

Rinder, Schafe und Ziegen, das edle Roß und der
Hund treten danach im Urbesitz der arischen Stämme als
Begleiter des Menschen auf.

Der Eber war dem Freyer geheiligt, er war wie Pferd, Rind und Bock ein heiliges Opferthier. Da nur Hausthiere opferbar waren, so deutet das auf eine alte bei Germanen gebräuchliche Zähmung des Schweines. Bei den Indern wenigstens erscheint die Katze, welche von anderen kleinen mäusevertilgenden Raubthieren noch nicht sicher gesondert wird, nur im wilden Zustand. Nach Grimm werden die Thiere, welche den Wagen Freyas zogen, keine Katzen sondern Bären gewesen sein. Bei dem Hahn scheint wie wir sahen Manches auf eine ursprüngliche gemeinsame Bekanntschaft der indogermanischen Völker hinzudeuten, doch ist er in der ältesten indischen Mythe noch nicht mit Sicherheit vom Pfau geschieden.

Nach dieser Uebereinstimmung der ältesten Erinnerungen der indogermanischen Stämme, dürfen wir nicht mehr zweifeln, daß schon die ersten Völkerzüge der Arier von Heerden der Rinder, Schafe und Ziegen begleitet und von berittenen Männern mit ihren Hunden geschützt wurden.

So drangen auch die alten Germanen in die deutschen Wald- und Bergdistrikte ein. Die Kenntniß eines höheren Kulturlebens und seiner Bedürfnisse rückte langsam von Italien und theilweise von Griechenland aus vor, welche selbst wieder in diesen Beziehungen die Schüler des Orients waren, wo urverwandte Stämme in der alten Heimath zurückgeblieben die Erzeugnisse zu benützen und zu vereblen verstanden, welche ihnen eine reichere Erde freiwillig darbot.

Die Araber und in freilich sehr geringem Grade die verwüstenden Einfälle der Mongolen brachten noch in späterer Zeit nach Europa neue Kulturgewächse; bis zuletzt durch die Entdeckung Amerikas der bisher bekannten eine neue Welt angereiht wurde, welche bereichernd, befruchtend und erneuernd auf die alten, ermüdenden Culturländer einwirkte.

Anhang.

Tabellen zur Berechnung der Ernährungsversuche.[1]

_____

I) Zusammensetzung der wichtigsten Nahrungsmittel.

1) Nahrungsmittel aus dem Thierreiche enthalten in %:

	Wasser:	Eiweiß:	Fett:			
Ochsenfleisch, mager[2] . .	75,9	18,0	3,5	Wolff	=	W.
„ „	73,4	21,0	4,4	Hildesheim	=	H.
„ „	75,9	21,9	0,9	Voit	=	V.
Ochsenfleisch, fett	65,5	16,2	14,5			W.
„ „	74,7	15,8	7,9	Kirchner	=	K.
Kalbfleisch	78,0	15,3	1,3			W.
„	78,7	13,8	6,6			K.
Schweinefleisch	64,0	14,0	17,0			W.
„	60,4	13,9	24,2			K.
Wildpret	77,0	18,0	1,0			W.
Hammelfleisch	72,9	14,5	9,0			—
Hühnerfleisch	77,3	17,5	1,4			—
Taubenfleisch	76,0	18,5	1,0			—

_____

1) Meist nach C. Voit's Zusammenstellungen.

2) Fleisch ohne Knochen sorgfältig von Fett und gröberem Bindegewebe mittelst Messer und Schere befreit.

	Wasser:	Eiweiß:	Fett:				
Entenfleisch	71,8	20,4	2,3				—
Karpfen	79,8	13,6	1,1				—
Hecht	77,5	15,6	0,6				—
Lachs	75,7	13,1	4,9				—
Häring, gesalzen	48,9	17,5	12,7				—
Stockfisch	47,0	31,5	0,4				K.
Schinken, geräuchert . .	—	30,0	32,0				—
Pöckelrindfleisch	—	16,0	8,0				—
"	49	19,6	10,3				—
Speck, geräuchert	—	5,0	80,0				—
" "	10,7	2,6	77,8				—
" "	3,7	1,7	94,5				B.
Rindsleber, frisch . . .	56,0	16,3	3,2				W.
Blut	79,3	19,4	0,2				—
Hühnereier	74,7	13,1	10,4				W.
"	71,1	15,4	12,5				H.
Kuhmilch, ganz . . .	87,0	4,0	3,6 und	4,8	Zucker	W.
" " . . .	87,2	5,4	3,0	"	3,8	"	H.
" abgerahmt .	90,0	4,0	0,5	"	4,8	"	W.
Buttermilch	90,3	3,4	1,0	"	5,0	"	—
Molken	93,0	0,3	0,4	"	5,7	"	—
Butter	12,0	0,3	86,7				—
"	6,0	0,3	90,0				K.
Fetter Käse	39,0	32,9	25,0				W.
Magerer Käse	40,0	43,0	7,0				—

2) Nahrungsmittel aus dem Pflanzenreiche:

	Wasser:	Eiweiß:	Fett:	Kohlehydrate: Stärkemehl und Zucker:	
Weizenmehl	12,6	11,8	1,2	73,6	W.
"	12,5	13,3	—	73,5	H.
Roggenmehl	14,0	11,0	1,6	71,9	W.
"	15,5	12,2	—	71,1	H.
Gerste geschält	12,5	10,0	2,0	73,5	W.

	Wasser:	Eiweiß:	Fett:	Kohlehydrate: Stärkemehl und Zucker:	
Gerste geschält	11,8	4,7	—	83,3	H.
Hafermehl	14,0	14,5	6,0	63,4	W.
Mais, geschält	13,5	11,0	7,0	67,6	—
Reis	13,5	7,5	0,3	78.1	—
Buchweizen, geschält .	13,0	9,0	1,5	76,5	—
Hirse . , ...	14,0	14,5	3,0	66,5	—
Schwarzbrob	36,3	8,5	1,3	52,5	—
Weißbrob	36,5	7,0	0,5	55,0	—
Zwieback aus Weizen	8,0	15,6	1,3	73,4	K.
„ „ Roggen	12,3	13,1	1,1	71,6	—
Erbsen	14,3	22,5	2,5	58,2	W.
Tischbohnen	14,5	24,5	2,0	55,6	—
Linsen	14,5	26,0	2,0	55,0	—
Saubohnen	14,5	25,0	1,3	56,0	—
Grüne Garten=Erbsen	80,0	6,1	0,4	12,4	W.
„ Schneidebohnen	91,0	2,0	0,2	6,2	—
Weißkraut	90,0	1,5	0,3	71,0	—
Sauerkraut, frisch . .	93,5	1,0	0,2	4,6	V.
Blumenkohl	90,0	2,0	0,6	6,6	W.
Salat und Spinat .	91,7	2,0	0,3	6,0	—
Kartoffeln	75,0	2,0	0,3	21,8	—
Gelbe Rüben	85,0	1,5	0,2	12,3	—
Aepfel, frisch	84,5	0,3	—	14,9	—
Birnen „	80,0	0,3	—	19,2	—
„ gebörrt . . .	22,0	1,2	—	74,9	V.
Zwetschgen	81,0	0,8	—	17,6	W.

100 Gramm Ochsenfleisch vom Fleischer besteht im Mittel aus: 72 Gramm reinem Fleisch, 8 Fett, 20 Knochen (Artmann). Durch Sieden verlieren 100 Gramm frisches Fleisch an Gewicht namentlich Wasser: 43,3 %; im gesottenen Fleisch sind 37,7 % feste Stoffe.

II) Elementar - Zusammensetzung einiger besonders wichtiger Stoffe.

	Wasser	Feste Stoffe	Kohlenstoff	Wasserstoff	Sauerstoff	Stickstoff	Salze
				der trockenen Substanz			
							Schwefel
Eiweiß	—	—	54,96	7,15	21,73	15,18	0,96
Fleisch	75,90	24,10	12,52	1,73	5,15	3,40	1,30
Brod, schwarz, am 2. Tag ohne Rinde .	46,35	53,65	24,36	3,46	22,33	1,28	2,21
Fett (Schmalz)	—	—	79,00	11,00	10,00	—	—
Kartoffelstärkemehl (trocken)	—	—	44,20	6,70	49,10	—	—
Harnstoff . . .	—	—	20,00	6,66	26,67	46,67	—
Koth des Menschen bei gemischter Kost	70	30	47,00	—	—	6,12	12,00

Das lufttrockene Stärkemehl enthält 15,79 % Wasser.
